过程控制系统及工程

第四版

孙洪程　翁维勤　编著

U0387787

GUOCHENG

KONGZHI

XITONG

JI

GONGCHENG

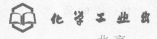

化学工业出版社

·北京·

内 容 简 介

全书分两篇共 15 章。第 1 篇过程控制系统，对工业过程中常用的或较为成熟的控制系统做了比较详细的讨论，对近年来出现的新型控制系统做了扼要的介绍。第 2 篇过程控制工程，结合石化、化工、热电、轻工等工业过程中典型操作单元，从被控过程的特性、基本方案到新型控制方式，做了简明的叙述。

本书由浅入深，重点突出，选材精炼，便于自学，适合作为工业自动化、检测技术及仪器仪表相关专业的本科生的教材，也可作为工程师继续教育的参考书。

图书在版编目（CIP）数据

过程控制系统及工程/孙洪程，翁维勤编著．—4版，—北京：化学工业出版社，2020.6（2023.11重印）
ISBN 978-7-122-36055-7

Ⅰ.①过… Ⅱ.①孙… ②翁… Ⅲ.①过程控制-自动控制系统-高等学校-教材 Ⅳ.①TP273

中国版本图书馆 CIP 数据核字（2020）第 046973 号

责任编辑：刘　哲　　　　　　　　　装帧设计：张　辉
责任校对：刘　颖

出版发行：化学工业出版社（北京市东城区青年湖南街 13 号　邮政编码 100011）
印　　装：北京捷迅佳彩印刷有限公司
787mm×1092mm　1/16　印张 17¾　字数 462 千字　　2023 年 11 月北京第 4 版第 3 次印刷

购书咨询：010-64518888　　　　　　　售后服务：010-64518899
网　　址：http://www.cip.com.cn
凡购买本书，如有缺损质量问题，本社销售中心负责调换。

第四版前言

我国经济转型升级和发展，对工程教育提出了新要求。根据这个部署，国家将工程技术人才的培养提升到国家战略的高度，把培养未来工程师作为重要的战略目标。在这一背景下，国家提出了《国家中长期教育改革和发展规划纲要（2010—2020 年）》，将"卓越工程师教育培养计划"（以下简称"卓越计划"）作为改革试点项目。自动化专业本身是工科专业，自然也应跟随国家战略部署，调整相应的专业教育内容。2010 年 6 月，"卓越计划"正式启动，该计划的主要任务是探索建立高校与行业企业联合培养人才的新机制，创新工程教育人才培养模式。特别是 2016 年 6 月我国正式加入《华盛顿协议》之后，我国的工程教育需要遵从国际标准进行，调整专业教学内容，以适应国际工程人才培养要求。

全书共分两篇。第一篇过程控制系统，对在工业过程中常用的或较为成熟的控制系统做比较详细的讨论，对新型控制系统也进行了介绍，使读者熟悉并能灵活应用各类控制系统。第二篇过程控制工程，结合石代、化工、热电、轻工等工业过程中具有代表性的典型单元操作过程，从被控过程的特性、基本控制方案到新型控制方式做简明扼要的叙述，为读者确定生产过程的控制方案打下扎实的基础。

《过程控制系统及工程》（第三版）自 2010 年出版后，已过 10 余年，自动化专业发生了很多变化，因此需要对《过程控制系统及工程》（第三版）进行修订。本次修订主要增加了第 15 章，主要内容是《过程测量与控制仪表的功能标志及图形符号》（HG/T 20505—2014）中的图例符号部分内容，以及本书各个章节中所讲授控制系统的工程图例符号表达。增加这部分内容，主要是使学生具备阅读自动化工程图的基本能力，以适应工程教育的需要。

另外，对书中各个章节内容重新进行修订，使部分内容表述更加准确，同时去掉一些过时内容和表述不准确的内容。

全书第 1～9 章、思考题及习题由孙洪程修订，第 10～14 章由翁维勤修订，第 15 章内容由孙洪程增加。全书由孙洪程统稿。

书中难免有所疏漏，敬请读者同仁斧正，不胜感激。

编著者
2020 年 5 月

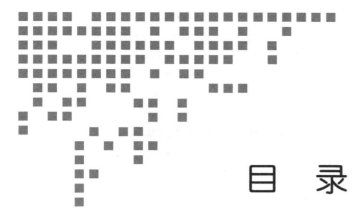

目　录

第1篇　过程控制系统

第 2 篇　过程控制工程

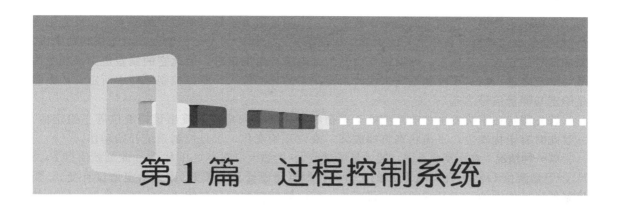

第1篇 过程控制系统

第1章 单回路反馈控制系统

单回路反馈控制系统简称单回路控制系统。在所有反馈控制系统中，单回路反馈控制系统是最基本、结构最简单的一种，因此又称为简单控制系统。

单回路控制系统虽然结构简单，却能解决生产过程中的大量控制问题。它是生产过程控制中应用最为广泛的一种控制系统，生产过程中70％以上的控制系统是单回路控制系统。

1.1 单回路系统的结构组成

单回路反馈控制系统由四个基本环节组成，即被控对象（简称对象）或被控过程（简称过程）、测量变送装置、控制器和控制阀。有时为了分析问题方便起见，把控制阀、被控对象和测量变送装置合在一起，称为广义对象。这样系统就归结为控制器和广义对象两部分。

下面结合一个具体的例子，说明如何将这四个基本环节有机地结合在一起，构成一个单回路系统。

如图1-1所示的水槽，假定流入量和流出量分别为F_1和F_2，控制要求是维持水槽液位L不变。为了控制液位，就要选择相应的变送器、控制器和控制阀，并按图1-2所示原理图构成单回路反馈控制系统。

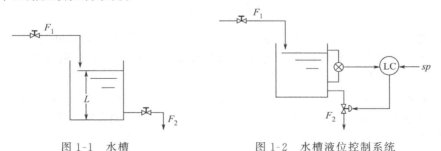

图1-1 水槽　　　　　　　　图1-2 水槽液位控制系统

图1-2中，⊗表示变送器，LC表示液位控制器，sp代表控制器的给定值。

这里需要做一点说明：在本系统中绘出了变送器这一环节，而在实际自控设计规范中这一环节是被省去不画的，这在今后自控设计中必须引起注意。本书以后的系统图中也将略去这一环节。

下面简要分析该系统的工作情况。为便于分析问题起见，假定控制阀为气闭式，控制器为反作用，定义偏差为测量值与给定值之差。当测量值大于给定值时，偏差为正，反之则为负（根据系统的观点，系统之外的因素作用在系统之上称之为系统的输入。对于控制器来说，测量信号是它的外部输入，而给定是由其内部电路产生的信号，因此它的偏差定义是测量信号与给定之差。而对于控制系统来说，给定是它的外部输入，所以控制原理中所定义的偏差是给定与测量信号之差）。

首先假定在干扰发生之前系统处于平衡状态，即流入量等于流出量，液位等于给定值。一旦此时有干扰发生，平衡状态将被破坏，液位开始变化，于是控制系统开始动作。

第一种情况 在平衡状态下，流入量突然变大（例如入口阀突然开大了）。此刻就使得 $F_1 > F_2$，于是液位 L 将上升。随着 L 的上升，控制器将感受到正偏差（因为给定值没有变），而控制器是反作用的，于是它的输出将减小。前已假定控制阀是气闭式的，随着控制器输出的减小，控制阀将开大，流出量 F_2 将逐渐增大，液位 L 将慢慢下降并逐渐趋于给定值。当再度达到 $F_2 = F_1$ 时，系统将达到一个新的平衡状态。这时控制阀将处于一个新的开度上。

如果在平衡状态下，流入量突然减小（例如入口阀突然关小了），那么，将出现 $F_1 < F_2$，液位 L 将下降，控制器输出将增大，控制阀将关小，这样，液位又会逐渐回复到给定值而达到新的平衡。

第二种情况 在平衡状态下，F_2 突然增大了，这就使 $F_2 > F_1$，L 将下降。这时，控制器输出将增大，控制阀将关小，于是 F_2 将随之逐渐减小，L 又会慢慢上升而回到给定值。如果在平衡状态下，F_2 突然减小了，此时 L 将上升，控制器输出将减小，控制阀将开大，重新使 F_2 增大而使 L 逐渐回复到给定值为止。

由上分析可知，不论液位在何种干扰作用下出现上升或下降的情况，系统都可通过变送器、控制器和控制阀等自动化技术工具，最终把液位拉回到给定值上。

从上例可见，一个单回路反馈控制系统是由一个测量变送装置、一个控制器、一个控制阀和相应的被控对象所组成。这是单回路反馈控制系统的第一个特点。

对于图 1-2 所示的液位控制系统可以画出它的方块图，如图 1-3 所示。

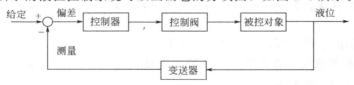

图 1-3 单回路反馈控制系统方块

由单回路系统方块图可以看出，在该系统中存在着一条从系统的输出端引向输入端的反馈路线，也就是说该系统中的控制器是根据被控变量的测量值与给定值的偏差来进行控制的。这是单回路反馈控制系统的又一特点。

单回路系统结构比较简单，所需自动化技术工具少，投资比较低，操作维护也比较方便，而且一般情况下都能满足控制质量的要求，因此，这种控制系统在生产过程控制中得到了广泛的应用。

单回路系统根据其被控变量的类型不同，可以分为温度控制系统、压力控制系统、流量控制系统、液位控制系统等。虽然这些控制系统名称不同，但是它们都具有相同的方块图，这就便于对它们的共性进行研究。

为了设计好一个单回路控制系统，并使该系统在运行时达到规定的质量指标要求，就要很好地了解具体的生产工艺，掌握生产过程的规律性，以便确定合理的控制方案。这包括：正确地选择被控变量和操纵变量；正确地选择控制阀的开闭形式及其流量特性；正确地选择控制器的类型及其正反作用，以及正确地选择测量变送装置等。为此，必须对系统中的被控对象、控制器、控制阀和测量变送装置特性对控制质量的影响情况，分别进行深入的分析和研究。

1.2　被控变量的选择

被控变量的选择是控制系统设计的核心问题，其选择得正确与否，会直接关系到生产的稳定操作、产品产量和质量的提高以及生产安全与劳动条件的改善等。如果被控变量选择不当，不论采用何种自动化装置，组成什么样的控制系统，都不能达到预期的控制效果。

对于以温度、压力、流量、液位为操作指标的生产过程，可直接选择温度、压力、流量、液位作为被控变量。

质量指标是产品质量的直接反映，因此，选择质量指标作为被控变量应是首先要进行考虑的。

采用质量指标作为被控变量，必然要涉及产品成分或物性参数（如密度、黏度等）的测量问题，这就需要用到成分分析仪表和物性参数测量仪表。但有关成分和物性参数的测量问题，目前国内外尚未得到很好的解决。当直接选择质量指标作为被控变量比较困难或不可能时，可以选择一种间接的指标作为被控变量。但是必须注意，所选用的间接指标必须与直接指标有单值的对应关系，并且还需具有一定的变化灵敏度，即随着产品质量的变化，间接指标必须有足够大的变化。

以苯、甲苯二元系统的精馏为例。在气、液两相并存时，塔顶易挥发组分的浓度 X_D、温度 T_D 和压力 p 三者之间有如下函数关系：

$$X_D = f(T_D, \ p) \tag{1-1}$$

这里 X_D 是直接反映塔顶产品纯度的，是直接的质量指标。如果成分分析仪表可以解决，那么，就可以选择塔顶易挥发组分的浓度 X_D 作为被控变量，组成成分控制系统。如果成分分析仪表不好解决，或因成分测量滞后太大，控制效果差，达不到质量要求，则可以考虑选择一间接指标参数（塔顶温度 T_D 或塔压 p）作为被控变量，组成相应的控制系统。

在考虑选择 T_D 或 p 其中之一作为被控变量时是有条件的。由式（1-1）可看出，它是一个二元函数关系，即 X_D 与 T_D 及 p 都有关。只有当 T_D 或 p 一定时，式（1-1）才可简化成一元函数关系。

即当 p 一定时：

$$X_D = f_1(T_D) \tag{1-2}$$

当 T_D 一定时：

$$X_D = f_2(p) \tag{1-3}$$

对于本例，当 p 一定时，苯、甲苯的 X_D-T_D 关系如图 1-4 所示；当 T_D 一定时，苯、甲苯的 X_D-p 关系如图 1-5 所示。

从图 1-4 可看出，当塔顶压力恒定时，浓度 X_D 与温度 T_D 之间是单值对应关系。塔顶温度越高，对应塔顶易挥发组分的浓度（即苯的百分含量）越低；反之，温度越低，则对应的塔顶易挥发组分的浓度越高。由图 1-5 可以看出，当塔顶温度 T_D 恒定时，塔顶组分 X_D 与塔压 p 也存在单值对应关系。压力越高，塔顶易挥发组分的浓度越大；反之，压力越低，塔顶易挥发组分的浓度则越低。这就是说，在温度 T_D 与压力 p 两者之间，只要固定其中一个，另一个就可以代替组成 X_D 作为间接指标。因此，塔顶温度 T_D 或塔顶压力 p 都可以选择作为被控变量。

一般都选温度 T_D 作为被控变量。因为在精馏操作中，往往希望塔压保持一定，因为只有塔压保持在规定的压力之下，才能保证分离纯度以及塔的效率和经济性。如果塔压波动，塔内原来的气、液平衡关系就会遭到破坏，随之相对挥发度就会发生变化，塔将处于不良的工况。同时，随着塔压的变化，塔的进料和出料相应地也会受到影响，原先的物料平衡也会遭到破坏。另外，只有当塔压固定时，精馏塔各层塔板上的压力才近乎恒定，这样，各层塔板上的温度与组分之间才有单值对应关系。由此可见，固定塔压，选择温度作为被控变量是可行的，也是合理的。

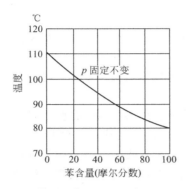

图 1-4　苯、甲苯 X_D-T_D 关系（p 一定）

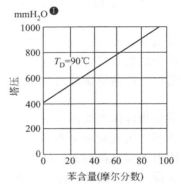

图 1-5　苯、甲苯 X_D-p 关系（T_D 一定）

通过上述分析，可以总结出如下几条选择被控变量的原则：

①如有可能，应当尽量选择质量指标作为被控变量；

②当不能选择质量指标作被控变量时，应当选择一个与产品质量指标有单值对应关系的间接指标作为被控变量；

③所选的间接指标应当具有足够大的灵敏度，以便反映产品质量的变化；

④选择被控变量时需考虑到工艺的合理性和国内外仪表生产的现状。

1.3　对象特性对控制质量的影响及操纵变量的选择

被控变量确定之后，还需要选择一个合适的操纵变量，以便被控变量在外界干扰作用下发生变化时，能够通过对操纵变量的调整，使得被控变量迅速地返回到原先的给定值上，以保持产品质量的不变。

操纵变量一般选系统中可以调整的物料量或能量参数。而石油、化工生产过程中遇到最多的操纵变量则是物料流或能量流，即流量参数。

在一个系统中，可作为操纵变量的参数往往不止一个。操纵变量的选择，对控制系统的控制质量有很大的影响，因此操纵变量的选择问题是设计控制系统的一个重要考虑因素。

为了正确地选择操纵变量，首先要研究被控对象的特性。

被控变量是被控对象的一个输出，影响被控变量的外部因素则是被控对象的输入。显然影响被控变量的输入不止一个，因此，被控对象实际上是一个多输入单输出的对象。如图 1-6 所示。

在影响被控变量的诸多输入中选择其中某一个可控性良好的输入量作为操纵变量，而其他未被选中的所有输入量则称为系统的干扰。如果用 U 来表示操纵变量，用 F 来表示系统

---

❶ $1mmH_2O \approx 9.8Pa$。

干扰，那么对象的输入、输出之间的关系就可以用图 1-7 明确地表示出来。

如果将图中的关系用数学形式表达出来，则为：

$$Y(s) = G_{PC}(s)U(s) + G_{PD1}(s)F_1(s) + G_{PD2}(s)F_2(s) \tag{1-4}$$

式中，$G_{PC}(s)$ 为控制通道传递函数，$G_{PD1}(s)$、$G_{PD2}(s)$ 为干扰通道传递函数。应当指出，当干扰通道与控制通道一致时，它们的传递函数也是相同的。

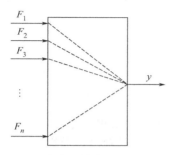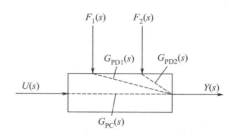

图 1-6　多输入单输出对象示意图　　　　图 1-7　对象输入输出关系图

所谓"通道"，就是某个参数影响另外一个参数的通路。这里所说的控制通道，就是控制作用 $U(s)$ 对被控变量 $Y(s)$ 的影响通路；同理，干扰通道就是干扰作用 $F(s)$ 对被控变量 $Y(s)$ 的影响通路。一般来说，控制系统分析中更加注重信号之间的联系，因此，通常所说的"通道"是指信号之间的信号联系。干扰通道就是干扰作用与被控变量之间的信号联系，控制通道则是控制作用与被控变量之间的信号联系。

从式(1-4)可以看出，干扰作用与控制作用同时影响被控变量，不过在控制系统中通过控制器正、反作用的选择，可以使控制作用对被控变量的影响正好与干扰作用对被控变量的影响方向相反，这样，当干扰作用使被控变量偏离给定值发生变化时，控制作用就可以抑制干扰的影响，把已经变化的被控变量拉回到给定值来(当然这种控制作用是由控制器通过控制阀的开闭变化来达到的)。因此，在一个控制系统中，干扰作用与控制作用是相互对立而存在的，有干扰就有控制，没有干扰也就无需控制。

控制作用能否有效地克服干扰对被控变量的影响，关键在于选择一个可控性良好的操纵变量。通过研究对象的特性、系统中存在的各种输入量以及它们对被控变量的影响情况，可以总结出选择操纵变量的一些原则。

1.3.1　干扰通道特性对控制质量的影响

(1)放大倍数 K_f 的影响

假定所研究的系统方块图如图 1-8 所示。

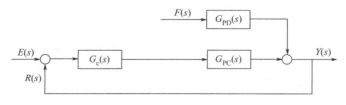

图 1-8　单回路控制系统方块图

由图 1-8 可直接求出在干扰作用下的闭环传递函数为：

$$\frac{Y(s)}{F(s)} = \frac{G_{PD}(s)}{1 + G_c(s)G_{PC}(s)} \tag{1-5}$$

由上式可得：

$$Y(s) = \frac{G_{PD}(s)}{1 + G_c(s)G_{PC}(s)} F(s) \tag{1-6}$$

令 $G_{PD}(s) = \dfrac{K_f}{1 + T_f s}$，$G_{PC}(s) = \dfrac{K_0}{(1 + T_{01}s)(1 + T_{02}s)}$，$G_c(s) = K_c$，并假定 $f(t)$ 为单位阶跃干扰，则 $F(s) = 1/s$，将各环节传递函数代入式(1-6)，并运用终值定理可得：

$$y(\infty) = \lim_{s \to 0} sY(s) = \lim_{s \to 0} s \frac{1}{s} \times \frac{\dfrac{K_f}{1 + T_f s}}{1 + K_c \dfrac{K_0}{(1 + T_{01}s)(1 + T_{02}s)}} = \frac{K_f}{1 + K_c K_0} \tag{1-7}$$

式中，$K_c K_0$ 为控制器放大倍数与被控对象放大倍数的乘积，称之为该系统的开环放大倍数。对于定值系统，$y(\infty)$ 即系统的余差。由式(1-7)可以看出，干扰通道放大倍数越大，系统的余差也越大，即控制质量越差。

（2）时间常数 T_f 的影响

为了研究问题方便起见，令图1-8中的各环节放大倍数均为1，这样系统在干扰作用下的闭环传递函数应为：

$$\frac{Y(s)}{F(s)} = \frac{\dfrac{1}{1 + T_f s}}{1 + G_c(s)G_{PC}(s)} = \frac{1}{T_f} \times \frac{1}{\left(s + \dfrac{1}{T_f}\right)\left[1 + G_c(s)G_{PC}(s)\right]} \tag{1-8}$$

系统的特征方程为：

$$\left(s + \frac{1}{T_f}\right)\left[1 + G_c(s)G_{PC}(s)\right] = 0 \tag{1-9}$$

由式(1-9)可知，当干扰通道为一阶惯性环节时，与干扰通道为放大环节相比，系统的特征方程发生了变化，表现在根平面的负实轴上增加了一个附加极点 $1/T_f$。这个附加极点的存在，除了会影响过渡过程时间外，还会影响到过渡过程的幅值，使其缩小了 T_f 倍。这样过渡过程的最大动态偏差也将随之减小，这对提高系统的品质是有利的。而且，随着 T_f 的增大，控制过程的品质亦会提高。

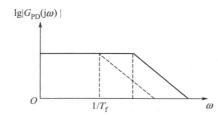

图1-9　一阶惯性环节的对数幅频特性

上述结论也可从一阶惯性环节的对数频率特性中得到解释。

一阶惯性环节的对数幅频特性如图1-9所示，$\dfrac{1}{T_f}$ 是转折频率。由图可以看出，一阶惯性环节相当于一个低通滤波器，转折频率以前的低频信号可以通过，而转折频率以后的高频信号则受到抑制而很快衰减。且随着 T_f 的增大，转折频率越向左移动，亦即允许通过的低频信号的频率越低，该环节所起的滤波作用越强。由于干扰作用在影响被控变量时，受到自身通道的滤波作用，对被控变量的影响程度大为缩小，系统的质量因此而提高，而且随着时间常数 T_f 的增大，所起的滤波作用越强，系统的质量越高。

第1章　单回路反馈控制系统

这与上述根平面分析的结果是一致的。

如果干扰通道阶次增加，例如干扰通道传递函数为两阶的，那么，就有两个时间常数 T_{f1} 及 T_{f2}。按照根平面的分析，系统将增加两个附加极点 $-1/T_{f1}$ 及 $-1/T_{f2}$，这样过渡过程的幅值将缩小 $T_{f1}T_{f2}$ 倍。因此，控制质量将进一步获得提高。

f_1、f_2 及 f_3 从不同位置进入系统，如图1-10所示，如果干扰的幅值和形式都是相同的，显然，它们对被控变量的影响程度依次为 f_1 最大，f_2 次之，f_3 为最小。这只要画出图1-10的方块图(图1-11)和等效方块图(图1-12)，并运用上述分析的结果，很容易理解。图1-10的等效方块图如图1-11所示。由图1-12可以看出，$F_3(s)$ 对 $Y(s)$ 的影响依次要经过 $G_{o3}(s)$、$G_{o2}(s)$、$G_{o1}(s)$ 三个环节，如果每一环节都是一阶惯性的，则对干扰信号 $F_3(s)$ 进行了三次滤波，它对被控变量的影响会削弱得较多，对被控变量的实际影响就会较小。而 $F_1(s)$ 只经过一个环节 $G_{o1}(s)$ 就影响到 $Y(s)$，它的影响被削弱得较少，因此它对被控变量的影响最大。

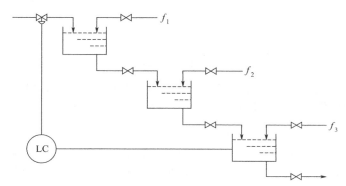

图1-10　干扰进入位置图

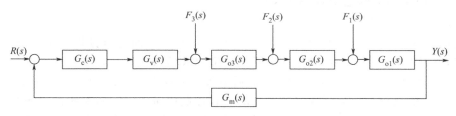

图1-11　图1-10等效方块图

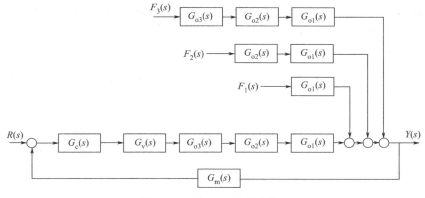

图1-12　图1-11等效方块图

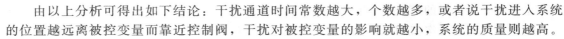

由以上分析可得出如下结论：干扰通道时间常数越大，个数越多，或者说干扰进入系统的位置越远离被控变量而靠近控制阀，干扰对被控变量的影响就越小，系统的质量则越高。

（3）纯滞后 τ_f 的影响

在上面分析干扰通道时间常数对被控变量影响时，没有考虑到干扰通道具有纯滞后的问题。如果考虑干扰通道有纯滞后，那么其传递函数可写成：

$$G'_{PD}(s) = G_{PD}(s)e^{-\tau_f s} \tag{1-10}$$

这里 $G_{PD}(s)$ 为干扰通道传递函数中不包含纯滞后的那一部分。前已分析，对于无纯滞后的情况：

$$Y(s) = \frac{G_{PD}(s)}{1 + G_c(s)G_{PC}(s)}F(s) \tag{1-11}$$

对上式进行反拉氏变换，即可求得在干扰作用下的过渡过程 $y(t)$。

对于有纯滞后的情况：

$$Y_\tau(s) = \frac{G_{PD}(s)e^{-\tau_f s}}{1 + G_c(s)G_{PC}(s)}F(s) \tag{1-12}$$

对上式进行反拉氏变换，即可求得在干扰作用下的过渡过程 $y_\tau(t)$。

由控制原理中的滞后定理可以找到 $y_\tau(t)$、$y(t)$ 之间的关系为：

$$y_\tau(t) = y(t - \tau_f) \tag{1-13}$$

上式结果表明：$y_\tau(t)$ 与 $y(t)$ 是两条完全相同的变化曲线。这就是说干扰通道有无纯滞后对质量没有影响，所不同的只是两者在影响时间上相差一个纯滞后时间 τ。即当有纯滞后时，干扰对被控变量的影响要向后推迟一个纯滞后时间 τ_f。

1.3.2　控制通道特性对控制质量的影响

（1）放大倍数 K_0 的影响

放大倍数 K_0 对控制质量的影响要从静态和动态两个方面进行分析。从静态方面分析，由式（1-7）可以看出，控制系统的余差与干扰通道放大倍数成正比，与控制系统的开环放大倍数成反比。因此当 K_f、K_c 不变时，控制通道放大倍数 K_0 越大，系统的余差越小。

但是，K_0 的变化不但会影响控制系统的静态控制质量，同时对系统的动态控制质量也会产生影响。对一个控制系统来说，在一定的稳定程度（即一定的衰减比）情况下，系统的开环放大倍数是一个常数。而这里系统开环放大倍数即是控制器放大倍数 K_c 与广义对象控制通道放大倍数 K_0 的乘积。这就是说，在系统衰减比一定的情况下，K_c 与 K_0 之间存在着相互匹配的关系，当 K_0 减小时，K_c 必须增大，而 K_0 增大时，K_c 必须减小，这样才能维持系统具有相同的稳定程度。证明如下。

假定 $G_{PD}(s) = \dfrac{1}{1 + T_f s}$，$G_{PC}(s) = \dfrac{K_0}{(1 + T_{01}s)(1 + T_{02}s)}$，$G_c(s) = K_c$，那么系统闭环传递函数应为：

$$\frac{Y(s)}{F(s)} = \frac{G_{PD}(s)}{1 + G_c(s)G_{PC}(s)} = \frac{(1 + T_{01}s)(1 + T_{02}s)}{(1 + T_f s)[(1 + T_{01}s)(1 + T_{02}s) + K_c K_0]}$$

其特征方程为：

$$(1 + T_f s)[(1 + T_{01}s)(1 + T_{02}s) + K_c K_0] = 0$$

显然，系统的振荡情况由上式第二个因子决定，即：

$$(1+T_{01}s)(1+T_{02}s)+K_cK_0=0 \tag{1-14}$$

将式(1-14)展开,并化简得:

$$s^2+\frac{T_{01}+T_{02}}{T_{01}T_{02}}s+\frac{1+K_cK_0}{T_{01}T_{02}}=0 \tag{1-15}$$

将式(1-15)与标准二阶形式相比可得:

$$2\zeta\omega_0=\frac{T_{01}+T_{02}}{T_{01}T_{02}} \tag{1-16}$$

$$\omega_0^2=\frac{1+K_cK_0}{T_{01}T_{02}} \tag{1-17}$$

由式(1-16)及式(1-17)可解得:

$$\zeta=\frac{T_{01}+T_{02}}{2\sqrt{T_{01}T_{02}(1+K_cK_0)}} \tag{1-18}$$

上式表达了系统衰减系数 ζ 与 K_c、K_0 之间的关系,而衰减系数是直接反映系统稳定情况的,因此上式也表达了 K_c、K_0 与系统稳定情况的关系。

由式(1-18)可以看出,在 T_{01}、T_{02} 不变的情况下,要维持系统的稳定性不变(即维持 ζ 为一常数),那么 K_cK_0 必须为一常数,即:

$$K_cK_0=常数$$

当 K_0 由 K_{01} 变至 K_{02} 时,K_c 必然要由 K_{c1} 变至 K_{c2},而且下式必然成立:

$$K_{c1}K_{01}=K_{c2}K_{02} \tag{1-19}$$

于是可得:

$$K_{c2}=\frac{K_{c1}K_{01}}{K_{02}} \tag{1-20}$$

式(1-20)表明,为了保持系统的稳定程度不变(ζ 为一常数),当系统中对象放大倍数 K_0 增大(或减小)时,控制器放大倍数 K_c 必须减小(或增大),以维持系统开环放大倍数不变。因此,式(1-7)所提供的结果只是一种假象。因为为了保持系统具有相同的稳定程度,在改变 K_0 时,K_c 不可能维持原来的数值,而应维持 K_0 与 K_c 的乘积不变。从式(1-7)可以得出如下结论:系统的余差与控制通道放大倍数无关。也就是说,在一定稳定性前提下,系统的控制质量与控制通道放大倍数无关。当然,这个结论只是对线性系统而言,对于非线性系统,由于 K_0 随着负荷的变化而变化,这时如欲由 K_c 来补偿有困难,因此,此时 K_c 的变化将会影响系统的质量。

然而,从控制角度看,K_0 越大,则表示操纵变量对被控变量的影响越大,即通过对它的调节来克服干扰影响更为有效。此外,在相同衰减比的情况下,K_0 与 K_c 的乘积为一常数,当 K_0 越大时则 K_c 越小,K_c 小则 δ 大,δ 大比较容易调整;如果反过来,δ 小则不易调整。因为当 δ 小于 3% 时,控制器则相当于一位式控制器,已失去作为连续控制器的作用。因此,从控制的有效性及控制器参数易调整性来考虑,则希望控制通道放大倍数 K_0 越大越好。

(2)时间常数 T_0 的影响

由图 1-12 可得出单回路系统的特征方程为:

$$1 + G_c(s)G_{PC}(s) = 0 \tag{1-21}$$

为了便于分析起见，令 $G_c(s) = K_c$，$G_{PC}(s) = \dfrac{K_0}{(1 + T_{01}s)(1 + T_{02}s)}$。

将 $G_c(s)$、$G_{PC}(s)$ 代入式(1-21)得到：

$$T_{01}T_{02}s^2 + (T_{01} + T_{02})s + 1 + K_cK_0 = 0 \tag{1-22}$$

从式(1-22)出发，从两个方面来进行分析。

① 将式(1-22)化为标准二阶系统形式，得：

$$s^2 + \frac{T_{01} + T_{02}}{T_{01}T_{02}}s + \frac{1 + K_cK_0}{T_{01}T_{02}} = 0 \tag{1-23}$$

于是可得：

$$\omega_0^2 = \frac{1 + K_cK_0}{T_{01}T_{02}}, \qquad 2\zeta\omega_0 = \frac{T_{01} + T_{02}}{T_{01}T_{02}} \tag{1-24}$$

由式(1-24)可求得：

$$\omega_0 = \sqrt{\frac{1 + K_cK_0}{T_{01}T_{02}}}, \qquad \zeta = \frac{T_{01} + T_{02}}{2\sqrt{T_{01}T_{02}(1 + K_cK_0)}} \tag{1-25}$$

这里 ω_0 为系统的自然振荡频率。根据控制原理的知识知道，系统工作频率 ω_β 与其自然振荡频率 ω_0 有如下关系：

$$\omega_\beta = \sqrt{1 - \zeta^2}\,\omega_0 \tag{1-26}$$

由式(1-26)可以看出，在 ζ 不变的情况下，ω_0 与 ω_β 成正比，即：

$$\omega_\beta \propto \sqrt{\frac{1 + K_cK_0}{T_{01}T_{02}}} \tag{1-27}$$

从式(1-27)关系可知，不论 T_{01}、T_{02} 哪一个增大，都将会导致系统的工作频率降低。而系统工作频率越低，则控制速度越慢。这就是说控制通道的时间常数 T_0 越大，系统的工作频率越低，控制速度越慢，这样就不能及时地克服干扰的影响，因而系统的质量会变差。

② 按式(1-22)可直接求得特征根为：

$$s_1, s_2 = \frac{-(T_{01} + T_{02}) \pm \sqrt{(T_{01} + T_{02})^2 - 4T_{01}T_{02}(1 + K_cK_0)}}{2T_{01}T_{02}} = -\alpha \pm j\beta$$

式中

$$\alpha = \frac{T_{01} + T_{02}}{2T_{01}T_{02}} \tag{1-28}$$

$$\beta = \sqrt{\frac{4T_{01}T_{02}(1 + K_cK_0) - (T_{01} + T_{02})^2}{4T_{01}^2T_{02}^2}} = \sqrt{\frac{4K_cK_0T_{01}T_{02} - (T_{01} - T_{02})^2}{4T_{01}^2T_{02}^2}}$$

$$\tag{1-29}$$

显然
$$\beta \leqslant \sqrt{\frac{4K_c K_0 T_{01} T_{02}}{4T_{01}^2 T_{02}^2}} = \sqrt{\frac{K_c K_0}{T_{01} T_{02}}} \tag{1-30}$$

由控制原理的知识知道，α、β 是确定特征根位置的。如图 1-13 所示，其中 α 为根的实轴坐标，β 为根的虚轴坐标。

由式（1-28）可知，不论 T_{01} 或 T_{02} 哪一个增大，α 都将缩小；而 α 越小，则意味着过渡过程时间越长。由式（1-30）可以看出，无论 T_{01} 或 T_{02} 哪一个增大，系统的工作频率 ω_β 都将降低。这一点与前面的结果是一致的。

上面仅对具有两个时间常数的对象进行了分析。当控制通道时间常数增多时（即容量数增多），将会得到与控制通道时间常数增大时相类似的结果。这里就不再证明了。

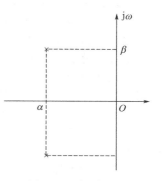

图 1-13　根平面图

综上所述，控制通道时间常数越大，经过的容量数越多，系统的工作频率将越低，控制越不及时，过渡过程时间也越长，系统的质量越低。随着控制通道时间常数的减小，系统工作频率会提高，控制就较为及时，过渡过程也会缩短，控制质量将获得提高。然而也不是控制通道时间常数越小越好。因为时间常数太小，系统工作频率过于频繁，系统将变得过于灵敏，反而会使系统的稳定性下降，系统质量会变差。大多数流量控制系统的流量记录曲线波动得都比较厉害，就是由于流量系统时间常数比较小的原因所致。

（3）纯滞后 τ_0 的影响

控制通道纯滞后对控制质量的影响可用图 1-14 加以说明。

图中曲线 C 是没有控制作用时系统在干扰作用下的反应曲线。如果 x_0 为变送器的灵敏度，那么，当控制通道没有纯滞后时，控制作用从 t_1 时刻开始就对干扰起抑制作用，控制曲线为 D。如果控制通道存在有纯滞后时间 τ_0，那么，控制作用要等到 $t_1 + \tau_0$ 时刻才开始对干扰起抑制作用，而在此时间以前，系统由于得不到及时的控制，被控变量只能任由干扰作用影响而不断地上升（或下降），其控制曲线为 B。显然，与控制通道没有纯滞后的情况相比，此时的动态偏差将增大，系统的质量将变差。

控制通道纯滞后的影响还可从系统的开环频率特性上进行解释。

对于控制通道没有纯滞后的系统，其开环频率特性如图 1-15 中的第 1 组曲线所示。

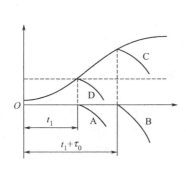

图 1-14　纯滞后影响示意图

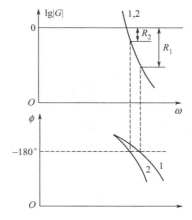

图 1-15　系统开环幅频相频曲线 ω

由其相频曲线-180°处可以找到系统的幅稳定裕度 R_1。如果控制通道有纯滞后，那么系统开环频率特性将如图中第 2 组曲线所示。因为纯滞后项只会影响开环系统的相频而不会影响开环系统的幅频，因此，具有纯滞后的开环系统相频曲线将下降。同样，可以从-180°相角下求得对应的系统稳定裕度 R_2。显然 $R_2<R_1$。

幅稳定裕度是系统稳定程度的标志，幅稳定裕度越小，则表明系统的稳定性越差。

由以上分析可以看出，控制通道纯滞后的存在，不仅使系统控制不及时，使动态偏差增大，而且还会使系统的稳定性降低。这是因为纯滞后的存在，使得控制器不能及时获得控制作用效果的反馈信息，会使控制器出现失控。当需要增加控制作用时，会使控制作用增加得太多，而一旦需要减少控制作用时，则又会使控制作用减少得太过分，因此导致系统的振荡，使系统的稳定性降低。因此，控制通道纯滞后的存在，对控制质量起着很坏的影响，会严重地降低控制质量。

1.3.3　操纵变量的选择

综上所述，操纵变量选择的依据如下：

① 所选的操纵变量必须是可控的；

② 所选的操纵变量应是通道放大倍数比较大者，最好大于扰动通道的放大倍数；

③ 所选的操纵变量应使扰动通道时间常数越大越好，而控制通道时间常数应适当小一些为好，但不宜过小；

④ 所选的操纵变量其通道纯滞后时间应越小越好；

⑤ 所选的操纵变量应尽量使干扰点远离被控变量而靠近控制阀；

⑥ 在选择操纵变量时还需考虑到工艺的合理性（一般来说，生产负荷直接关系到产品的产量，不宜经常变动，在不是十分必要的情况下，不宜选择生产负荷作为操纵变量）。

1.4　控制阀的选择

控制阀是控制系统的执行机构，它接受控制器的命令执行控制任务。控制阀选择得合适与否，将直接关系到系统能否很好地起到控制作用。

控制阀选择的内容包括开闭形式的选择、口径大小的选择、流量特性的选择以及结构形式的选择等内容。

1.4.1　控制阀口径大小的选择

控制阀口径大小直接决定着控制介质流过它的能力。从控制角度看，控制阀口径选得过大，超过了正常控制所需的介质流量，控制阀将经常处于小开度下工作，阀的特性将会发生畸变，阀性能就较差。反过来，如果控制阀口径选得太小，在正常情况下都在大开度下工作，阀的特性也不好。此外，控制阀口径选得过小也不适应生产发展的需要，一旦需要设备增加负荷时，控制阀原有的口径太小就不够用了。因此，控制阀口径的选择应留有一定的余量，以适应增加生产的需要。

控制阀口径大小通过计算控制阀流通能力的大小来决定。控制阀流通能力必须满足生产控制的要求并留有一定的余地。一般流通能力要根据控制阀所在管线的最大流量以及控制阀两端的压降来进行计算，并且为了保证控制阀具有一定的可控范围，必须使控制阀两端的压降在整个管线的总压降中占有较大的比例。所占的比例越大，控制阀的可控范围越宽。如果控制阀两端压降在整个管线总压降中所占的比例小，可控范围就变窄，将会导致控制阀特性的畸变，使控制效果变差。

1.4.2　控制阀开闭形式的选择

控制阀接受的是气压信号，当膜头输入压力增大，控制阀开度也增大时，称之为气开阀；反之，当膜头输入压力增大时，控制阀开度减小，则称之为气闭阀。

对于一个具体的控制系统来说，究竟选气开阀还是选气闭阀，要由具体的生产工艺来决定。一般来说，要根据以下几条原则来进行选择。

① 首先要从生产安全出发。即当气源供气中断，或控制器出故障而无输出，或控制阀膜片破裂而漏气等而使控制阀无法正常工作，以致阀芯回复到无能源的初始状态（气开阀回复到全闭，气闭阀回复到全开），应能确保生产工艺设备的安全，不致发生事故。如锅炉供水控制阀，为了保证发生上述情况时不致把锅炉烧坏，控制阀应选气闭式。

② 从保证产品质量出发。当发生控制阀处于无能源状态而回复到初始位置时，不应降低产品的质量。如精馏塔回流量控制阀常采用气闭式，一旦发生事故，控制阀全开，使生产处于全回流状态，这就防止了不合格产品的蒸出，从而保证塔顶产品的质量。

③ 从降低原料、成品、动力损耗来考虑。如控制精馏塔进料的控制阀就常采用气开式，一旦控制阀失去能源，控制阀即处于关闭状态，不再给塔进料，以免造成浪费。

④ 从介质的特点考虑。精馏塔塔釜加热蒸汽控制阀一般都选气开式，以保证在控制阀失去能源时能处于全闭状态，避免蒸汽的浪费。但是如果釜液是易凝、易结晶、易聚合的物料时，控制阀则应选气闭式，以防控制阀失去能源时阀门关闭，停止蒸汽进入而导致釜内液体的结晶和凝聚。

有两种情况在控制阀开闭形式的选择上需要加以注意。

第一种情况是由于工艺要求不一，对于同一个控制阀可以有两种不同的选择结果。如图 1-16 所示的锅炉供水控制阀，如果从防止蒸汽带液会损坏后续设备蒸汽透平（蒸汽带液会导致透平叶片损坏）的角度出发，控制阀应选气开式；然而如果从保护锅炉出发，以防断水而导致锅炉烧爆，控制阀则应选气闭式。这就出现了矛盾的情况。在这种情况下就要分清主要矛盾和次要矛盾，权衡利弊，按主要矛盾进行选择。如果前者是主要矛盾则应选气开阀，如果后者是主要矛盾则应选气闭阀。

第二种情况是某些生产工艺对控制阀开闭形式的选择没有严格的要求，在这种情况下，控制阀的开闭形式可以任选。图 1-17 所示离心泵出口流量控制阀就属于这种情况。因为控制阀在无能源状态时，无论处于全关或全开位置都不会对离心泵造成什么伤害，对离心泵的安全运行也没有影响。因此，控制阀的开闭形式可以任选。

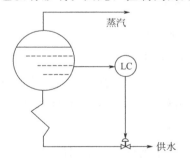　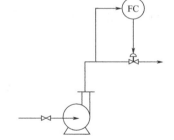

图 1-16　锅炉供水控制阀选择　　　　图 1-17　离心泵出口流量控制阀选择

1.4.3　控制阀流量特性的选择

目前我国生产的控制阀有线性特性、对数特性（即等百分比特性）和快开特性三种，尤其以前两种特性的控制阀应用得最多。各种流量特性控制阀的特性曲线如图 1-18 所示。

控制阀流量特性的选用要根据具体对象的特性来考虑。

生产负荷往往是会发生变化的，而负荷的变化又往往会导致对象特性发生变化。对于一个热交换器来说，当被加热的液体流量（即生产负荷）增大时，其通过热交换器的时间将会缩短，因此纯滞后时间会减小。同时，由于流速增大，传热效果变好，容量滞后也会减小，

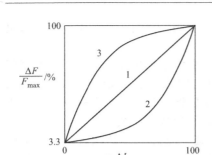

图 1-18 控制阀流量特性曲线（$R=100$）
1—线性；2—对数；3—快开

这样对象特性就发生了变化。又如气相化学反应器，当负荷变化时，反应气体在化学反应器中停留的时间就不同，主要反应层以及温度灵敏点也会上下移动，以至于原先温度变化很灵敏的点变得不再灵敏了。这就是说，对象的特性发生了变化。

对于一个确定的具体对象，会有一组控制器参数（δ、T_i 及 T_D）与其相适应，对象特性改变了，原先的控制器参数就不再能适应，如果这时不去修改控制器参数，控制质量就会降低。然而负荷的变化往往具有随机性，不可预知，这样就不可能在负荷变化时，适时地对控制器参数进行修改。一种解决办法就是选择自整定控制器，它能根据负荷的变化及时修改控制器的参数，以适应变化了的新情况。然而，这种控制器结构比较复杂，实现起来比较困难，现场应用不多。

另一种解决办法就是根据负荷变化对对象特性的影响情况，选择相应特性的控制阀来进行补偿，使得广义对象（包括控制阀、对象及测变环节）的特性在负荷变化时保持不变。这样，就不必考虑在负荷变化时修改控制器参数的问题。

假定单回路系统如图 1-19 所示。图中将控制阀和对象特性写成静态部分（以放大倍数表示）与动态部分（是 s 的函数）相乘的形式。如果在该系统中选用的是纯比例式控制器，即 $G_c(s)=K_c$，并且将系统整定成 4:1 衰减过程，那么下式应该成立：

$$K_c K_v K_0 \, |G_v(j\omega)| \, \|G_o(j\omega)| = 0.5 \tag{1-31}$$

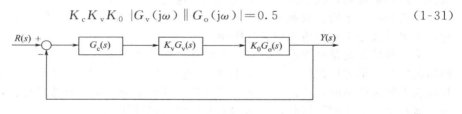

图 1-19 单回路系统方块图

为了保持在负荷变化时控制器参数维持不变，必须满足：

$$K_v K_0 \, |G_v(j\omega)| \, \|G_o(j\omega)| = 常数 \tag{1-32}$$

一般情况下，如果控制阀的膜头不是很大，阀杆运动时摩擦阻力较小，运动较为灵活（例如阀上装有阀门定位器），可认为控制阀的动态特性部分 $G_v(j\omega)$ 是不变的。这样就可以得到：

$$K_v \propto 1/|G_o(j\omega)| \tag{1-33}$$

式（1-33）可以作为选择控制阀特性的依据。表 1-1 列出了在不同情况下控制阀流量特性的选择方法。

表 1-1 控制阀流量特性的选择

负荷变化对对象特性的影响		$\dfrac{1}{K_0|G_o(j\omega)|}$	选择阀特性
对 K_0 的影响	对 $|G_o(j\omega)|$ 的影响		K_v
$\propto F$	$\propto 1/F$	常数	线性
$\propto f(F)$	$\propto 1/f(F)$	常数	线性
与 F 无关	与 F 无关	常数	线性
与 F 无关	$\propto 1/F$	$\propto F$	对数
$\propto 1/F$	与 F 无关	$\propto F$	对数
$\propto f(F)/F$	$\propto 1/f(F)$	$\propto F$	对数

下面是一个控制阀特性选择的例子。

【例 1-1】　图 1-20 所示是一个列管式换热器出口温度控制系统，被加热物料的出口温度通过改变加热蒸汽量来维持。在这里被加热物料的流量 G 和入口温度 θ_1 是系统的干扰。显然这里负荷变化对对象特性的影响是不可忽略的。

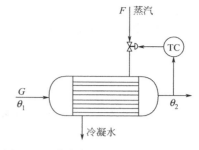

图 1-20　热交换器温度控制系统

为了分析负荷变化对对象特性的影响情况，需列出换热器的热平衡方程式。对该换热器来说，其静态热平衡关系为：

$$FH = Gc_p(\theta_2 - \theta_1) \tag{1-34}$$

而它的动态热平衡方程为：

$$c_p V\gamma \frac{\mathrm{d}\theta_2}{\mathrm{d}t} = FH - Gc_p(\theta_2 - \theta_1) \tag{1-35}$$

式中　F ——加热蒸汽量；

H ——蒸汽冷凝热（即汽化潜热）；

G ——被加热物料质量流量；

c_p ——被加热物料的比热容；

γ ——被加热物料密度；

V ——换热器中储存的物料量；

θ_1 ——物料进换热器温度；

θ_2 ——物料出换热器温度。

在入口温度 θ_1 及加热蒸汽量 F 不变的情况下，当生产负荷 G 发生变化时，出口温度 θ_2 将随之发生变化。为此，在稳定状态附近将式(1-35)写成增量式：

$$c_p V\gamma \frac{\mathrm{d}\Delta\theta_2}{\mathrm{d}t} = -G_0 c_p \Delta\theta_2 - c_p(\theta_{20} - \theta_{10})\Delta G \tag{1-36}$$

整理后得：

$$T_0 \frac{\mathrm{d}\Delta\theta_2}{\mathrm{d}t} + \Delta\theta_2 = K_0 \Delta G \tag{1-37}$$

其中

$$T_0 = \frac{c_p V\gamma}{G_0 c_p} \tag{1-38}$$

$$K_0 = -\frac{c_p(\theta_{20} - \theta_{10})}{G_0 c_p} = -\frac{\theta_{20} - \theta_{10}}{G_0} \tag{1-39}$$

G_0、θ_{20}、θ_{10} 都是初始稳态值，式(1-37)即为换热器的生产负荷 G 至出口温度 θ_2 通道的动态特性，写成传递函数形式则为：

$$G_0(s) = \frac{\theta_2(s)}{G(s)} = \frac{K_0}{1 + T_0 s} \tag{1-40}$$

显然式(1-40)中 K_0 为对象的静特性，$1/(1 + T_0 s)$ 为对象的动特性。

由式(1-39)可以看出 $K_0 \propto 1/G$，由式(1-38)可以看出 $T_0 \propto 1/G$，由式(1-34)可以看出 $F \propto G$，因此可得如下结果：

$$K_0 \propto 1/F, \quad T_0 \propto 1/F$$

而对象的动态特性部分：

$$|G_o(j\omega)| \frac{1}{\sqrt{1+(T_0\omega)^2}} \propto \frac{1}{T_0} \propto F$$

现在综合考虑负荷变化对对象静态和动态的影响，从而可确定所应选择的控制阀特性：

$$K_v = \frac{1}{K_0|G_o(j\omega)|} = 常数$$

这样，控制阀应该选用线性特性才是合适的。

热交换器是一个比较简单的对象，可以用分析的方法确定出控制阀所应选择的流量特性。然而对于比较复杂的对象，分析就比较困难，不能通过理论推算来选择控制阀的流量特性，这时可根据经验准则来选择控制阀的流量特性。表 1-2 列出了常用控制系统控制阀流量特性的经验选择方法。这些经验准则经过多年时间证明是行之有效有效的，具有很好的参考价值。

表 1-2　常用控制系统控制阀流量特性经验选择

控制系统及被控变量	干扰	选择阀特性	附加条件	备注
流量控制系统（F） p_1 —‖— F —⋈— p_2	设定值	直线	变送器输出与流量成正比	
	p_1 或 p_2	对数		
	设定值	平方根	变送器输出与流量平方根成正比	
	p_1 或 p_2	对数		
温度控制系统（T_2） T_1 F_1 … T_2 F_2 T_3 … T_4 p_v	p_v, T_3, T_4	对数		p_v：阀上压降 T_0：对象时间常数平均值 T_m：测量环节时间常数 T_v：阀时间常数 $T_0 = \sqrt{T_{0max} T_{0min}}$
	T_1	直线		
	设定值	直线		
	F_1	直线	$\overline{T_0} \gg T_m (T_v)$	
		对数	$\overline{T_0} = T_m (T_v)$	
		双曲线	$\overline{T_0} < T_m (T_v)$	
压力控制系统（p_1） p_2 —⋈— P_1 —⋈— p_3 C_v C_0	p_2	双曲线	$C_0 < 0.5 C_{vmax}$	C_0：节流阀流通能力 C_v：调节阀流通能力
		对数	$C_0 > 0.5 C_{vmax}$	
	设定值	对数	$C_0 < 0.5 C_{vmax}$	液体介质
		直线	$C_0 > 0.5 C_{vmax}$	
	p_3	对数	$C_0 < 0.5 C_{vmax}$	
		直线	$C_0 > 0.5 C_{vmax}$	
	C_0	对数		
	p_2, C_0, 设定值	对数	对象容积很大，用直线；容积很小，p_2、C_0 干扰作用，双曲线	气体介质
	p_3	平方根		

续表

控制系统及被控变量	干扰	选择阀特性	附加条件	备注
液位控制系统（L） I 类 II 类 III 类 IV 类	设定值	平方根	$\overline{T_0}=T_v$	I 类
		直线	$\overline{T_0}\gg T_v$	
	C_0	对数	$\overline{T_0}=T_v$	
		直线	$\overline{T_0}\gg T_v$	
	设定值	双曲线	$\overline{T_0}=T_v$	II 类
		对数	$\overline{T_0}\gg T_v$	
	F_1	对数	$\overline{T_0}=T_v$	
		直线	$\overline{T_0}\gg T_v$	
	设定值	任意特性		III 类
		任意特性	$H\geqslant 5h$ （h：量程范围）	IV 类
	C_0	直线		III 类
	F_1	直线		IV 类

　　需要指出的是：一般仪表厂所给出的控制阀流量特性都是理想特性，即控制阀前后压差为恒定时的流量特性。然而，在实际运行中，由于多种因素的影响（如配管），使得阀前后压降不可能维持恒定，因此控制阀的特性就要发生变化，不再保持理想特性。控制阀在实际使用状态下的流量特性称之为工作特性，因此，在选择控制阀时，还必须结合配管情况进行考虑。一般情况先按控制系统的特点，按表 1-2 选择所希望的工作特性，然后再考虑配管的情况选择相应的理想特性。考虑配管情况进行控制阀特性选择，可参考表 1-3 来进行。

表 1-3　按配管情况选择控制阀特性表

配管情况	$s=1\sim0.6$		$s=0.6\sim0.3$		$s<0.3$
未考虑配管情况时阀特性	直线	对数	直线	对数	
考虑配管情况时阀特性	直线	对数	直线	对数	不适宜控制

　　表中 s 值表示控制阀全开时阀上压降与系统总压降的比值，即：

$$s=\frac{\text{阀全开时阀上压降}}{\text{系统总压降}} \tag{1-41}$$

　　例如，按照控制系统的特点，经分析计算或应用表 1-2 经验准则，希望使用线性特性的控制阀，但是考虑到配管阻力的影响（假如算出 $s=0.4$），参照表 1-3，最后选定控制阀流量特性应为对数特性。

1.4.4　控制阀结构形式的选择

　　控制阀有直通单座、直通双座、角形、高压、三通、蝶阀和隔膜阀等不同结构形式，要根据生产过程的不同需要和控制系统的不同特点来进行选用。表 1-4 列出了不同结构形式的控制阀特点及其适用场合，以供选用时参考。

表 1-4　不同结构形式控制阀特点及适用场合

阀结构形式	特 点 及 使 用 场 合
直通单座	阀前后压降低，适用于要求泄漏量小的场合
直通双座	阀前后压降大，适用于允许较大泄漏量的场合
角形阀	适用于高压降、高黏度、含悬浮物或颗粒状物质的场合
高压阀	适用于高压控制的特殊场合
蝶阀	适用于有悬浮物的流体、大流量气体、压差低、允许较大泄漏量的场合
隔膜阀	适用于有腐蚀性介质的场合
三通阀	适用于分流或合流控制的场合

1.4.5　阀门定位器的选用

阀门定位器是控制阀的一种附件，采购控制阀可指定配套型号。阀门定位器有电气阀门定位器和气动阀门定位器之分（目前大量使用的是电气阀门定位）。它接受控制器来的信号作为输入信号，其输出信号送至控制阀，同时将控制阀的阀杆位移信号反馈到阀门定位器内。

图 1-21 是电气阀门定位器原理图。4～20mA 输入信号流入磁钢线圈，与磁钢磁场作用产生电磁力，使主杠杆逆时针方向旋转，主杠杆下端的挡板靠向喷嘴，使得气动放大器内背压增加，气动信号增加，控制阀阀杆向下移动，通过连杆带动定位器内凸轮旋转，副杠杆下端向左移动，使得挡板离开喷嘴。主杠杆下端向右的力（电磁力）与向左的力（阀杆位移反馈弹簧力）平衡，稳定在相应位置。若因为阀杆摩擦等原因未能使阀杆到达相应位置，则反馈力小于电磁力，挡板会靠近喷嘴，一直到阀杆到达相应位置为止。零点调整弹簧调整喷嘴挡板的初始位置，量程调整弹簧调整反馈力大小。

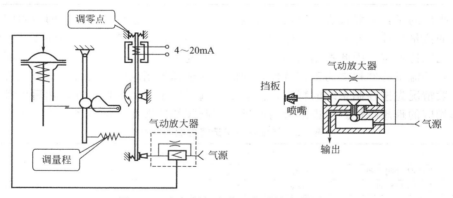

图 1-21　电气阀门定位于气动放大器原理

阀门定位器的主要作用是：

① 消除控制阀膜头和弹簧的不稳定以及各运动部件的干摩擦，从而提高控制阀的精度和可靠性，实现准确定位；

② 增大执行机构的输出功率，减小系统的传递滞后，加快阀杆移动速度；

③ 改变控制阀的流量特性；

④ 利用阀门定位器可将控制器输出信号分段，以实现分程控制。

由第①②项可以看出，当控制阀安装上阀门定位器之后，加大了输出功率，提高了反应速度，并且由于它与控制阀之间构成了一个随动系统，能根据控制器来的信号准确定位，大大改善了控制阀的动、静态特性。因此，当单座阀前后压差较大的时候；当工作压力高，填料压得紧，因而摩擦力较大的时候；当现场与控制室相距较远，控制信号输送管线拉得较长，因而传送滞后较大的时候；以及控制阀膜头较大，滞后比较显著的时候，都可以给控制阀配上阀门定位器，以克服上述不利因素的影响，提高控制阀的动、静态特性。

对于第③项作用可做如下解释。

控制阀特性可以表示为：

$$K_v = \frac{通过阀芯相对流量变化}{膜头相对压力变化} = \frac{\Delta F / F_{\max}}{\Delta p / p_{\max}} \tag{1-42}$$

式（1-42）可改写成下面形式：

$$K_v = \frac{\Delta L / L_{\max}}{\Delta p / p_{\max}} \times \frac{\Delta F / F_{\max}}{\Delta L / L_{\max}} = K_{v1} K_{v2} \tag{1-43}$$

式中　$K_{v1} = \dfrac{\Delta L / L_{\max}}{\Delta p / p_{\max}}$ ；

　　　$K_{v2} = \dfrac{\Delta F / F_{\max}}{\Delta L / L_{\max}}$ ；

　　　$\Delta L / L_{\max}$——阀杆相对位移。

K_{v2} 表示通过控制阀的物料流量与阀行程之间的关系，即控制阀的流量特性，一旦阀已选定，它就不能再改变了。而 K_{v1} 则表示阀行程与阀膜头压力信号之间的关系，它是可以通过改变阀门定位器上的反馈凸轮来加以改变的。阀门定位器的反馈凸轮片有 A、B、C 三种类型，每种凸轮片对应着不同的 K_{v1} 特性，如图 1-22 所示。

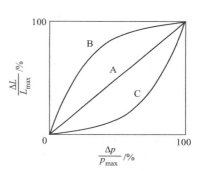

图 1-22　加阀门定位器后执行机构特性

前面已介绍控制阀的流量特性如图 1-18 所示，如果将带不同反馈凸轮片的阀门定位器与不同流量特性的控制阀结合起来，就可以构成所需要的流量特性。例如，若为线性特性的控制阀配上一个带 B 型反馈凸轮片的阀门定位器，那么控制阀就变成快开特性；给快开特性的控制阀配上带 C 型反馈凸轮片的阀门定位器，那么控制阀就变成线性特性了。这样当需要某种流量特性的控制阀而一时又得不到时，就可以选择一种容易获得的控制阀，再根据它的特性配以带相应反馈凸轮片的阀门定位器，就可以获得所需要的流量特性。

1.5　测量、传送滞后对控制质量的影响及其克服办法

1.5.1　测量滞后的影响

测量滞后包括测量环节的容量滞后和信号测量过程的纯滞后。

（1）测量环节容量滞后的影响

测量环节容量滞后是由于测量元件自身具有一定的时间常数所致，一般称之为测量滞后。测量滞后的存在容易造成一种假象。如图 1-23 所示的单回路系统中，被控变量的真实值为 Y_1，然而并不能直接知道它，所知道的只能是测变环节提供的 Y_2。假定测变环节是一个一阶惯性环节，其放大倍数为 1，时间常数为 T_m，那么它的传递函数则可写成：

$$G_m(s) = \frac{1}{1 + T_m s} \tag{1-44}$$

由图 1-23 可知：

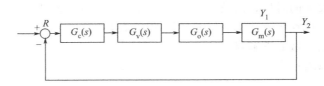

图 1-23　单回路系统方块图

$$G_{\mathrm{m}}(s) = \frac{Y_2(s)}{Y_1(s)} \tag{1-45}$$

由式（1-45）可得：

$$Y_2(s) = G_{\mathrm{m}}(s)Y_1(s) = \frac{1}{1+T_{\mathrm{m}}s}Y_1(s) \tag{1-46}$$

现假定 $y_1(t)$ 做单位阶跃变化，则 $Y_1(s)=1/s$，将 $Y_1(s)$ 代入式(1-46)后进行反拉氏变换即得：

$$y_2(t) = 1 - \mathrm{e}^{-\frac{t}{T_{\mathrm{m}}}} \tag{1-47}$$

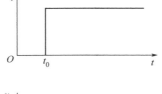

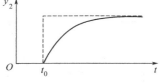

图 1-24　测变环节特性曲线

式(1-47) 对应的变化曲线如图 1-24 所示。

由图可以看出，只有当 t 趋近于无穷大时，$y_2(\infty)$ 才等于 1。而在此之前的任何时刻 $y_2(t)$ 都小于 1。这就是说，由于测量滞后的存在，使得测变装置的输出信号总是小于其输入信号，因而测变装置的输出信号并不是被控变量的真实值。

从上面分析可以看出：由于测变装置滞后的存在，其任何时刻所提供的被控变量的数值都比被控变量的真实值要小。这样，从变送器输出看，被控变量被控制得很好，参数并没有越出所允许的范围，但这只是一种假象，实际被控变量的数值可能早已越出了允许的范围。测变环节的时间常数越大，这种假象就越严重，这一点必须引起足够的重视。

（2）测量环节纯滞后的影响

参数变化的信号传递到检测点需要花费一定的时间，因而就产生了纯滞后。纯滞后时间 τ 等于物料或能量传输的速度除以传输的距离。传输距离越长或传输的速度越慢，纯滞后时间则越长。

测量环节纯滞后对控制质量的影响与控制通道纯滞后对控制质量的影响相同，一般都把控制阀、对象和测变装置三者合在一起，视为一广义对象，这样测变装置的纯滞后就可以合并到对象的控制通道中一并进行考虑。

温度参数和物性参数的测量很容易引入纯滞后，而且一般都比较大，必须引起注意。流量参数的测量纯滞后一般都比较小。

1.5.2　信号传送滞后的影响

信号传送滞后包括测量信号传送滞后和控制信号传送滞后两部分。

在大型石油、化工企业中，生产现场与控制室之间往往相隔一段很长的距离。现场变送器的输出信号要通过信号传输管线送往控制室内的控制器，而控制器的输出信号又需通过信号传输管线送往现场的控制阀。测量与控制信号的这种往返传送都需要通过控制室与现场之间这一段距离空间，产生了信号传送滞后。对于电信号来说，传送滞后可以忽略不计，然而对于气信号来说，传送滞后就不能不加以考虑，因为气动信号管线具有一定的容量。例如，对于 $\phi48\times1$ 的气动信号管线，可以按下述公式计算它的纯滞后时间和时间常数：

$$\tau = K_1 L \tag{1-48}$$

$$T = K_2 L \tag{1-49}$$

式中　$K_1 = 0.007 \text{s/m}$；

　　　$K_2 = 1.1 \text{s/m}$；

　　　L——气动传送管线长度，m。

一般来说，测量信号传送滞后比较小。它的大小取决于气动信号管线的内径和长度，对控制质量的影响与测量滞后影响完全相同。对于控制信号传送滞后，由于它的末端有一个控制阀膜头空间，与信号管线相比它的容积就很大，因此，控制信号传送可以认为是控制阀特性的一部分，它对控制质量的影响与对象控制通道滞后的影响基本相同。控制信号管线越长，控制阀膜头空间越大，控制器的控制信号传送就越慢，控制越不及时，控制质量就越差。

1.5.3　克服测量、传送滞后的办法

（1）克服测量滞后的办法

① 选择惰性小的快速测量元件，以减小时间常数。

② 选择合适的测量点位置，以减小纯滞后。

③ 使用微分单元，以克服测量环节的容量滞后。

对于第③点解释如下。

假定测量变送装置的传递函数为 $G_m(s) = \dfrac{K_m}{1 + T_m s}$，微分单元的传递函数为 $G_D(s) = 1 + T_D s$。现将这两个环节串联起来，其总传递函数应为：

$$G(s) = G_m(s) G_D(s) = \frac{K_m}{1 + T_m s}(1 + T_D s) \tag{1-50}$$

如果通过调整，使 $T_D = T_m$，那么式（1-50）就变成：

$$G(s) = K_m \tag{1-51}$$

这样测量变送装置的滞后影响就被完全克服了，特别是当 $K_m = 1$ 时，微分环节的输出值即是被控变量的真实值。

在控制系统的实际构成中，有时也可以把微分单元串接在控制器与控制阀之间。可以证明，这种接法与将微分器接在变送器后对于克服干扰影响的效果是相同的。这两种情况下的方块图分别如图 1-25 与图 1-26 所示。

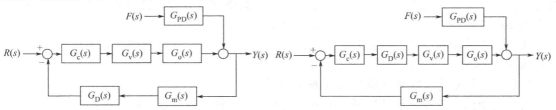

图 1-25　微分单元在变送器后系统方块图　　　图 1-26　微分单元在控制器后系统方块图

对于图 1-25，可求得

$$\frac{Y(s)}{F(s)} = \frac{G_{PD}(s)}{1 + G_c(s) G_v(s) G_o(s) G_m(s) G_D(s)} \tag{1-52}$$

对于图 1-26，可求得

$$\frac{Y(s)}{F(s)} = \frac{G_{PD}(s)}{1 + G_c(s)G_D(s)G_v(s)G_o(s)G_m(s)} \tag{1-53}$$

显然式（1-52）与式（1-53）是完全一样的。

然而，对于给定值的变化，它们的结果就不一样了。

对于图 1-25，可求得

$$\frac{Y(s)}{R(s)} = \frac{G_c(s)G_v(s)G_o(s)}{1 + G_c(s)G_v(s)G_o(s)G_m(s)G_D(s)} \tag{1-54}$$

对于图 1-26，可求得

$$\frac{Y(s)}{R(s)} = \frac{G_c(s)G_D(s)G_v(s)G_o(s)}{1 + G_c(s)G_D(s)G_v(s)G_o(s)G_m(s)} \tag{1-55}$$

比较式（1-54）和式（1-55）可以发现，后者的分子中多了一个 $G_D(s)$ 因子，亦即式（1-55）多了一个零点，它的存在使系统对给定值变化的响应起着加强的作用，能使系统较快地跟踪。

微分作用是克服滞后的行之有效的办法。但是，如果应用得不当，反而会降低控制质量。例如，在往复式压缩机出口流量控制系统中，如果采用快速力平衡式变送器和微分单元组成系统，就不可能使系统控制平稳，甚至还会导致共振。

此外，当微分器接在控制器之后时，如果需要改变控制器给定值时，不能突然改变，而应该缓慢一些，以免造成微分器输出发生过大的突变。

还要指出一点，微分器对于克服纯滞后是无能为力的。因为在纯滞后时间里，参数变化速度等于零，因而微分器输出也等于零，微分器起不到超前作用。

（2）克服传送滞后的办法

由于电信号传送非常迅速，所产生的滞后可以忽略不计，因此，为了克服传送滞后，应尽量采用电信号进行传送。控制器输出到控制阀的信号，应当采用电信号送到电气阀门定位器，电气阀门定位器输出气信号应当尽量短些，气信号管路管径不宜过小，并保持畅通。

1.6　控制器参数对系统控制质量的影响及控制规律的选择

当构成一个控制系统的被控对象、测量变送环节和控制阀都确定之后，控制器参数是决定控制系统控制质量的唯一因素。控制系统的控制质量包括系统的稳定性、静态控制误差和动态误差三个方面。关于系统的稳定性分析，在控制原理中有详尽的分析，此处不再赘述。下面主要就控制器参数对系统控制静态误差和动态误差进行分析。

通用的工业控制器通常是 PID 三作用控制器，它有三个可调整的参数，即比例度 δ、积分时间 T_i、微分时间 T_D。

1.6.1　控制器参数对系统静态误差的影响

当系统受到扰动时，经过控制作用进行调整，当系统重新稳定之后，被控变量与期望值之间的偏差即为系统的静态误差，通常也称之为余差。设有如图 1-27 所示的一个控制系统，为了便于分析，假定测量变送环节为一个放大倍数为 1 的放大环节。当分析系统受到扰动时，即 $F(s)$ 作为输入，$E(s)$ 作为输出，此时 $R(s)$ 和 $Y(s)$ 等于零。对图 1-27 进行变换，其方块图如图 1-28 所示。

由图 1-28 可得传递函数：

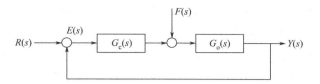

图 1-27　分析静态误差系统方块图

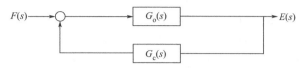

图 1-28　变换后的系统方块图

$$\frac{E(s)}{F(s)} = \frac{G_o(s)}{1 + G_c(s)G_o(s)} \tag{1-56}$$

令

$$G_0(s) = \frac{K_0 \prod (T_k s + 1) \prod (T_1^2 s^2 + 2\zeta T_1 s + 1)}{s^\nu \prod (T_i s + 1) \prod (T_j^2 s^2 + 2\zeta T_j s + 1)} \tag{1-57}$$

并且假定干扰作用为单位阶跃函数，则 $F(s) = 1/s$。

将式（1-57）及 $F(s) = 1/s$ 代入式（1-56），利用终值定理，经整理可得：

$$\lim_{t \to \infty} e(t) = \lim_{s \to 0} sE(s) = \lim_{s \to 0} s \frac{\dfrac{K_0 \prod (T_k s + 1) \prod (T_1^2 s^2 + 2\zeta T_1 s + 1)}{s^\nu \prod (T_i s + 1) \prod (T_j^2 s^2 + 2\zeta T_j s + 1)}}{1 + G_c(s) \dfrac{K_0 \prod (T_k s + 1) \prod (T_1^2 s^2 + 2\zeta T_1 s + 1)}{s^\nu \prod (T_i s + 1) \prod (T_j^2 s^2 + 2\zeta T_j s + 1)}} \times \frac{1}{s}$$

假定控制器为纯比例控制器，即 $\nu = 0$，则有：

$$\lim_{t \to \infty} e(t) = \lim_{s \to 0} sE(s) = \lim_{s \to 0} \frac{K_0}{1 + K_0 G_c(s)} \tag{1-58}$$

由式（1-58）可知，当 $G_c(s) = K_c$ 时，即控制器为纯比例控制，则系统的余差与比例放大倍数成反比，也就是与比例度 δ 成正比，即比例度越大，则余差也就越大。上面的结论是在假定干扰通道传递函数与控制通道传递函数相同且干扰通道放大倍数 $K_f = 1$ 的情况下得出的，如果两通道传递函数不同，采用同样的分析方法可得出：

$$\lim_{t \to \infty} e(t) = \frac{K_f K_0}{1 + G_c K_0}$$

如果有 $K_c K_0 \gg 1$，$K_f = 1$，则余差就等于 $1/G_c$，这就是式（1-58）得出的结论。

同样由式（1-58）可知，只有当控制器为比例积分控制时，即：

$$G_c(s) = K_c \left(1 + \frac{1}{T_i s}\right) = \frac{K_c}{T_i s}(T_i s + 1) \tag{1-59}$$

方可消除余差。

对于比例微分控制器，将控制器传递函数代入到式（1-58），可发现微分作用对控制系统的余差没有影响。

根据上述分析，纯比例控制器所组成的控制系统是不可能消除余差的，可用图 1-29 的浮球液位控制系统来分析其物理意义。

图 1-29 中流入有两个管路，液体从水槽下面流出。流入管路 1 上装有控制阀，sp 设置液位初始位置（给定液位控制点）。从支点到控制阀杠杆长度为 L_1，从支点到浮球杆顶端长度为 L_2。假设系统初始状态是稳定的，流入总量等于流出总量，液位稳定在初始位置。假定某一时刻管路 2 流量突然增加了一个阶跃流量，此时流入流量大于流出量，液位就会上升。假定液位上升使得浮球连杆变化了 ΔL_T，使得杠杆右端抬升，则杠杆左端下降了 ΔL_V，使得控制阀关小，管路 1 流量减小。从图 1-30 中不难得出：$\Delta L_V / \Delta L_T = L_1 / L_2$，令 $K_P = L_1 / L_2$，则有：$\Delta L_V = L_1 / L_2 \Delta L_T$，$\Delta L_V = K_P \Delta L_T$。已知 ΔL_T 为真实液位期望液位之差，所以 ΔL_T 不可能为零。若要 ΔL_T，则 ΔL_V 必须为零，管路 2 的流量增加并未减小（阶跃增加），ΔL_V 为零意味着管路 1 中的流量回复到初始值，则管路 1 流量＋管路 2 流量大于流出流量，

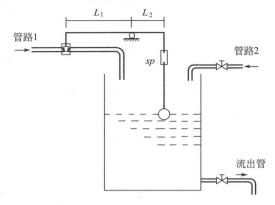

图 1-29　浮球液位控制系统

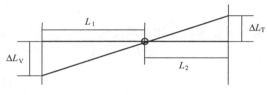

图 1-30　杠杆系统示意图

液位不可能稳定，也不可能回复到初始值。那么有没有办法使液位回复到初始值呢？只有调整 sp 改变浮球连杆长度才可能实现，即只要液位偏差存在就调整浮球连杆长度，直至液位偏差为零，这就是积分作用。

1.6.2　控制器参数对系统动态误差的影响

（1）比例放大倍数 K_c

比例控制器的输出 u 与输入 e 偏差成比例关系，即 $u = K_c e + u_0$。当 K_c 趋向于零时，控制器的输出不受偏差影响，相当于控制系统开路，此时如果有干扰作用在被控对象上，被控变量变化将是一条飞升曲线。当 K_c 很大时，只要有一个很小的偏差出现，就会使控制器输出产生很大的输出（正偏差使控制器输出达到最大，负偏差使控制器输出达到最小），在这个控制作用之下，被控变量将在上偏差限与下偏差限之间振荡。由此可知，比例放大倍数 K_c 由小到大变化，系统将由稳定向振荡发展，系统的稳定性在变差，甚至变为不稳定。不同的比例放大倍数 K_c 所对应的过渡过程曲线见图 1-31。

从图 1-31 可以看出，K_c 增大，控制精度提高（余差减小），但是系统的稳定性下降。这一点用频率特性来解释不难理解：当 K_c 增大时，会使系统开环频率特性整体向上移动，使其越发靠近幅值比为 1 的临界线，使得系统的稳定裕度下降。

（2）积分时间 T_i

工程实践中一般没有纯积分作用控制器，都是与比例作用组合成比例-积分控制器。比例-积分控制器的输入输出关系为：

$$u = K_c \left(e + \frac{1}{T_i} \int e \, dt \right) + u_0 \tag{1-60}$$

从式（1-60）可看出，比例-积分控制器输出由两部分组成，即在比例输出之上叠加积分输出。积分部分输出是对偏差的积分，即将偏差按时间进行累积，偏差存在输出就增大，直至偏差消除为止。当 T_i 趋向于无穷大时，积分作用消除，控制器变为纯比例控制器。当 T_i 很小时，积分作用强烈，消除余差的能力强。

由控制原理可知，比例-积分环节的幅频特性在低频段（即 $\omega < 1/T_i$）为斜率 -20 的一条斜线，在高频段（即 $\omega > 1/T_i$）为斜率为 0 的直线。相频特性为 $-90°$ 到 $0°$ 的一条曲线。由此可知，比例-积分控制器对变化很慢（甚至不变）的偏差有很强的调整能力，但是其滞后角度也较大。由此可得出结论，积分时间常数 T_i 越小，消除余差的能力越强，系统越趋向于不稳定。T_i 变化对过渡过程的影响见图 1-32。

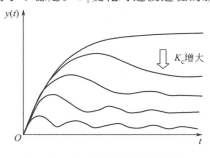
图 1-31　K_c 对过渡过程的影响

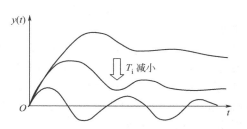
图 1-32　K_c 不变时 T_i 变化对过渡过程的影响

在工程实践中，为消除余差，增加积分作用之后，常常适当增大比例度以维持一定的衰减比。

（3）微分时间 T_D

工程实践中一般没有纯微分作用控制器，都是与比例作用组合成比例-微分控制器。比例-微分控制器的输入输出关系为：

$$u = K_c \left(e + T_D \frac{de}{dt} \right) + u_0 \tag{1-61}$$

从式（1-61）可看出，比例-微分控制器输出由两部分组成，即在比例输出之上叠加微分输出。微分部分输出与偏差的变化速度成正比，即偏差变化大，则输出增大。当 T_D 等于零时，微分作用消除，控制器变为纯比例控制器。

由于微分作用的特点，使其对惯性较大的被控对象有"超前"调整作用，所以一般用在有较大滞后被控对象的场合。

微分时间常数调整得当，可使过渡过程缩短，增加系统的稳定性，减小动态偏差。如果微分作用过大，系统变得非常敏感，控制系统的控制质量将变差，甚至变成不稳定。

T_D 变化对过渡过程的影响见图 1-33。

假定纯比例作用下系统的衰减比是 4:1，从图 1-33 可以看出，由于没有积分作用，系统是存在余差的。随 T_D 增大微分作用增加，系统动态变差减小（由曲线 1 变为曲线 2），系统动态控制变好；T_D 继续增大，微分作用继续增加，系统稳定性变差（衰减比变小）；若 T_D 继续增大，系统可能变为不稳定。

根据控制原理可知，调整 T_D 的结果应当使系统的闭环零点靠近系统的第二大极点，这样就可抵消第二大极点对系统过渡过程的影响。

1.6.3　控制规律的选择

工业用控制器常见的有开关控制器、比例控制器、比例-积分控制器、比例-微分控

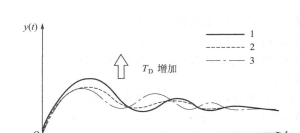

图 1-33　K_C 不变时 T_D 变化对过渡过程的影响

制器、比例-积分-微分控制器。过程工业中常见的被控变量有温度、压力、液位和流量，而这些变量有些是重要的生产参数，有些是不太重要的参数，所以控制要求也是各种各样的，因此控制器控制规律的选择要根据具体情况而定，但是有一些基本原则可在选择时加以考虑。

① 对于不太重要的参数，例如中间储罐的液位、压力缓冲罐、热量回收预热系统等，控制一般要求不太严格，可考虑采用比例控制，甚至采用开关控制。

② 对于不太重要的参数，但是惯性较大，又不希望动态偏差较大，可考虑采用比例-微分控制器。由于微分作用对噪声有放大作用，所以噪声较大的控制系统，例如流量控制，则不宜选用比例-微分控制器。

③ 对于比较重要的、控制精度要求比较高的参数，可采用比例-积分控制器。

④ 对于比较重要的、控制精度要求比较高、希望动态偏差较小、被控对象的时间滞后比较大的参数，应当采用比例-积分-微分控制器。

1.7　系统的关联及其消除方法

1.7.1　系统关联及其影响

所谓系统关联就是系统之间彼此互相有影响。随着自动化水平的提高，往往需要在同一设备上设置多套自控系统，这些系统之间就可能存在相互关联的问题。例如，图 1-34 所示的精馏塔提馏段就同时设置了温度和液位两套控制系统，这两套系统的操纵变量分别为加热蒸汽量和塔底采出量。通过分析发现：当蒸汽量加大时，除了温度会上升外，在进料量和采出量不变的情况下，塔釜液面将会下降。这是由于蒸汽量增大而导致蒸发量增大的结果。反之，减少蒸汽量，除温度会下降外，液位将会上升。同样，当采出量增大时，除液位会下降外，在进料和加热蒸汽量不变的情况下，塔底温度将会上升。反之，当采出量减小时，除塔釜液位会上升外，塔底温度将会下降。因此，温度和液位这两套控制系统之间存在着关联。

系统间如果存在有相互关联的情况，就要进行认真的分析和慎重的处理。如果系统间相互关联比较紧密，相互影响比较大而又处理不当，就会使系统无法运行，这不仅会影响控制质量，甚至会导致发生事故，必须给予足够的重视。

1.7.2　分析系统关联的方法

下面介绍一种利用回路相对增益来判断系统间关联的方法。

如果生产设备上同时存在有 n 个控制系统，那么就有 n 个被控变量和 n 个操纵变量，习惯上称之为 $n \times n$ 个多变量系统，如图 1-35 所示。用 y 表示被控变量，u 表示操纵变量。操纵变量 u 的改变对被控变量 y 的影响，可以用通道的增益（即静态放大倍数）来描述。第 j 个操纵变量 u_j 的改变对第 i 个被控变量 y_i 的影响（即该通道的增益）用 $\dfrac{\partial y_i}{\partial u_j}$ 来表示。如

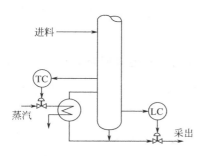

图 1-34　提馏段温度与塔釜液位控制系统

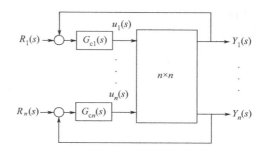

图 1-35　$n \times n$ 个多变量控制系统

果对每一条通道都计算两次静态增益：第一次计算除本通道操纵变量改变外，其他各个操纵变量都维持不变（即其他各个回路都处于开环）时的增益 $\left.\dfrac{\partial y_i}{\partial u_j}\right|_u$；第二次计算其他各个操纵变量都变化，即其他各回路都闭合（即其他各回路被控变量保持不变）时的增益 $\left.\dfrac{\partial y_i}{\partial u_j}\right|_y$。定义这两种情况下静态增益之比为该通道的相对增益 λ，即：

$$\lambda = \frac{\left.\dfrac{\partial y_i}{\partial u_j}\right|_u}{\left.\dfrac{\partial y_i}{\partial u_j}\right|_y} \tag{1-62}$$

如果计算 $j\text{-}i$ 通道的相对增益，那么，第一次就要计算除第 j 个操纵变量变化外，其他各个操纵变量都维持不变时的增益 $\left.\dfrac{\partial y_i}{\partial u_j}\right|_u$，第二次计算其他各个操纵变量都变化（即其他各回路都处于环控制状态）时的增益 $\left.\dfrac{\partial y_i}{\partial u_j}\right|_y$。于是，该通道的相对增益为：

$$\lambda_{ij} = \frac{\left.\dfrac{\partial y_i}{\partial u_j}\right|_u}{\left.\dfrac{\partial y_i}{\partial u_j}\right|_y} \tag{1-63}$$

λ_{ij} 就是判断系统间相互关联程度的指标。现结合式（1-63）分析如下。

① $\lambda_{ij}=1$ 时，说明 $\left.\dfrac{\partial y_i}{\partial u_j}\right|_u = \left.\dfrac{\partial y_i}{\partial u_j}\right|_y$，这就是说其他各回路闭合与否，对 u_j 与 y_i 所组成的控制回路没有影响。也就是说该系统与其他各系统之间没有关联。

② $\lambda_{ij}>1$ 时，表明 $\left.\dfrac{\partial y_i}{\partial u_j}\right|_u > \left.\dfrac{\partial y_i}{\partial u_j}\right|_y$，这就是说其他各回路闭合时 $j\text{-}i$ 通道的增益将减小，说明 u_j 与 y_i 所组成的系统与其他各系统之间有关联，并且随着 λ_{ij} 的增大，关联的程度将越严重。由于这种关联会使 $j\text{-}i$ 通道的增益减小，故称之为负关联（或负相关）。

③ 当 $\lambda_{ij}<1$ 时，表明 $\left.\dfrac{\partial y_i}{\partial u_j}\right|_u < \left.\dfrac{\partial y_i}{\partial u_j}\right|_y$，这就是说在其他各控制回路闭合时，$j\text{-}i$ 通道的增益会增大，说明 u_j 与 y_i 所组成的系统与其他各控制系统之间存在有关联，并且随着 λ_{ij} 的

减小，系统间的关联程度将越严重。由于这种关联会使 j-i 通道增益增大，故称之为正关联（或正相关）。

④ 当 $\lambda_{ij}=0$ 时，表明 $\left.\dfrac{\partial y_i}{\partial u_j}\right|_u=0$，但 $\dfrac{\partial y_i}{\partial u_j}\neq 0$，这说明在其他各回路开环时（即各操纵变量维持不变），u_j 对 y_i 没有影响，这就是说 u_j 与 y_i 不能组合成控制回路，因为用 u_j 不能控制 y_i。

⑤ 当 $\lambda_{ij}<0$ 时，说明 $\left.\dfrac{\partial y_i}{\partial u_j}\right|_u$ 与 $\dfrac{\partial y_i}{\partial u_j}$ 符号相反，就是说 y_i 对 u_j 的响应在其他回路闭合时将反向。这就是说，在其他回路开环时，u_j 与 y_i 所组成的回路虽然能工作，但在其他回路闭合时，这个本来稳定的系统就变成不稳定了。这就是所谓的条件稳定性回路。

⑥ 当 $\lambda_{ij}=\infty$ 时，表明 $\left.\dfrac{\partial y_i}{\partial u_j}\right|_u=0$，说明只有在其他回路开环时，才能用 u_j 来控制 y_i，否则不能用 u_j 来控制 y_i。

由以上分析可以看出：根据相对增益 λ_{ij} 偏离 1 的大小，可以判断系统间相互关联的程度。λ_{ij} 偏离 1 越大，则表示系统间相互关联越厉害。

对于一个 $n\times n$ 多变量系统，利用式（1-63）可以计算出各个通道的相对增益，于是就可以构成一个相对增益方阵 $\boldsymbol{A}$：

$$
\boldsymbol{A}=\begin{array}{c}
y_1\\ y_2\\ \vdots\\ y_i\\ \vdots\\ y_n
\end{array}
\begin{array}{c}
\begin{array}{cccccc}
u_1 & u_2 & \cdots & u_j & \cdots & u_n
\end{array}\\
\left[\begin{array}{cccccc}
\lambda_{11} & \lambda_{12} & \cdots & \lambda_{1j} & \cdots & \lambda_n\\
\lambda_{21} & \lambda_{22} & \cdots & \lambda_{2j} & \cdots & \lambda_{2n}\\
\vdots & \vdots & & \vdots & & \vdots\\
\lambda_{i1} & \lambda_{i2} & \cdots & \lambda_{ij} & \cdots & \lambda_{in}\\
\lambda_{n1} & \lambda_{n2} & \cdots & \lambda_{nj} & \cdots & \lambda_{nn}
\end{array}\right]
\end{array}
\tag{1-64}
$$

方阵 $\boldsymbol{A}$ 中所有元素都是正值时，称为正相关，这时所有元素都是在 0 与 1 之间。如果方阵 $\boldsymbol{A}$ 出现有负元素，则称为负相关。

式（1-64）所示方阵 $\boldsymbol{A}$ 具有这样一个性质，即每一行或每一列元素的代数和都等于 1。因此计算方阵 $\boldsymbol{A}$ 的工作量就大大减小了。例如对于一个 2×2 的系统，其相对增益方阵 $\boldsymbol{A}$ 为：

$$
\boldsymbol{A}=\begin{array}{c}y_1\\ y_2\end{array}
\begin{array}{c}
\begin{array}{cc}u_1 & u_2\end{array}\\
\left[\begin{array}{cc}\lambda_{11} & \lambda_{12}\\ \lambda_{21} & \lambda_{22}\end{array}\right]
\end{array}
$$

它由 4 个元素所组成，只要计算出其中某一个，那么，其他 3 个也就知道了（因为每一行及每一列的元素和等于 1）。

相对增益方阵 $\boldsymbol{A}$ 还可以解决被控变量与操纵变量的合理配对问题。因为 λ_{ij} 越接近于 1，表示 u_j 与 y_i 所组成的系统与其他系统间的关联越小，因此，应当选择通道相对增益接近于 1 的 u 与 y 配对构成控制系统。例如有一 2×2 系统，其相对增益方阵 $\boldsymbol{A}$ 为：

$$
\boldsymbol{A}=\begin{array}{c}y_1\\ y_2\end{array}
\begin{array}{c}
\begin{array}{cc}u_1 & u_2\end{array}\\
\left[\begin{array}{cc}0.2 & 0.8\\ 0.8 & 0.2\end{array}\right]
\end{array}
$$

从各通道相对增益看，u_1-y_1、u_2-y_2通道相对增益离 1 较远，如果将它们配对构成控制系统，那么系统之间的关联比较厉害，可能还会导致两个系统都无法运行。然而u_1-y_2、u_2-y_1通道相对增益离 1 较接近，如果能让它们配对构成控制系统，那么系统之间的关联就将小得多。此时如再配合采取一些其他削弱关联的措施，这两个系统将会运行得很好。

1.7.3　削弱或消除系统间关联的方法

系统间关联的情况与程度不同，解决方法也不一样。如果能按照相对增益计算方法算出各通道的相对增益，那将为决定采用何种去关联方法提供有力的依据。

① 如果按照某种变量配对，结果发现配对通道的相对增益 $\lambda < 1$，而且小得不多，这说明系统间关联得不很厉害。这时可采用控制器参数整定的方法将各系统的工作频率拉开，以削弱系统之间的关联。

② 如果各通道相对增益比较接近（如 2×2 系统，$\lambda_{11} = \lambda_{22} = 0.45$，$\lambda_{12} = \lambda_{21} = 0.55$），或各通道相对增益离 1 都比较远，这表明系统间的关联比较严重。这时再采用控制器参数整定把各系统工作频率拉开的办法削弱系统间关联已不太有效，而需要采用解耦办法才能消除系统间的关联。

③ 如果按照某种变量配对，结果算出各通道相对增益相差比较大，即有的离 1 较近而有的离 1 较远，这时可采用变量重新配对的办法来削弱系统间的关联，即尽量让那些相对增益离 1 较近的变量配对组成系统。如前面的 2×2 系统，u_2-y_1、u_1-y_2配对就比 u_1-y_1、u_2-y_2配对系统间关联小得多，再配以控制器参数整定将各系统工作频率拉开，那么系统间关联的影响就会更小。

下面举一个削弱系统间关联的例子。

图 1-36 所示为一离心泵输出管线流量和压力控制系统并存的例子。

由于这两个系统并存于同一输出管线上，控制压力时必然会影响到流量，控制流量时又必然会影响到压力，因此两个系统之间存在着关联，而且比较厉害，如果处理得不好，两个系统都将运行得不好。最简单的办法就是通过控制器参数整定，将两个系统的工作频率拉开，以削弱系统之间的关联。

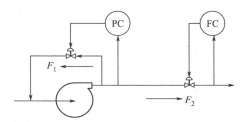

图 1-36　流量和压力控制系统

在这两个系统中，如果流量是主要的，可以把压力控制器的比例度和积分时间都放得大一些，使压力控制系统的工作频率低一些。这样一旦扰动出现，流量系统立即工作，很快把流量调回到给定值；而压力控制系统则缓慢地逐渐把压力调回到给定值。反过来，如果压力是主要的，则可以将流量控制器的比例度和积分时间放得大一些，使流量系统工作频率低一些。这样一旦发生扰动，压力系统首先投入工作，很快将压力调回到给定值，而流量控制系统则缓慢地逐渐把流量调回到给定值。

当然，如果系统间关联比较大，用整定控制器参数的办法不再有效，就要考虑采用第 9 章中介绍的解耦的方法，它将能有效地削弱乃至完全消除系统间的关联。

1.8　单回路系统的投运和整定

一旦控制系统按设计的要求连好，线路经过检查正确无误，所有仪表经过检查符合精度要求并已运行正常，即可着手进行控制系统的投运和控制器参数的整定工作。

在系统投运整定之前，必须检查控制器正、反作用开关是否放置正确。

首先看图 1-37 控制器输入输出方块图。图中 R 为控制器给定，Z 为控制器测量输入，U 为控制器输出，E 为控制器偏差。偏差 $E = Z - R$（控制器仪表定义为 $E = Z - R$，与控制原理中的定义 $E = R - Z$ 正好差一个负号），控制器正、反作用的定义为输入偏差增加，输出增加则为正作用；输入偏差增加，输出减小则为反作用。为此则有如下引申定义：

正作用　$Z\uparrow \longrightarrow U\uparrow$　输出与测量变化
　　　　$R\downarrow \longrightarrow U\uparrow$　同向，与给定变
　　　　　　　　　　　　　化反向。
反作用　$Z\uparrow \longrightarrow U\downarrow$　输出与测量变化
　　　　$R\downarrow \longrightarrow U\downarrow$　反向，与给定变
　　　　　　　　　　　　　化同向。

图 1-37　控制器输入输出方块图

控制器正、反作用按下述方法确定。

单回路系统方块图如图 1-38 所示。图中 $G_c(s)$、$G_v(s)$、$G_o(s)$、$G_m(s)$ 分别代表控制器、控制阀、对象和测量变送装置的传递函数。从控制原理知道，对于一个反馈控制系统来说，只有在负反馈的情况下，系统才是稳定的，当系统受到干扰时，其过渡过程将会是衰减的；反之，如果系统是正反馈，那么系统将是不稳定的，一旦遇到干扰作用，过渡过程将会发散。

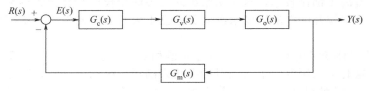

图 1-38　单回路系统方块图

为了保证能构成负反馈，系统开环总放大倍数必须为负值，而系统开环总放大倍数是系统中各个环节放大倍数的乘积，为此有 $-1 = \mathrm{Sign}\{G_c\} \cdot \mathrm{Sign}\{G_v\} \cdot \mathrm{Sign}\{G_o\} \cdot \mathrm{Sign}\{G_m\}$ 成立。这样，只要事先知道了对象、控制阀和测量变送装置放大倍数的正负，再根据开环总放大倍数必须为负的要求，就可以很容易地确定出控制器的正、反作用。

对象、控制阀和测量变送装置放大倍数的正负是很容易确定的，只要分析它们各自的输出与输入信号是同向变化还是反向变化就可以确定。当输入信号增大，输出信号也随之增大时，其放大倍数为正；当输入信号增大而输出信号减小时，其放大倍数则为负。

下面以图 1-2 所示的水槽液位控制系统为例，说明如何确定控制器的正反作用。

第一步：根据工艺要求，控制阀（流出阀）应选气闭式。

第二步：确定液位控制器正反作用。可按下面方式确定，假定受扰使得液位升高，则液位变送器信号升高，则液位控制器测量信号升高，若要液位下降，则流出阀应当开大，若要流出阀开大，则作用其上的信号应当减小，则有液位控制器输出减小，当液位控制器测量信号升高时要求其输出减小，故液位控制器为反作用控制器。该分析过程可用下面信号传递流程表示：

$$L\uparrow \longrightarrow Z_L\uparrow \longrightarrow LC_{测量}\uparrow$$
$$L\downarrow \longleftarrow 控制阀_{开度}\uparrow \longleftarrow LC_{输出}\uparrow$$
$$(A.C)$$
（+）

还可以按下面的过程进行分析确定。

第一步：根据工艺要求，控制阀应选气闭式，因故障失去信号时应当打开以保证流出，气闭阀当作用阀上信号增加则开度减小，该环节符号为负。

第二步：确定液位控制器正反作用。当阀门开大流出流量增加时，液位下降，故被控对象放大倍数为负。液位升高时其信号增加，则液位变送器符号为正。根据环开环放大倍数符号为负的要求，控制器应选反作用。

当控制器正反作用选好，并将其相应的开关位置设定好之后，就可以进行系统投运和控制器参数整定了。

1.8.1　控制系统的投运

所谓控制系统投运，就是将系统由手动工作状态切换到自动工作状态。这一过程是通过控制器上的手动-自动切换开关从手动位置切换到自动位置来完成的，但是这种切换必须保证无扰动地进行。也就是说，从手动切换到自动的过程中，不应造成系统的扰动，不应该破坏系统原有的平衡状态，亦即切换中不能改变原先控制阀的开度。如果控制器在切换之前，自动输出与手动输出信号不相等，那么，在切换过程中必然会给系统引入扰动，这将破坏系统原先的平衡状态，这是不允许的。

对于设计比较先进的电动Ⅲ型、Ⅰ系列、EK 系列等控制器来说，由于它们有比较完善的自动跟踪和保持电路，能够做到在手动时自动输出跟踪手动输出，在自动时手动输出跟踪自动输出，这样，就可以保证不论偏差存在与否，随时都可以进行手动与自动切换而不会引起扰动。此一功能称之为双向无平衡无扰动切换。具有这样功能的控制器将会给手动-自动切换工作带来很大的方便。

一般电动Ⅱ型控制器没有这么方便。为了保证无扰动切换，必须在切换之前做好平衡工作，即必须在偏差等于零时才能进行切换。这是因为当偏差等于零时，仪表内部的跟踪线路能自动地使控制器的自动输出跟踪等于手动输出，这样，从手动到自动的切换就可以保证无扰动。

1.8.2　控制系统的整定

（1）系统整定的目的

所谓控制系统的整定，就是对于一个已经设计并安装就绪的控制系统，通过控制器参数（δ、T_i、T_D）的调整，使得系统的过渡过程达到最为满意的质量指标要求。

一个控制系统的质量取决于对象特性、控制方案、干扰的形式和大小，以及控制器参数的整定等各种因素。一旦系统按所设计的方案安装就绪，对象特性与干扰位置等基本上都已固定下来，这时系统的质量主要取决于控制器参数的整定。合适的控制器参数会带来满意的控制效果，不合适的控制器参数会使系统质量变坏。但是，决不能因此而认为控制器参数整定是"万能的"。对于一个控制系统来说，如果对象特性不好，控制方案选择得不合理，或是仪表选择和安装不当，那么无论怎样整定控制器参数，也是达不到质量指标要求的。因此，只能说在一定范围内（方案设计合理、仪表选型安装合适）控制器参数整定合适与否，对控制质量具有重要的影响。

有一点必须加以说明，那就是对于不同的系统，整定的目的、要求可能是不一样的。例如，对于定值控制系统，一般要求过渡过程呈 4∶1 的衰减变化；而对于比值控制系统，则要求整定成振荡与不振荡的边界状态；对于均匀控制系统，则要求整定成幅值在一定范围内变化的缓慢的振荡过程。这些都将在后面分别给予介绍。

对于单回路控制系统，控制器参数整定的要求就是通过选择合适的控制器参数（δ、T_i、T_D），使过渡过程呈现 4∶1 衰减过程。

控制器参数整定的方法很多，归结起来可分为两大类：一类是理论计算方法，另一类是工程整定方法。

从控制原理知道，对于一个具体的控制系统，只要质量指标规定了下来，又知道了对象的特性，那么，通过理论计算的方法（微分方程法、频率法、根轨迹法、M 圆法等）就可以计算出控制器的最佳参数。但是，由于对象特性的测试方法和测试技术的未尽完善，石油、化工对象的可变性，往往使对象特性难以测得，或者即使测得，但是所得到的对象特性数据也不够准确可靠，且因计算方法一般都比较繁琐，工作量大，耗时较多，因此，长期以来这种理论计算方法在工程实践中没有得到推广和应用。然而，随着计算机在生产过程中的广泛应用，控制器参数整定的理论计算方法将会不断地得到应用和推广。

下面举一个用理论计算方法计算控制器参数的例子。

【例 1-2】　已知一广义对象传递函数为：

$$G_o(s) = \frac{25}{(4s+1)(20s+1)} \tag{1-65}$$

若采用纯比例式控制器与其构成单回路系统，并要求过渡过程呈 4：1 衰减，试求控制的 δ 值。

比例控制器传递函数为：

$$G_c(s) = K_p \tag{1-66}$$

组成单回路系统后，其闭环特征方程为：

$$1 + G_c(s)G_o(s) = 0 \tag{1-67}$$

将式（1-65）、式（1-66）代入式（1-67）并简化后得：

$$80s^2 + 24s + 1 + 25K_p = 0 \tag{1-68}$$

式（1-68）的特征根为：

$$s_{1,2} = \frac{-24 \pm \sqrt{24^2 - 4 \times 80(1 + 25K_p)}}{160} = -\alpha \pm j\beta$$

其中：

$$\alpha = \frac{24}{160} = 0.15, \quad \beta = \frac{\sqrt{320(1 + 25K_p) - 24^2}}{160} \tag{1-69}$$

由控制原理可知，当要求过渡过程衰减比 $n = 4：1$ 时，其对应的衰减指数 m 应为：

$$m = \frac{\ln n}{2\pi} = \frac{\ln 4}{2\pi} = 0.221 \tag{1-70}$$

而

$$m = \frac{\alpha}{\beta} \tag{1-71}$$

于是可得：

$$0.221 = \frac{24}{\sqrt{320(1 + 25K_p) - 24^2}}$$

解得：

$$K_p = \left[\frac{\left(\dfrac{24}{0.221}\right)^2 + 24^2}{320} - 1 \right] \times \frac{1}{25} = 1.506$$

控制器的比例度为：

$$\delta\% = \frac{1}{K_p} \times 100\% = \frac{1}{1.506} \times 100\% = 66.4\%$$

这个例子只考虑采用纯比例控制器，计算还比较方便。如果改用比例积分或比例积分微分形式的控制器，那么计算工作将会复杂得多。有关控制器参数的理论计算方法这里不多介绍，下面着重介绍工程整定方法。

（2）控制器参数的工程整定方法

与理论计算方法不同，工程整定方法一般不要求知道对象特性这一前提，它是直接在闭合的控制回路中对控制器参数进行整定。这种方法具有简捷、方便和易于掌握的特点，因此，工程整定方法在工程实际中得到了广泛的应用。

下面介绍几种常用的控制器参数的工程整定方法。

① 临界比例度法　在系统闭环情况下，将控制器的积分时间 T_i 放到最大，微分时间 T_D 放到最小，比例度 δ 放于适当数值（一般为 100%）。然后使 δ 由大往小逐步改变，并且每改变一次 δ 值时，通过改变给定值，给系统施加一阶跃干扰，同时观察被控变量 y 的变化情况。若 y 的过渡过程呈衰减振荡，则继续减小 δ 值；若 y 的过渡过程呈发散振荡，则应增大 δ 值，直到调至某一 δ 值，过渡过程出现不衰减的等幅振荡为止，如图 1-39 所示。这时过渡过程称之为临界振荡

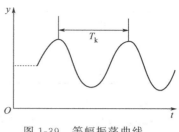

图 1-39　等幅振荡曲线

过程。出现临界振荡过程的比例度 δ_k 称为临界比例度，临界振荡的周期 T_k 则称临界周期。

有了 δ_k 及 T_k 这两个试验数据，按表 1-5 所给出的经验公式，就可计算出当采用不同类型控制器而使过渡过程呈 4∶1 衰减振荡状态的控制器参数值。

表 1-5　临界比例度整定控制器参数经验公式

控制器类型	控制器参数		
	$\delta/\%$	T_i/min	T_D/min
P	$2\delta_k$	—	—
PI	$2.2\delta_k$	$0.85T_k$	—
PID	$1.7\delta_k$	$0.5T_k$	$0.13T_k$

按表 1-5 算出控制器参数后，先将 δ 放在比计算值稍大一些（一般大 20%）的数值上，再依次放上积分时间和微分时间（如果有的话），最后再将 δ 放回到计算数值上即可。如果这时加干扰，过渡过程与 4∶1 衰减还有一定差距，可适当对值做一点调整，直到过渡过程达到满意为止。至此，整定完毕。

临界比例度法应用起来比较简便。然而，如果工艺方面不允许被控变量做长时间的等幅振荡，这种方法就不能应用。此外，这种方法只适用于二阶以上的高阶对象，或是一阶加纯滞后的对象，在纯比例控制情况下，系统将不会出现等幅振荡，因此，这种方法也就无法应用了。

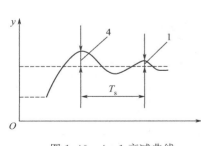

图 1-40　4∶1 衰减曲线

② 衰减曲线法　此法与临界比例度法有些类似。衰减曲线法是在系统闭环情况下，将控制器积分时间 T_i 放在最大，微分时间 T_D 放在最小，比例度放于适当数值（一般为 100%），然后使 δ 由大往小逐渐改变，并在每改变一次 δ 值时，通过改变给定值，给系统施加一阶跃干扰，同时观察过渡过程变化情况。如果衰减比大于 4∶1，δ 应继续减小；当衰减比小于 4∶1 时，δ 应增大，直至过渡过程呈现 4∶1 衰减时为止。如图 1-40 所示。

通过上述实验，可以找到 4∶1 衰减振荡时的比例度 δ_s 及振荡周期 T_s，再按表 1-6 给出的经验公式，可以算出采用不同类型控制器使过渡过程出现 4∶1 振荡的控制器参数值。

表 1-6 衰减曲线法整定控制器参数经验公式

控制器类型	控制器参数		
	$\delta/\%$	T_i/min	T_D/min
P	δ_s	—	—
PI	$1.2\delta_s$	$0.5T_s$	—
PID	$0.8\delta_s$	$0.3T_s$	$0.1T_s$

按表 1-6 经验公式算出控制参数后，按照先比例、后积分、最后微分的顺序，依次将控制器参数放好。不过在放积分、微分之前，应该 δ 放在比计算值稍大（约 20%）的数值上，待积分、微分放好后，再将 δ 放到计算值上。放好控制器参数后可以再加一次干扰，验证一下过渡过程是否呈 4∶1 衰减振荡。如果不符合要求，可适当调整一下 δ 值，直到达到满意为止。

由于 4∶1 衰减曲线法试验过渡过程振荡的时间较短，而且又是衰减振荡，因此，易为工艺人员所接受。再者这种整定方法不受对象特性阶次的限制，一般对象都可以应用，因此，这种整定方法应用较为广泛。

在有些对象中，由于控制过程进行得比较快，从记录曲线上读出衰减比有困难，这时有一种近似的替代办法，即观察控制器输出的变化。如果控制器输出来回摆动两次就达到稳定状态，则可以认为过渡过程就是 4∶1 的，而波动一次的时间即 T_s。再根据此时控制器的 δ_s 值，即可按表 1-6 计算控制器参数。

在某些实际生产过程中，对控制过程的稳定性要求较高，认为 4∶1 衰减过程的稳定性还不够，希望过程的衰减比还要大一些，于是就出现了所谓 10∶1 的衰减过程，相应地也就出现了一种 10∶1 衰减曲线法。其过渡过程如图 1-41 所示。

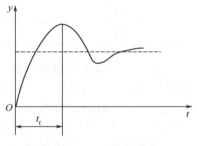

图 1-41 10∶1 衰减曲线

10∶1 衰减曲线法的试验方法与 4∶1 衰减曲线法试验方法相同，所不同的是寻求 10∶1 衰减时的比例度 δ_s。此外还需要从 10∶1 衰减过程的曲线上求取过程达到第一个波峰时的上升时间 t_r（因为曲线衰减很快，振荡周期测不准确，故改用上升时间代之）。

有了 δ_s 及 t_r 两个实验数据，按表 1-7 所给出的经验公式，即可算出采用不同类型控制器使过程呈 10∶1 衰减的控制器参数。

表 1-7 10∶1 衰减曲线法整定控制器参数经验公式

控制器类型	控制器参数		
	$\delta/\%$	T_i/min	T_D/min
P	δ_s'	—	—
PI	$1.2\delta_s'$	$2t_r$	—
PID	$0.8\delta_s'$	$1.2t_r$	$0.4t_r$

③ 反应曲线法 这是一种利用广义对象时间特性整定控制器参数的方法。这种方法也比较简便，具体做法如下。

在系统开环并处于稳定的情况下（即被控变量等于给定值的稳定状态），瞬间改变控制器的手操器，使其输出（电流或风压）产生一阶跃变化 Δp，并同时记录下被控变量 y 随时间变化的曲线。如果广义对象是二阶以上的，其反应曲线应如图 1-42 所示。

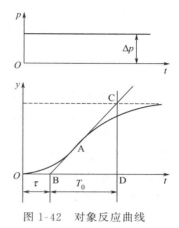

从反应曲线的拐点 A 作一切线，分别交时间轴于 B 点以及最终稳态值水平线于 C 点，再过 C 点引垂线交时间轴于 D。这样广义对象的特性就可以用一个具有纯滞后时间 τ、时间常数为 T_0 的一阶惯性环节来近似。τ 为干扰起始点至 B 点的距离，T_0 为 BD 之间的距离。τ 与 T_0 的单位都是 min 或 s。这里还需计算一个无量纲化的放大倍数 K_0：

图 1-42　对象反应曲线

$$K_0 = \frac{\Delta y/(y_{\max} - y_{\min})}{\Delta p/(p_{\max} - p_{\min})} \qquad (1\text{-}72)$$

有了 τ、T_0 及 K_0 三个数据，即可按表 1-8 所给出的经验公式，算出过程呈 4：1 衰减时的控制器参数。

表 1-8　反应曲线法整定控制器参数经验公式（4：1 衰减）

控制器类型	控制器参数		
	$\delta/\%$	$T_i/\min$	$T_D/\min$
P	$(K_0\tau/T_0)\times 100\%$	—	—
PI	$(1.1K_0\tau/T_0)\times 100\%$	3.3τ	—
PID	$(0.85K_0\tau/T_0)\times 100\%$	2τ	0.5

下面通过一个实例说明反应曲线法的应用。

【例 1-3】有一个蒸汽加热器温度控制系统，当电动 Ⅱ 型控制器手动输出电流从 6mA 突然增加到 7mA 时，加热器温度从原先的稳态值 85.0℃ 上升到新的稳定值 87.8℃。所用测温仪表量程为 50～100℃。试验测得反应曲线的 $\tau=1.2\text{min}$，$T_0=2.5\text{min}$。如果采用 PI 控制器，其整定参数应为多少？如果改用 PID 控制器，其整定参数又应是多少？

由已知条件可计算出：

$$\Delta p = 7 - 6 = 1(\text{mA})$$

$$p_{\max} - p_{\min} = 10 - 0 = 10(\text{mA})$$

$$\Delta y = 87.8 - 85 = 2.8(℃)$$

$$y_{\max} - y_{\min} = 100 - 50 = 50(℃)$$

按式（1-66）可求得：

$$K_0 = \frac{2.8/50}{1/10} = 0.56$$

当采用 PI 控制器时：

$$\delta\% = (1.1K_0\tau/T_0)\times 100\% = (1.1\times 0.56\times 1.2/2.5)\times 100\% = 29.6\%$$

$$T_i = 3.3\tau = 3.3\times 1.2 = 3.96(\text{min})$$

当采用 PID 控制器时:

$$\delta\% = (1.1K_0\tau/T_0) \times 100\% = (0.85 \times 0.56 \times 1.2/2.5) \times 100\% = 22.8\%$$

$$T_i = 2\tau = 2 \times 1.2 = 2.4(\text{min})$$

$$T_D = 0.5\tau = 0.5 \times 1.2 = 0.6(\text{min})$$

反应曲线法的缺点是需要预先测试广义对象的反应曲线。而在某些生产工艺上往往约束条件较严,不允许被控变量长期偏离给定值,这就给测试工作带来了麻烦。此外,如果对象中干扰因素较多,而且又比较频繁,就不易得到比较准确的测试结果。因此,这种整定方法的应用受到了一定的限制。然而利用纯滞后时间 τ 来确定控制器的 T_i 及 T_D 还是切实可行的,而且纯滞后时间也比较容易测得,即从控制器输出电流(或风压)突然变化起,到测量仪表指针刚刚开始移动时为止的那一段时间。

本章思考题及习题

1-1　何谓控制通道? 何谓干扰通道? 它们的特性对控制系统质量有什么影响?

1-2　方块图中各个环节间的连线是什么含义? 是物料或能量流吗?

1-3　如何选择操纵变量?

1-4　控制器的比例度 δ 变化对控制系统的控制精度有何影响? 对控制系统的动态质量有何影响?

1-5　简述 4:1 衰减曲线法整定控制器参数的要点。

1-6　图 1-43 为一蒸汽加热设备,利用蒸汽将物料加热到所需温度后排出。试问:

①影响物料出口温度的主要因素有哪些?

②如果要设计一个物料出口温度控制系统,被控变量与操纵变量应选哪个? 为什么?

③如果物料在温度过低时会凝结,应如何选择控制阀的开闭形式及控制器的正反作用?

1-7　图 1-44 为冷却器物料出口温度控制系统,要求确定在下面不同情况下控制阀开闭形式及控制器的正反作用:

①被冷却物料在温度过高时会发生分解、自聚;

②被冷却物料在温度过低时会发生凝结;

③如果操纵变量为冷却水流量,该地区最低温度在 0℃ 以下,如何防止冷却器被冻坏?

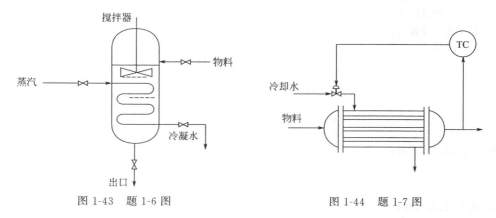

图 1-43　题 1-6 图　　　　　　　　图 1-44　题 1-7 图

1-8　单回路系统方块图如图 1-45 所示。试问当系统中某组成环节的参数发生下列变化时,系统质量会有何变化? 为什么?

①若 T_0 增大;②若 τ_0 增大;③若 T_f 增大;④若 τ_f 增大。

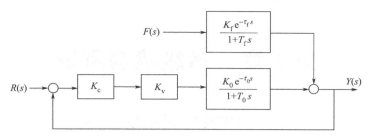

图 1-45　题 1-8 图

1-9　如图 1-46 所示的加热器，其正常操作温度为 200℃，温度控制器的测量范围是 150～250℃，当控制器输出变化 1%时，蒸汽量将改变 3%，而蒸汽量增加 1%，槽内温度将上升 0.2℃。又在正常操作情况下，若液体流量增加 1%，槽内温度将会下降 1℃。假定所采用的是纯比例控制器，其比例度为 100%，试求当设定值由 200℃提高到 220℃时，待系统稳定后，槽内温度应是多少度？

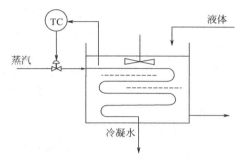

图 1-46　题 1-9 图

1-10　在 $\Delta u = 50$ 阶跃干扰作用下，测得某温度对象控制通道的响应数据如下：

时间/min	0.0	0.2	0.4	0.6	0.8	1.0	1.2	1.4
温度/℃	200.1	201.1	204.0	227.0	251.0	280.0	302.5	318.0

试根据上述数据用反应曲线法计算 PI 控制器的参数。

第 2 章   串级控制系统

2.1   串级控制系统概述

单回路控制系统在一般情况下都能满足正常生产的要求,但是当对象的容量滞后较大、负荷或干扰变化比较剧烈、比较频繁,或是工艺对产品质量提出的要求很高(如有的产品纯度要求达 99.99%)时,采用单回路控制的方法就不再有效了,于是就出现了一种所谓串级控制系统。

为了说明串级控制系统的产生及其工作原理,先看一个例子。

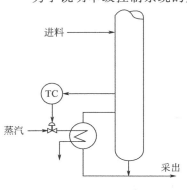

图 2-1   精馏塔提馏段
温度控制系统

假定有一如图 2-1 所示的精馏过程,主要产品由塔釜采出。根据这一具体情况,选择提馏段温度控制方案,可以应用第 1 章的知识组成一个如图 2-1 所示的单回路温度控制系统,通过控制再沸器加热蒸汽量来维持提馏段温度的恒定,从而达到保证塔底产品质量的目的。初看起来,这个控制方案是可行的、合理的,但是进一步研究就会发现该方案是存在一定缺陷的。因为该控制方案只适用于主要干扰来自进料的波动而加热蒸汽压力比较平稳的场合。如果主要干扰是加热蒸汽压力的波动,而这种波动又比较频繁、比较大,再考虑到塔釜容量比较大、控制很不及时的情况,控制效果将会很差,塔底产品质量将得不到保证。这是因为,通过控制阀门的流量不仅与阀的开度有关,而且还与控制阀前的蒸汽压力(如果塔压变化不大)有关。当蒸汽压力恒定时,根据温度偏离给定值的情况,通过控制器改变控制阀至某一开度,使通过控制阀的蒸汽量产生一相应的变化,就可以达到使温度回复到给定值的目的。如果蒸汽压力经常波动,就会使流过控制阀的蒸汽量不是过大(当蒸汽压力上升时)就是过小(当蒸汽压力下降时),这样就会导致温度发生过大的变化,使控制质量降低。还有一种情况,可能从某一个时刻开始,进料量比较平稳,蒸汽压力也比较恒定,操作处于正常平稳状态。此时,温度等于给定值,即偏差为零。在这种情况下,控制器输出将不变,控制阀也将处于某一开度不变,通过控制阀的蒸汽流量也将维持一个定值,这时,整个系统处于一个"平衡"状态。如果此时蒸汽压力突然上升,虽然控制阀的开度并没有变,然而通过控制阀的蒸汽量却因蒸汽压力的上升而增大了,因此温度必然会慢慢偏离原先的给定值而上升。当然,随着温度的上升,相应地系统将要进行控制,这一点暂不去研究。由分析可知,系统"平衡"状态的破坏完全是由于蒸汽压力变化而导致蒸汽流量发生变化的结果,如果蒸汽流量不变化,那么系统将会仍然维持原先的"平衡"状态。既然如此,能否在蒸汽管线上再增设一个蒸汽流量控制系统,如图 2-2 所示,用以稳定蒸汽流量呢?回答是否定的。这是因为:第一,这两套系统相互关联,会使两个系统都无法工作,例如当进料量增大时,提馏段温度将会下降,为了保持这一温度,温度控制器将使控制阀 V_1 开度增大,以增大蒸汽的供给量,随着蒸汽量的增大,流量控制器将开始动作,它要将控制阀 V_2 关小,力图使流量回到给定值,这样两套控制系统就"打架"了,结果哪一套系统都不能正常运行;第二,控制的目的是维持提馏段温度的稳定,从而保证塔底产品质量,而维持蒸汽量恒定并不是目的，流量的大小是允许改变的，至于何时变何时不变，以及变化多少，要由温度控制的需要而定。

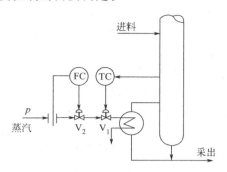

图 2-2　蒸汽流量和提馏段温度控制系统

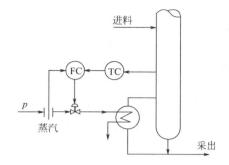

图 2-3　提馏段温度与蒸汽流量串级控制系统

在上述分析的基础上，将两个控制阀合为一个，用温度控制器的输出作为流量控制器的给定值，而用后者的输出去控制控制阀，这样就构成了一种新的控制形式，即所谓串级控制系统，如图 2-3 所示。该串级控制系统的方块图如图 2-4 所示。

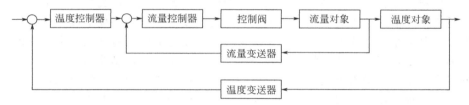

图 2-4　提馏段温度与蒸汽流量串级控制系统方块图

从串级系统方块图可以看出，该系统有两个环路：一个内环和一个外环。习惯上称内环为副环，外环为主环。处于副环内的控制器、对象和变送器分别称副控制器、副对象和副变送器，副对象的输出称副被控变量，简称副变量。处于主环内的控制器、对象和变送器分别称主控制器、主对象和主变送器，主对象的输出称主被控变量，简称主变量。对于本例，流量控制器为副控制器，流量为副变量，而温度控制器为主控制器，温度则为主变量。

由图 2-4 可以看出，主控制器的输出即副控制器的给定，而副控制器的输出直接送往控制阀。

一般来说，主控制器的给定值是由工艺规定的，它是一个定值，因此，主环是一个定值控制系统。而副控制器的给定值是由主控制器的输出提供的，它随主控制器的输出变化而变化，因此，副回路是一个随动系统。

为便于分析，暂且认为根据工艺的实际情况已经选定控制阀为气开式，温度和流量两控制器均选为反作用，并且假定系统在干扰作用之前是处于稳定的"平衡"状态，即此时进料量、回流量、采出量以及加热蒸汽量和它们的相应参数（温度、成分等）均维持不变，塔内各层塔板上的汽、液两相浓度达到平衡并维持不变，提馏段温度稳定在给定值上。相应地此时温度控制器和流量控制器的输出都处于一个稳定的数值，蒸汽管线上的控制阀也处于一个相应的开度维持不变。如果在某个时刻系统受到了某种干扰，那么系统的"平衡"状态将遭到破坏，温度控制器和流量控制器将进行控制。为了充分说明串级控制系统的功能，下面分三种情况分别加以讨论。

第一种情况　干扰来自副环，假如某一时刻开始蒸汽流量突然增大了。当然，在这一干扰作用下必然会导致提馏段温度的上升，然而由于再沸器和塔釜部分都具有一定的容量，对干扰的响应滞后，也就是说蒸汽流量的变化导致提馏段温度的改变需要经过一段时间，因而温度控制器的偏差信号仍然为零，这样温度控制器的输出暂时也不会变。可是几乎就在蒸汽流量改变的同时，流量变送器马上就感受到了，并立即将这一流量增大的信号送给流量控制器。对流量控制器来说，它所接受的给定信号（由温度控制器输出提供）没有变，但是测量信号增大了，因此它感受到的是正偏差，由于流量控制器是反作用的，它的输出将减小，又由于控制阀是气开式的，因此控制阀就要关小些，这样就将增大了的蒸汽流量拉了下来。显然，由于流量控制器控制的结果，将会大大削弱蒸汽流量变化对提馏段温度的影响。随着时间的增长，蒸汽流量增大的影响最终慢慢会在提馏段温度上反映出来，于是提馏段温度会慢慢地升高（不过这时温度变化的幅度比没设流量控制时要小得多）。随着温度的上升，温度控制器呈现正偏差，由于温度控制器为反作用，它的输出将减小，这样流量控制器的给定值将下降，促使流量控制器对蒸汽流量进一步进行调整。此过程一直进行到提馏段温度重新回到给定值时为止，这时控制阀将处于一个新的开度上。

在这里流量控制器相当于起"粗调"的作用，调整适当与否，要由主变量温度是否回到给定值来决定。如果不合适，则进一步由主控制器进行"细调"。当然，这种细调还是要通过流量控制器来实现的。

第二种情况　干扰来自主环。假定从某一个时刻开始，进料量突然增大了。在这一干扰作用下，首先塔釜液位会上升，当加热蒸汽暂时还没变的情况下，提馏段温度将会下降。这样，对温度控制器来说，它所感受到的是负偏差，于是它的输出将增大，也就是说流量控制器的给定值增大了，然而它的测量值暂时还没有变，于是流量控制器则感受到负偏差，流量控制器的输出将增大。随着流量控制器输出的增大，控制阀的开度也将增大，进入再沸器的蒸汽量将增多，提馏段的温度将慢慢回升，直到重新回到给定值时为止。在整个控制过程中，蒸汽流量是处于不断变化之中的，但是这种变化是温度控制所需要的。反过来，如果蒸汽流量维持不变，那么，提馏段温度就得不到控制。因此说，蒸汽流量是变还是不变不能由流量控制系统自身来决定，而要由温度控制的需求决定。只要温度控制需要，蒸汽流量就得随时进行改变。

第三种情况　主环和副环同时有干扰，分两种情形来讨论：一种情形是副环干扰使蒸汽量增大，而主环干扰使提馏段温度降低；另一种情形是副环干扰使蒸汽量增大，而主环干扰却使提馏段温度升高。对于第一种情形，当主环干扰使提馏段温度降低时，温度控制器感受到的是负偏差，因此它的输出将增大，也就是说流量控制器的给定值将增大，与此同时在副环干扰作用下蒸汽流量增大了，流量控制器的测量值也增大了。由于此时流量控制的测量值和给定值都在同时增大，其偏差信号的大小和符号就要由这两者增大的数值来决定：如果两者增大的数值相等，则偏差仍等于零，流量控制器的输出将维持原来的大小不变，因此控制阀也维持在原有开度不变；如果给定值增大的数值大，则呈负偏差，流量控制器的输出将增大，控制阀的开度将增加；如果给定值增加得少，则呈正偏差，流量控制器输出将减小，控制阀将关小。这是因为副环干扰使蒸汽流量增大，本来就正好起着抵消主环干扰，使提馏段温度降低的作用。如果所起的抵消作用大小正好合适，提馏段温度将不变，流量控制器的偏差信号则等于零，它的输出将保持原值不变，控制阀的开度也不必变化；如果干扰使蒸汽流量的变化还不足以抵消主环干扰对温度的影响，结果提馏段温度还会降低，这时流量控制器则感受到负偏差，它的输出将增大，控制阀的开度将增大，以增加抵消不足的蒸汽量；如果干扰使蒸汽量的变化大于抵消主环干扰对温度的影响，结果会使温度上升，这时流量控制器则产生相反方向的动作，使控制阀开度减小，以便把过多的蒸汽量减少下来。对于第二种情形，在主环干扰作用下，提馏段温度升高了，温度控制器感受到的是正偏差，因此，它的输出将下降,也就是说流量控制器的给定值在降低。与此同时,副环干扰使蒸汽流量增大,流量控制器的测量值将增大。将主、副环干扰综合起来考虑,这时流量控制器将感受到比较大的正偏差输入信号,于是它将大幅度地关小控制阀门。这是因为主环干扰已使提馏段温度上升了,副环干扰使蒸汽加大将会导致提馏段温度上升得更多,这等于"火上加油",因此必须大幅度地关小控制阀门,把蒸汽量减下来,才能使提馏段温度回复到给定值。

从以上分析不难看出,串级控制方案具有单回路控制系统的全部功能,而且还具有许多单回路控制系统所没有的优点。因此,串级控制系统的控制质量一般都比单回路控制系统好,而且串级控制系统利用一般常规仪表就能够实现,比较方便。所以,串级控制是一种易于实现且效果又较好的一种控制方法,在生产过程中应用也比较普遍。

2.2　串级控制系统的实施

一个具体的串级控制方案,由于选择的自动化装置(电动仪表、DCS 系统、PLC 系统)不同,具体实施的方法也不一样,要根据具体的情况和条件而定。

一般来说,在选择具体的实施方案时,应考虑以下几个问题。

①所选用的仪表信号必须互相匹配。在选用不同信号仪表组成串级控制系统时,必须配备相应的信号转换器,以达到信号匹配的目的。

②所选用的副控制器必须具有外给定输入,否则无法接受主控制器来的外给定信号。

③在选择实施方案时,应考虑除串级和副环单独控制外,是否还有"主控"(即控制器输出直接控制控制阀)的要求。当有"主控"要求时,需增加一只切换开关,作"串级"与"主控"的切换之用。

④实施方案应力求实用,少花钱多办事。在满足要求的前提下,仪表应以少一些为好。采用仪表越多,出现故障的可能性也就越大。

⑤实施方案应便于操作。串级系统有时要进行副环单独控制,有时要进行遥控,甚至有时要进行"主控",所有这些操作之间的切换工作要能方便地实现,并且要求这些切换应保证无扰动。

下面分别介绍采用电动和气动单元组合仪表构成串级控制系统的实施方案。

2.2.1　用电动Ⅲ型仪表构成串级控制方案

(1) 一般的串级方案

这种方案如图 2-5 所示。

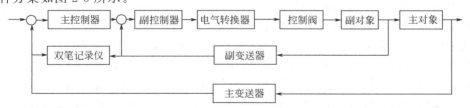

图 2-5　电动仪表组成串级控制系统方块图

该方案中采用了两台控制器,主、副变量通过一台双笔记录仪进行记录。由于副控制器输出是 4～20mA DC,而控制阀只能接受 0.02～0.1MPa 气压信号,因此,在副控制器与控制阀之间设置了一个电气转换器,由它将 4～20mA DC 电信号转换成 0.02～0.1MPa 气压信号送往控制阀(也可直接在控制阀上设置电气阀门定位器来完成电信号的转换工作)。此外,如果副变量为流量,而流量测量元件为孔板,那么在副变送器之后必须增加一只开方器(如果主变量是流量,也需进行如此处理)。

该方案可实现串级、副环单独控制和遥控三种操作，比较简单、方便、实用，是使用得较为普遍的一种串级控制方案。

（2）能实现主控-串级切换的串级方案

这种方案如图 2-6 所示。

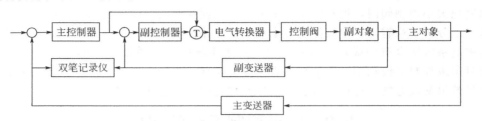

图 2-6　用电动 Ⅲ 型仪表组成主控-串级控制方案方块图

该方案与图 2-5 所示的一般控制方案不同点在于副控制器输出线路上多设置了一个主控-串级切换开关。图中位置表示系统处于串级操作，此时系统的功能与一般串级方案相同。如果将切换开关反时针旋转 90°，副控制器输出即被切断，而主控制器的输出直接经电气转换器去控制控制阀，这时系统即处于主控状态。

需要指出的是：串级系统在串级与主控之间直接切换是有条件的（将在后面介绍），在采用这种方案时必须慎重地加以考虑，否则，采用此方案后，在串级与主控之间随意进行切换，将会造成严重的生产事故。因此，在不是特别需要的情况下，建议不要采用这种方案。

2.2.2　串级控制系统的实施

串级控制系统在实施过程中，需要解决下面几个问题。

（1）串级控制系统中主、副控制器规律的选择

串级控制系统中主、副控制器的类型是根据控制的要求来进行选择的。在串级系统中主变量是生产工艺的主要操作指标，它直接关系到产品的质量或生产的安全，工艺上对它的要求比较严格。一般来说，主变量不允许有余差，而对副变量的要求一般都不很严格，也允许它有波动和有余差。因为维持副变量的稳定并不是目的，设置副变量的目的就在于保证和提高主变量的控制质量。在干扰作用下，为了维持主变量的不变，副变量就要变。

另外，从串级控制系统的结构上看，主环是一个定值系统，主控制器起着定值控制作用。为了主变量的稳定，主控制器必须具有积分作用，因此，主控制器通常都选用比例积分控制器。有时，对象控制通道容量滞后比较大（像温度对象和成分对象等），为了克服容量滞后，就需要选用比例积分微分三作用的控制器作为主控制器。然而副环是一个随动系统，它的给定值随主控制器输出的变化而变化，为了能快速跟踪，副控制器最好不带积分作用，因为积分作用会使跟踪变得缓慢。副控制器的微分作用也是不需要的，因为当副控制器有微分作用时，一旦主控制器和输出稍有变化，控制阀就将大幅度地变化，这对控制是不利的。只有当副对象容量滞后较大时，才可适当加一点微分作用。一般情况下，副控制器只需采用比例式就可以了。

可以证明，当主控制器采用具有积分作用的控制器时，不论干扰作用在副环还是作用在主环，都能保证主变量无余差。

（2）串级控制系统中主、副控制器正、反作用的选择

主、副控制器正、反作用的选择顺序应该是先副后主。

副控制器的正、反作用要根据副环的具体情况决定，而与主环无关。考虑问题的出发点仍与单回路控制系统相同，即为了使副回路构成一个稳定的系统，副环的开环放大倍数的符

号必须为"负"，也就是说，副环内所有各环节放大倍数符号的乘积应为"负"。或者副环中负号环节个数为奇数。因此，只要知道了控制阀、副对象和副变送器的放大倍数符号，就可以很容易地确定副控制器的正、反作用。

　　副控制器正、反作用确定之后，就可以确定主控制器的正、反作用。主控制器的正、反作用要根据主环所包括的各个环节的情况来确定。主环内包括有主控制器、副回路、主对象和主变送器。依据回路形成负反馈条件，各环节放大倍数符号的乘积应为"负"，或者是副环中负号环节个数为奇数。如果正确选择副控制器使副回路形成负反馈，则副回路可等效为一放大倍数为"正"的环节。因为副回路是一随动系统，对它的要求是副被控变量能快捷地跟踪给定值（即主控制器输出）的变化而变化。这样，只要根据主对象与主变送器放大倍数的符号及整个主环开环放大倍数的符号为"负"的要求，就可以确定主控制器的正、反作用。实际上，主变送器放大倍数符号一般情况下都是"正"的，再考虑副回路视为一放大倍数为"正"的环节，因此，主控制器的正、反作用实际上只取决于主对象放大倍数的符号。当主对象放大倍数符号为"正"时，主控制器应选"负"作用；反之，当主对象放大倍数符号为"负"时，主控制器应选正作用。

　　下面举两个例子。

　　【例 2-1】　确定图 2-7 所示加热炉出口温度与燃料气压力串级控制系统主、副控制器的正、反作用。

　　第一步：根据安全要求，因故障燃气阀（控制阀）失去信号时应当关闭以切断燃料气，所以应选气开式（A.O）燃气阀。

　　第二步：依据先副后主原则，先确定燃气压力（即喷嘴前燃气压力）控制器正反作用，可按下面方式确定，假定受扰使得燃气压力升高，则燃气压力变送器信号升高，则燃气压力控制器测量信号升高，若要燃气压力降低，则燃气阀应当关小，若要燃气阀关小，则作用其上的信号应当减小，则有燃气压力控制器输出减小。当燃气压力控制器测量信号升高时要求其输出减小，故燃气压力控制器为反作用控制器。该分析过程可用下面信号传递流程表示：

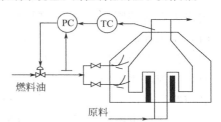

图 2-7　加热炉出口温度与燃料气压力
串级控制系统

$$P\uparrow \longrightarrow Z_P\uparrow \longrightarrow PC_{测量}\uparrow$$
$$P\downarrow \longleftarrow 燃气阀_{开度}\downarrow \longleftarrow PC_{输出}\downarrow$$
$$(A.O)$$
$$(一)$$

　　第三步：确定温度控制器正反作用，可按下面方式确定。假定受扰使得原料出口温度升高，则温度变送器信号升高，温度控制器测量信号升高，若要原料出口温度降低，则要求燃气压力（即喷嘴前燃气压力）降低，要求燃气压力控制器给定信号降低，则有温度控制器输出降低，故温度控制器为反作用控制器。该分析过程可用下面信号传递流程表示：

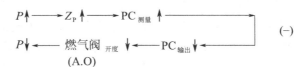

$$T\uparrow \longrightarrow Z_T\uparrow \longrightarrow TC_{测量}\uparrow$$
$$T\downarrow \longleftarrow P\downarrow \longleftarrow PC_{给定}\downarrow \longleftarrow TC_{输出}\uparrow$$
$$(一)$$

　　也可以这样理解，因为副控制器是反作用控制器，其输出变化与给定变化同向（见第一章相关内容），因此，当温度控制器输出（即压力控制器的给定）减小时，则燃气压力控制器输出减小，因为燃气阀是气开阀，故燃气阀开度减小，燃气流量减小，使物料出口温度降低。

　　还可以按下面的过程进行分析确定。

　　第一步，根据安全要求，因故障燃气阀（控制阀）失去信号时应当关闭以切断燃料气，所以应选气开式（A.O）燃气阀。气开阀当作用阀上信号增加则开度增加，该环节符号为正。

　　第二步：依据先副后主原则，先确定燃气压力（即喷嘴前燃气压力）控制器正反作用。

当阀门开大燃气流量增加时，喷嘴前燃气压力上升，故副对象放大倍数为正。燃气流量变送器符号为正。根据副环开环放大倍数符号为负的要求，副控制器应选反作用。

第三步：确定温度控制器正反作用。当燃气压力增加时原料出口温度会增加，故主对象放大倍数符号为正。原料温度变送器符号为正，副环符号为正，故主控制器应选反作用。

【例2-2】 试确定图2-8所示精馏塔提馏段温度与加热蒸汽流量串级控制系统主、副控制器的正、反作用。已知控制阀为气闭式。

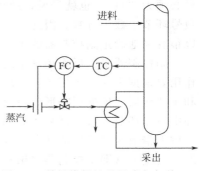

图 2-8 精馏塔提馏段温度与加热
蒸汽流量串级控制系统

副环：已知控制阀为气闭式，K_v 符号为负。当控制阀开度增大时，流量增大，K_{02} 符号为正。因为 K_v 为负，K_{m2}（副变送器）为正，K_{02} 为正，根据副环开环放大倍数符号为负的要求，副控制器应选正作用。

主环：副变量流量增大时，主变量温度将上升，K_{01} 为正。故主控制器应选反作用。

（3）串级控制系统串级与主控直接切换条件

串级控制系统可工作在串级状态或主控状态。当串级控制系统处于串级时，主控制器输出作为副控制器的给定，由副控制器的输出去控制控制阀。而处于主控时，则由主控制器的输出去直接控制控制阀，这时副控制器输出被切断而不起作用。这就是说，从串级切到主控时，用主控制器输出代替原先副控制器的输出去控制控制阀；而从主控切换到串级时，又要由副控制器输出代替主控制器输出控制控制阀。无论哪一种切换，都必须保证当主变量变化时，去控制阀的信号方向完全一致。就［例2-1］而言，在串级情况下，当主变量上升时，副控制器输出应减小（因为控制阀是气开式）；当改为主控情况时，在主变量上升时，主控制器的输出也应该是减小的，否则切换之后，系统将会失控而无法工作。因此，串级与主控切换过程中，必须考虑去控制阀的控制信号方向一致的问题。这就是串级与主控直接切换的条件。

假定副控制器为反作用，当它接收到正偏差的输入信号时，其输出将减小；反之，如果接受的是负偏差的输入信号，其输出将增大。因为变差信号是其测量信号减去其给定信号，也就是说测量信号增加则偏差增加，其输出减小；给定信号减小，其输出减小，可以归纳为其输出信号与给定信号变化同方向，与测量信号反方向。假定测量信号（副变量）不变，当主控制器输出增加时，副控制器的输出将增加；如果主控制器输出减小，副控制器输出将减小。这就是说，当副控制器为"反"作用时，不论主控制器正、反作用如何，在主变量发生变化时，主、副控制器的输出信号变化方向始终一致。相反的，如果副控制器为"正"作用，那么，当主控制器输出增大时，副控制器感受到的是负偏差，副控制器的输出将减小；反之，当主控制器输出减小时，副控制器感受到的是正偏差，其输出将增大。这就是说，在主变量变化时，主、副控制器输出信号变化方向不一致。根据串级与主控切换的条件的要求可以断定：只有当副控制器为"反"作用时，才能在串级与主控之间直接进行切换。如果副控制器为"正"作用，必须在串级向主控切换的同时改变主控制的正、反作用，而当由主控切回到串级时，又必须将主控制器恢复成原来的作用。

为了能使串级系统在串级与主控之间方便地切换，在控制阀开闭形式可以任选的情况下，应选择能使副控制器为反作用的那种控制阀形式，这样就可免除在串级与主控切换时来回改变主控制器的正、反作用。

2.3　串级控制系统的投运和整定

2.3.1　串级控制系统的投运

选用不同类型的仪表组成的串级系统，投运方法也有所不同，但是所遵循的原则基本上都是相同的：其一是投运顺序，一般都采用先投副环后投主环的投运顺序；其二是投运过程必须保证无扰动切换。

串级控制系统的投运步骤如下。

① 主、副控制器均放于手动位置；主控制器放内给定，副控制器放外给定；将主、副控制器正、反作用开关放于正确位置；主、副控制器参数放于预定数值（如无预定值，比例度可放 100%，积分时间放适当数值，微分时间放于零）。

② 用副控制器的手操器进行手操（遥控）。

③ 当遥控使主变量接近或等于给定值而副变量也较平稳时，调节主控制器的手动输出，使副控制器的偏差表指示为零，将副控制器切入自动。因为切换时刻副控制器偏差为零，其输出不会出现变化，因此切换是无扰动的。

④ 当副环切入自动后控制稳定，主变量接近或等于给定值时，调整主控制器的内给定，使主控制器偏差表指示为零，于是可将主控制器切入自动。因为切换时刻主控制器偏差为零，其输出不会出现变化。至此，系统则处于串级工作状态，而切换是无扰动的。

由于大多串级控制系统中控制器都有自动跟踪功能，即手动时其给定自动跟踪测量信号，任意时刻切换其偏差都为零，保证其输出不会出现跳变；自动时其自动输出自动跟踪手动输出，任意时刻切换都可保证输出无跳变。

2.3.2　串级控制系统的工程整定方法

串级系统的整定方法比较多，有逐步逼近法、两步法和一步法等。整定的顺序都是先整副环后整主环，这是它们的共同点。

（1）两步法

所谓两步法就是整定分两步进行，先整定副环，再整定主环，其具体步骤如下。

① 在主、副环路闭合的情况下，将主控制器比例度放 100%，积分时间放最大，微分时间放最小，然后按 4∶1 整定方法直接整定副环，找出副变量出现 4∶1 振荡过程时的比例度 δ_{2s} 及振荡周期 T_{2s}。

② 将副控制器比例度放于 δ_{2s} 值，积分时间放最大，微分时间放最小。用同样方法整定主控制器参数，找出主变量出现 4∶1 衰减振荡过程时的比例度 δ_{1s} 及振荡周期 T_{1s}。

③ 依据所得到的 δ_{1s}、T_{1s}、δ_{2s}、T_{2s} 值，结合主、副控制器的选型，按前面单回路控制系统整定时所给出的公式，可以计算出主、副控制器的参数 δ、T_i 及 T_D。

④ 将上述计算所得控制器参数，按先副环后主环、先比例次积分最后微分的顺序，在主、副控制器上放好，观察控制过程曲线。如不够满意，可适当地进行一些微小的调整。

（2）一步法

两步法需要寻求两个 4∶1 的衰减过程，较为费时。通过实践，出现了更为简便的一步整定法。

所谓一步整定法，就是根据经验先将副控制器参数一次放好，不再变动，然后按一般单回路系统的整定方法，直接整定主控制器参数。

一步整定法的依据是：在串级系统中，一般来说，主变量是工艺的主要操作指标，直接关系到产品的质量，因此，对它要求比较严格。而副变量的设立主要是为了提高主变量的控制质量，对副变量本身没有很高的要求，允许它在一定范围内变化，因此，在整定时不必将过多的精力放在副环上，只要主变量达到规定的质量指标要求即可。此外，对于一个具体的串级系统来说，在一定范围内，主、副控制器的放大倍数是可以互相匹配的，只要主、副控制器的放大倍数及 K_{c1} 与 K_{c2} 的乘积等于 K_s（K_s 为主变量呈 4：1 衰减振荡时的控制器比例放大倍数），系统就能产生 4：1 衰减过程。虽然按照经验一次放上的副控制器参数不一定合适，但可以通过调整主控制器放大倍数来进行补偿，结果仍然可使主变量呈 4：1 衰减。

经验证明，这种整定方法对于主变量精度要求较高，而对副变量没有什么要求或要求不严，允许它在一定范围内变化的串级控制系统来说，是很有效的。

人们根据长期的实践和大量的经验积累，总结得出副控制器参数经验设置值，如表 2-1 所示。

表 2-1　副控制器参数经验设置值

副变量类型	副控制器比例度 δ_2/%	副控制器比例放大倍数 K_{c2}
温度	20～60	5～1.7
压力	30～70	3～1.4
流量	40～80	2.5～1.25
液位	20～80	5～1.25

一步整定法的具体步骤如下。

①根据副变量的类型，按表 2-1 的经验值选好副控制器参数，并将其放于副控制器上（副控制器只用比例式）。

②将串级系统投运后，按单回路系统整定方法直接整定主控制器参数。

③观察控制过程，根据 K 值匹配的原理，适当调整主控制器的参数，使主变量的品质指标达到规定的质量要求。

④如果系统出现振荡，只要加大主、副控制器的任一参数值，就可消除。如果"共振"剧烈，可先转入手动，待生产稳定后，再在比产生"共振"时略大的控制器参数下重新投运和整定，直至达到满意时为止。

2.4　串级控制系统的特点

对于同样的对象 $G_o(s) = G_{o1}(s)G_{o2}(s)$，当采用单回路控制时，其方块图如图 2-9 所示，如果改用串级控制，其方块图如图 2-10 所示。

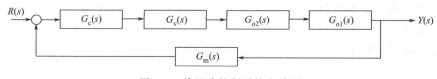

图 2-9　单回路控制系统方块图

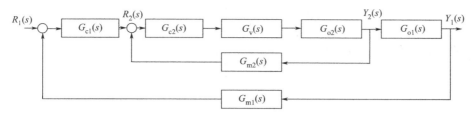

图 2-10　串级控制系统方块图

比较图 2-9 及图 2-10 两种不同控制方案，可看出两点不同：其一是串级控制系统中多了一个副回路；其二是串级系统比单回路系统多了一个控制器。

由于串级控制系统在系统结构上与单回路控制系统有所不同，因此，它与单回路系统相比有一些显著的特点。

（1）由于副回路的存在，改善了对象的特性，使系统的工作频率提高

对于图 2-10 所示的串级控制系统方块图，将副环反馈信号相加点由副控制器之前后移至副对象之前，于是方块图改成图 2-11 的形式，进一步简化则成图 2-12 形式。

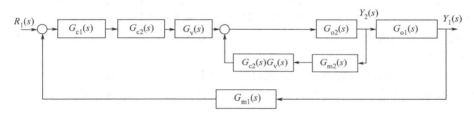

图 2-11　图 2-10 演化方块图

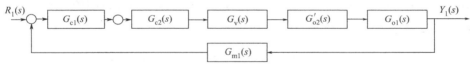

图 2-12　串级控制系统等效方块图

图 2-12 中 $G'_{o2}(s)$ 称为等效副对象，据图 2-11 可知：

$$G'_{o2}(s) = \frac{G_{o2}(s)}{1 + G_{o2}(s)G_{m2}(s)G_{c2}(s)G_{v}(s)} \tag{2-1}$$

将图 2-12 与图 2-9 比较可以看出，在串级系统中以主、副两只控制器代替了单回路系统的一只控制器，而以等效副对象 $G'_{o2}(s)$ 代替了原来的副对象 $G_{o2}(s)$。

假定副回路各环节传递函数分别为：$G_{c2}(s) = K_{c2}$，$G_{v}(s) = K_{v}$，$G_{o2}(s) = \dfrac{K_{02}}{1 + T_{02}s}$，$G_{m2}(s) = K_{m2}$，根据式（2-1）可得：

$$
\begin{aligned}
G'_{o2}(s) &= \frac{G_{o2}(s)}{1 + G_{o2}(s)G_{m2}(s)G_{c2}(s)G_{v}(s)} \\
&= \frac{K_{02}}{1 + K_{c2}K_{v}K_{02}K_{m2} + T_{02}s} = \frac{K'_{02}}{1 + T'_{02}s}
\end{aligned} \tag{2-2}
$$

式中

$$K'_{02} = \frac{K_{02}}{1 + K_{c2}K_{v}K_{02}K_{m2}} \tag{2-3}$$

$$T'_{02}=\frac{T_{02}}{1+K_{c2}K_vK_{02}K_{m2}} \qquad (2\text{-}4)$$

因为在任何条件下 $1+K_{c2}K_vK_{02}K_{m2}>1$，因此可得：

$$K'_{02}<K_{02} \qquad (2\text{-}5)$$

$$T'_{02}<T_{02} \qquad (2\text{-}6)$$

即在串级控制系统中以一个时间常数和放大倍数都缩小了（$1+K_{c2}K_vK_{02}K_{m2}$）倍的等效副对象代替了原来的副对象。而且随着副控制器放大倍数 K_{c2} 整定得越大，等效副对象的放大倍数和时间常数缩小得越显著。

等效副对象时间常数缩小，意味着对象的容量滞后减小，相当于在系统中增加了一个起超前作用的微分环节，这会使系统的反应速度加快，控制更为及时。而且，一般来说，副对象的时间常数 T_{02} 比主对象的时间常数 T_{01} 要小，而比测量变送环节及控制阀的时间常数要大。也就是说，副对象的时间常数在系统中是属于中间大小的时间常数。可以证明，在一个系统中，中间大小的时间常数的减小，有利于提高控制质量，提高系统的可控性。

综上所述，等效副对象时间常数的缩小，可使系统的控制质量获得提高。

由式（2-3）也可看到，在等效副对象时间常数缩小的同时，它的放大倍数也缩小了。从控制角度看，控制通道放大倍数缩小了，似乎对克服干扰不利，但是这一缺陷可通过增大主控制器放大倍数的办法来加以弥补。

由于等效副对象时间常数缩小，系统的工作频率因此可获得提高。

系统工作频率可从系统的特征方程中求得。由图 2-12 可得串级系统特征方程为：

$$1+G_{c1}(s)G_{c2}(s)G_v(s)G'_{02}(s)G_{01}(s)G_{m1}(s)=0 \qquad (2\text{-}7)$$

令 $G_{c1}(s)=K_{c1}$，$G_v(s)=K_v$，$G_{01}(s)=\dfrac{K_{01}}{1+T_{01}s}$，$G_{m1}(s)=K_{m1}$，副环各环节传递函数代入式（2-7），经简化后可得：

$$T_{01}T'_{02}s^2+(T_{01}+T'_{02})s+1+K_{c1}K_{c2}K_vK'_{02}K_{01}K_{m1}=0$$

与二阶标准形式相比较可得：

$$2\varsigma\omega_0=\frac{T_{01}+T'_{02}}{T_{01}T_{02}} \qquad (2\text{-}8)$$

根据系统工作频率 ω_β 与自然频率 ω_0 的关系可得：

$$\omega_\beta=\omega_0\sqrt{1-\varsigma^2} \qquad (2\text{-}9)$$

于是可得串级系统主环工作频率为：

$$\omega_{串}=\omega_0\sqrt{1-\varsigma^2}=\frac{T_{01}+T'_{02}}{T_{01}T'_{02}}\times\frac{\sqrt{1-\varsigma^2}}{2\varsigma} \qquad (2\text{-}10)$$

单回路系统工作频率可按图 2-9 的特征方程求得。该系统特征方程为：

$$1+G_c(s)G_v(s)G_{02}(s)G_{01}(s)G_{m1}(s)=0 \qquad (2\text{-}11)$$

令 $G_c(s)=K_c$，$G_{m1}(s)=K_{m1}$，其他各环节同前。将这些环节传递函数代入式（2-11）并经简化得：

$$T_{01}T_{02}s^2+(T_{01}+T_{02})s+1+K_cK_vK_{02}K_{01}K_{m1}=0$$

与标准二阶形式相比较可得：

$$2\varsigma'\omega'_0=\frac{T_{01}+T_{02}}{T_{01}T_{02}} \tag{2-12}$$

于是可得单回路系统的工作频率为：

$$\omega_{单}=\omega_0\sqrt{1-\varsigma'^2}=\frac{T_{01}+T_{02}}{T_{01}T_{02}}\times\frac{\sqrt{1-\varsigma'^2}}{2\varsigma'} \tag{2-13}$$

假定串级系统与单回路系统的整定成相同的衰减比，即 $\varsigma=\varsigma'$，于是可得：

$$\frac{\omega_{串}}{\omega_{单}}=\frac{T_{01}+T'_{02}}{T_{01}+T_{02}}\times\frac{T_{01}+T_{02}}{T_{01}+T'_{02}}=\frac{T_{01}/T'_{02}}{1+T_{01}/T_{02}} \tag{2-14}$$

前面已经证明 $T'_{02}<T_{02}$，因此可得：

$$\omega_{串}>\omega_{单} \tag{2-15}$$

将式（2-4）代入式（2-14）并经简化后可得：

$$\frac{\omega_{串}}{\omega_{单}}=\frac{1+(1+K_{c2}K_vK_{02}K_{m2})T_{01}/T_{02}}{1+T_{01}/T_{02}} \tag{2-16}$$

利用式（2-16），当 T_{01}/T_{02} 取不同数值时，可以做出 $\omega_{串}/\omega_{单}$ 与（$1+K_{c2}K_vK_{02}K_{m2}$）的关系曲线如图 2-13 所示。从图 2-13 可以看出，当主、副对象特性一定时，副控制器放大倍数整定越大，串级系统的工作频率提高得越明显。当副控制器放大倍数 K_{c2} 不变时，随着 T_{01}/T_{02} 的增大，串级系统的工作频率也越高。

与单回路控制系统相比，在相同衰减比的条件下，串级系统的工作频率要高，操作周期缩短，过渡过程的时间相对也将缩短，因而控制质量获得改善。

（2）串级控制系统具有较强的抗干扰能力

串级控制系统的抗干扰能力比单回路控制系统

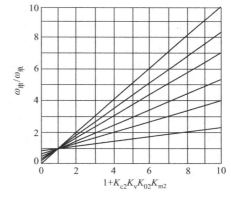

图 2-13　$\omega_{串}/\omega_{单}$ 与（$1+K_{c2}K_vK_{02}K_{m2}$）的关系曲线

要强得多，特别是当干扰作用于副环的情况下，系统的抗干扰能力会更强。这是因为当干扰作用于副环时，在它还没影响到主变量之前副控制器首先对干扰作用采取抑制措施，进行"粗调"，合适与否最后视主变量是否受影响来判断，如果主变量还会受影响（不过这种影响比没有副控制器采取抑制措施要小得多），那么将再由主控制器进行"细调"。由于这里对副环干扰有两级控制措施，显然控制质量要比单回路控制系统一台控制器的控制质量好得多。即使干扰作用于主环，副环回路的存在，使等效副对象的时间常数缩小了，因而系统的工作频率得以提高，能比单回路系统较为及时地对干扰采取控制措施，控制质量也会比单回路控制系统高。这一点可以精馏塔提馏段温度与再沸器加热蒸汽压力串级控制系统的例子进行说明。

在该例中蒸汽压力的变化属于副环干扰。当蒸汽压力变化导致蒸汽流量变化时，如果采用单回路控制，那么只有等这一干扰影响到提馏段温度时，控制作用才开始产生，而且由于塔釜的热容量比较大，滞后比较厉害，控制很不及时，结果提馏段温度的变化必然比较大。

如果采用串级控制，一旦蒸汽压力变化，立即会导致蒸汽流量的变化，蒸汽流量一变化，流量副控制器将立即采取控制措施，将控制阀门开大（或关小），把因压力变化而导致流量的变化的干扰抑制下来，进行所谓"粗调"。这样蒸汽压力的变化对提馏段温度的影响将大为减小。当这种影响在提馏段温度中反映出来时，又会由温度主控制器再进一步采取控制措施，即所谓"细调"。最终完全克服干扰的影响，使主变量提馏段温度回复到原先的给定值上。显然，由于串级控制系统主、副控制器双管齐下的结果，其抗干扰能力远大于单回路控制系统，其控制质量必然也会比单回路系统高。

再看主环干扰的情况。在该例中进料的变化属于主环干扰。这时，虽然副环的超前控制作用没有得到发挥（因为进料的变化不会首先影响副变量），但是由于副环的存在，使等效副对象的时间常数缩小了，系统的工作频率因此获得提高，系统的响应速度加快，能比单回路系统更加及时地对进料变化的干扰采取控制措施，因而进料量变化对提馏段温度的影响会比单回路控制时小，质量会比单回路控制时高。

由以上分析可以看出，串级控制系统由于有主、副两个控制器合力对干扰采取控制措施，因而抗干扰能力大为增强。有资料介绍，与单回路控制系统控制质量相比，当干扰作用于副环时，串级系统的质量要高 10～100 倍；当干扰作用于主环时，串级系统的质量也要高 2～5 倍。

（3）串级系统具有一定的自适应能力

在单回路控制系统中，控制器参数是根据具体的对象特性整定得到的，一定的控制器参数只能适应于一定的对象特性。如果生产过程负荷有变化，而负荷的改变又会影响到对象特性发生变化时，原先整定的控制器参数就不再能够适应。这时，如不及时修改控制器参数，控制质量就会降低。这是单回路控制系统难于克服的矛盾。

当采用串级控制时，主环是一个定值系统，而副环却是一个随动系统。主控制器能够根据操作条件和负荷的变化（从主变量变化中体现出来），不断修改副控制器的给定值，以适应操作条件和负荷变化的情况。如果对象有非线性特性存在，那么可以把它设计处于副回路之中，当操作条件或负荷发生变化时，虽然副回路的衰减比会发生一些变化，稳定裕度会降低一些，但是，它对主回路的稳定性影响却很小，具体分析如下。

等效副对象的放大倍数为：

$$K'_{02} = \frac{K_{02}}{1 + K_{c2} K_v K_{02} K_{m2}}$$

在一般情况下，$1 + K_{02} K_v K_{02} K_{m2} \gg 1$，当操作条件或负荷变化使 K_{02} 发生变化时，对等效副对象的放大倍数 K'_{02} 的影响却很小，这样对主回路的影响也就很小。

此外，从图 2-10 所示的串级控制系统方块图可以知道，等效副回路的传递函数为：

$$G_2(s) = \frac{G_{c2}(s) G_v(s) G_{02}(s)}{1 + G_{02}(s) G_{m2}(s) G_{c2}(s) G_v(s)} \tag{2-17}$$

用前面所设的副环各环节传递函数代入上式，并经简后得：

$$G_2(s) = \frac{K_{c2} K_v K_{02}}{(1 + K_{c2} K_v K_{02} K_{m2}) + T_{02} s} = \frac{K_2}{1 + T_2 s}$$

式中

$$K_2 = \frac{K_{c2} K_v K_{02}}{1 + K_{c2} K_v K_{02} K_{m2}} \tag{2-18}$$

$$T_2 = \frac{T_{02}}{1 + K_{c2} K_v K_{02} K_{m2}} \tag{2-19}$$

由式（2-18）可知，当副控制器的放大倍数 K_{c2} 整定得足够大时，副环前向通道的放大倍数将远大于 1，即 $K_{c2}K_vK_{02}K_{m2} \gg 1$，就可近似写为：

$$K_2 = \frac{K_{c2}K_vK_{02}}{1 + K_{c2}K_vK_{02}K_{m2}} \approx \frac{K_{c2}K_vK_{02}}{K_{c2}K_vK_{02}K_{m2}} = \frac{1}{K_{m2}} \qquad (2\text{-}20)$$

这就是说，当副控制器的放大倍数整定得足够大时，等效副回路的放大倍数只取决于测量变送环节的放大倍数 K_{m2}，而与副对象的放大倍数 K_{02} 无关。

由以上分析可以看出，串级系统具有一定的自适应能力。当然，这种自适应能力是有一定限度的。

以上是串级控制系统的几个特点。当采用单回路控制质量达不到要求时，采用串级控制方案往往可以获得较为满意的效果。不过串级控制系统比单回路控制系统所需的仪表多，系统的投运和整定相应地也要复杂一些，因此，如果单回路控制系统能够解决问题时，就不一定非要采用串级控制方案。

2.5　串级系统副回路的设计

所谓副回路设计，就是根据生产工艺的具体情况，选择一个合适的副被控变量、操纵变量，从而组成一个以副变量为被控变量的副回路。

为了充分发挥串级系统的优势，副回路的设计应遵守如下一些原则。

（1）使系统中的主要干扰包含在副环内

由于串级系统的副回路具有动作速度快、抗干扰能力强的特点，如果在设计中把对主变量影响最严重、变化最剧烈、最频繁的干扰包含在副环内，就可以充分利用副环快速抗干扰性能，将干扰的影响抑制在最低限度。这样，干扰对主变量的影响就会大大减小，从而使控制质量获得提高。

（2）在可能情况下应使副环包含更多一些干扰

在某些情况下，系统的干扰较多而难于分出主要干扰，这时应考虑使副环能尽量多地包含一些干扰，这样可以充分发挥副环的快速抗干扰功能，以提高串级系统的质量。例如对于一个加热炉出口温度控制问题，由于产品质量主要取决于出口温度，而且工艺上对它要求也比较严格，为此，需要采用串级控制方案。有两种方案可供选择，如图 2-14、图 2-15 所示。当原油的成分和处理量比较稳定，燃料的组分也比较固定，然而燃料的压力却经常波动时，采用图 2-14 所示的串级方案比较合适，因为燃料压力波动这一干扰被包含在副环之中。但是如果燃料压力比较稳定，而燃料组分却是经常变化的，或者原油的组成和处理量经常变化，这时再采用图 2-14 串级方案就不能解决问题了，因为这些干扰量的影响都不会在燃料压力上表现出来，也即是说这些干扰都没被包含在副回路之中。如果这时改用图 2-15 所示的方案，效果将会好得多。因为燃料组分改变，燃烧时产生的热值会改变，因而炉膛温度就会不同，因此炉膛温度可以反映燃料组分的变化。此外，原油成分和处理量的改变会改变原油的吸热量，这也会影响到炉膛温度。因此，炉膛温度既可反映燃料组分变化的影响，又能反映原油成分和处理量变化的影响，它们都被包含在副环之中，因此图 2-15 所示方案中副环包含了更多的干扰。

需要说明一点，在考虑使副环包含更多干扰时，也应考虑到副环的灵敏度。因为随着副环包含的干扰增多，副环将随之扩大，副变量离主变量也就越近。这样，一方面副环的灵敏度要降低，副环所起的超前作用就不明显；另一方面副变量离主变量比较近，干扰一旦影响到副变量，很快也就会影响到主变量，这样副环的作用也就不大了。此外，副环弄得太大，主、副对象时间常数比较接近，容易引起"共振"。因此，在考虑副环包含干扰时应进行综合分析，使副环大小适度。

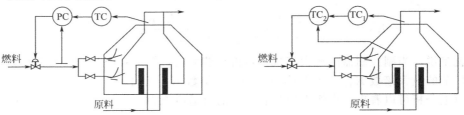

图 2-14 加热炉出口温度与燃料压力串级方案　图 2-15 加热炉出口温度与炉膛温度串级方案

（3）当对象具有非线性环节时，应使非线性环节处于副环之中

串级系统具有一定的自适应能力。当操作条件或负荷变化时，主控制器可以适当地修改副控制器的给定值，使副环在一个新的工作点上运行，以适应变化了的情况。当然，副回路的衰减系数和稳定程度会有所变化。然而，由于 $1+K_{c2}K_vK_{m2}\gg1$，因此，操作条件或负荷变化所引起的 K_{02} 的变化对等效对象的放大倍数 K'_{02} 影响不大。所以，当非线性环节被包含在副环之中时，它的非线性对主变量的影响就很小了。某厂醋酸、乙烯合成反应器中温度控制问题就是一例。为了保证合成气的质量，工艺要求对反应器中温度进行控制，而且要求很严。然而在控制通道中包含了两个具有非线性特性的热交换器，因而使整个对象的特性随着负荷的变化而变化。为此，可在换热器的出口设置一温度检测点，并以它为副变量组成一个温度与温度串级控制系统，如图 2-16 所示。在本方案中，由于热交换器这一非线性环节包含在副回路之中，负荷的变化所引起的对象非线性影响就为副回路本身所克服，因而它对主回路的影响就很小了。

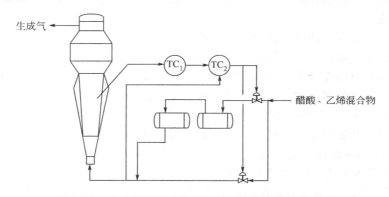

图 2-16 合成反应器中温度与入口温度串级控制系统

（4）当对象具有较大纯滞后时，应使副回路尽量少包括或不包括纯滞后

这样做的原因就是尽量将纯滞后部分放到主对象中去，以提高副回路的快速抗干扰功能，及时对干扰采取控制措施，将干扰的影响抑制在最小限度内，从而提高主变量的控制质量。例如某化纤厂纺丝胶液压力控制问题，其工艺流程如图 2-17 所示。图中纺丝胶液由计量泵（作为执行器）输送至板式热交换器中进行冷却，随后送往过滤器，滤去杂质后送往喷丝头喷丝。工艺上要求过滤前的胶液压力稳定在 0.25MPa，因为压力波动将直接影响到过滤效果和喷丝质量。由于胶液黏度大，单回路压力控制方案效果不好。为了提高控制质量，可在执行器与冷却器之间靠近执行器的某个适当位置选择一压力测量点，并以它为副变量组成压力与压力串级控制系统，如图 2-17 所示。当纺丝胶液黏度发生变化或因执行器前的混

合器有污染而引起压力变化时，副变量可及时得到反映，并通过副回路进行克服，从而稳定了过滤前的胶液压力。

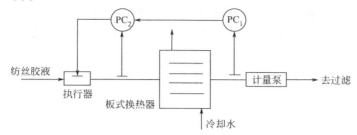

图 2-17　压力与压力串级控制系统

不过利用串级控制克服纯滞后的方法是有很大局限性的，即只有当纯滞后环节能够大部分乃至全部都可以划入主对象中去时，这种方法才能有效地提高系统的控制质量，否则将不会获得好的效果。

（5）应考虑到主、副对象时间常数的匹配，以防"共振"发生

在串级控制系统中，主、副环路之间是密切相关的，副变量的变化会影响到主变量，而主变量的变化通过反馈回路又会影响到副变量，如果主、副对象时间常数比较接近，那么主、副回路的工作频率也就比较接近，一旦系统受到干扰，就有可能产生"共振"。一旦系统发生"共振"，轻则会使系统的控制质量下降，严重时还会导致系统发散而无法工作。因此，必须设法避免串级系统"共振"的发生。

关于串级系统的"共振"问题，可做如下解释。

对于一个串级控制系统，假如通过主、副控制器参数的整定使主、副变量都呈 4 ：1 衰减振荡，那么主、副回路都可近似地看成是一个二阶振荡系统。其主、副环路的幅频特性曲线如图 2-18 所示。图中横坐标为 ω/ω_c，ω_c 为系统"共振"频率。

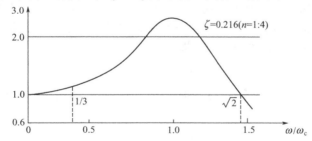

图 2-18　二阶系统当 $\zeta = 0.216$ 时（即 $n = 1 ：4$）的幅频特性

为分析问题方便起见，假定主、副环路工作频率与共振频率分别为 $\omega_{1\beta}$、$\omega_{2\beta}$、ω_{1c}、ω_{2c}。

由图 2-18 可以知道，如果满足下列条件：

$$1/3 < \omega_{1\beta}/\omega_{2c} < \sqrt{2} \tag{2-21}$$

$$1/3 < \omega_{2\beta}/\omega_{1c} < \sqrt{2} \tag{2-22}$$

即主环工作频率 $\omega_{1\beta}$ 与副环共振频率 ω_{2c} 之比落于副环的增幅区域之内，而副环工作频率 $\omega_{2\beta}$ 与主环共振频率 ω_{1c} 之比落于主环的增幅区域之内，这时，主环的信号进入副环会引起增幅，副环的信号进入主环也会引起增幅，相当于周期性给荡秋千的人施加一个外力，而施加外力的频率又正好与秋千的固有频率相同，于是，秋千会越荡越高。串级系统在这种情

况下，主变量的变化经过副环时副变量变化会增大，这个增大了的副变量经过主环时主变量的变化会更大，结果会使主、副变量的变化越来越大，这就是所说的"共振"现象。

为了使串级控制系统不致发生"共振"，就要消除产生"共振"的条件。

就副环来说，为使进入副环的信号不致有增幅现象发生，必须满足如下条件，即：

$$1/3 > \omega_{1\beta}/\omega_{2c} > \sqrt{2} \tag{2-23a}$$

同样，为使进入主环的信号不致有增幅现象出现，必须满足如下条件，即：

$$1/3 > \omega_{2\beta}/\omega_{1c} > \sqrt{2} \tag{2-24a}$$

由控制原理知道，当系统整定成 4:1 衰减（即 $\varsigma = 0.216$）时，系统的工作频率 ω_{β} 与其共振频率 ω_c 非常接近。因为：

$$\omega_{\beta} = \omega_c\sqrt{1 - \varsigma^2} = \omega_c\sqrt{1 - (0.216)^2} = 0.976\omega_c \approx \omega_c$$

因此式（2-23a）及式（2-24a）就可改写成：

$$1/3 > \omega_{1\beta}/\omega_{2\beta} > \sqrt{2} \tag{2-23b}$$

$$1/3 > \omega_{2\beta}/\omega_{1\beta} > \sqrt{2} \tag{2-24b}$$

式（2-23b）和式（2-24b）是分别从副环和主环两个不同的角度考虑所得出的条件，一般来说，串级系统中副环工作频率 $\omega_{2\beta}$ 总是大于主环的工作频率 $\omega_{1\beta}$，因此，式（2-23b）与式（2-24b）可进一步分别简化为：

$$\omega_{2\beta} > 3\omega_{1\beta} \tag{2-23c}$$

$$\omega_{2\beta} > \sqrt{2}\omega_{1\beta} \tag{2-24c}$$

式（2-23c）是从副环角度考虑，式（2-24c）是从主环角度考虑。显然式（2-24c）不具全局性，因为它只能保证副环来的干扰在主环中不致引起增幅，但并不能保证主环来的干扰在副环中不会引起增幅。因此，为了保证串级不致产生"共振"，必须满足的条件是副环工作频率 $\omega_{2\beta}$ 应大于主环工作频率的 3 倍，即：

$$\omega_{2\beta} > 3\omega_{1\beta} \tag{2-25}$$

可以证明，系统的工作频率 ω 与其时间常数 T 成反比关系，因此，式（2-25）可改写成：

$$T_{01} > 3T_{02} \tag{2-26}$$

式中，T_{01}、T_{02} 分别为主、副对象的时间常数。

由式（2-26）可以看出，为了防止串级控制系统的"共振"，必须使主、副对象时间常数有一个很好的匹配，需保证 $T_{01} > 3T_{02}$。

（6）要考虑主、副对象的关联问题

某些生产过程，其主、副对象之间存在某种联系，相互之间存在关联。这种状况下串级控制系统的主、副控制回路之间也存在相互影响，使得情况变得比较复杂，控制系统的控制质量很难达到预期效果。例如生产过程中的液位缓冲槽、压力缓冲罐等。下面看两个例子。

液位缓冲槽流程如图 2-19 所示：

$$F_1\frac{\mathrm{d}h_1}{\mathrm{d}t} = Q_i - Q_{12} \tag{2-27}$$

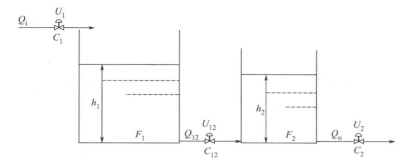

图 2-19　液位缓冲槽流程图

$$Q_{12} = \frac{h_1 - h_2}{R_{12}} \tag{2-28}$$

$$R_{12} = \frac{\partial \Delta p_{12}}{\partial Q_{12}} \tag{2-29}$$

$$F_2 \frac{\mathrm{d}h_2}{\mathrm{d}t} = Q_{12} - Q_o \tag{2-30}$$

$$Q_o = \frac{h_2}{R_2} \tag{2-31}$$

$$R_2 = \frac{\partial \Delta p_{20}}{\partial Q_o} \tag{2-32}$$

对上述公式进行拉氏变换并整理，则有：

$$H_1 = \frac{Q_i - Q_{12}}{F_1 s} \tag{2-27a}$$

$$Q_{12} = \frac{H_1 - H_2}{R_{12}} \tag{2-28a}$$

$$R_{12} = \frac{\partial \Delta p_{12}}{\partial Q_{12}} \tag{2-29a}$$

$$H_2 = \frac{Q_{12} - Q_o}{F_2 s} \tag{2-30a}$$

$$Q_o = \frac{H_2}{R_2} \tag{2-31a}$$

$$R_2 = \frac{\partial \Delta p_{20}}{\partial Q_o} \tag{2-32a}$$

图 2-19 和式（2-27a）～式（2-32a）中：

C_i、C_{ij} 是第 i 个阀和 ij 之间的阀的流通能力；R_i、R_{ij} 是第 i 个阀和 ij 之间的阀的流通阻力；U_i、U_{ij} 是作用在第 i 个阀和 ij 之间的阀上的操纵信号；Q_i 是系统流入流量；Q_o 是系统流出流量；Q_{12} 是流过两个液位槽之间阀门的流量；h_i 是第 i 个液位槽的液位高度；F_i 是第 i 个液位槽的横截面积。

根据式（2-27a）～式（2-32a），可画出图 2-20 中的方块图。

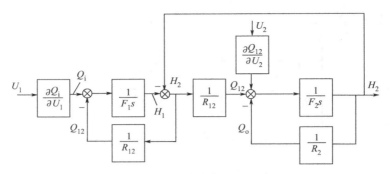

图 2-20　关联液位槽方块图

对图 2-20 进行简化，可得图 2-21。

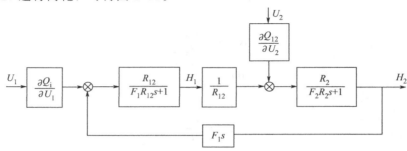

图 2-21　关联液位槽简化方块图

　　如果针对该液位缓冲槽对象设计一个串级系统，以 h_2 为主被控变量，h_1 为副被控变量，不管选择 Q_i 还是 Q_{12} 作操纵变量，在主被控对象与副被控对象之间都存在反馈通道，不仅仅是设想的主反馈与副反馈系统。仅仅将副控制回路等效为一个环节，从而分析该控制系统及其控制质量，结论显然是有较大偏差的。

　　选择 Q_i 还是 Q_{12} 作操纵变量，从图 2-21 中不难看出，后者的关联反馈通道比前者的更复杂一些。从机理也不难分析，选择 Q_{12} 作操纵变量，阀中流体流量不仅仅与阀门开度有关，还和两个水槽液位差有关，而阀门本身就是一个非线性执行机构，其放大倍数与作用其上的压力差有很大关系。当副液位控制器检测到 h_1 偏离给定的时候，其输出改变。本来是希望通过改变 Q_{12} 来调整 h_1，但此时还要看作用在该控制阀的压力差，即两个水槽的液位差是多少。系统在调整的时候是动态的，有可能作用在阀的压力差比较大，也可能比较小，甚至是负的。所以，该阀门中的流量不仅仅取决于副控制器的输出，即不仅仅取决于 h_1 偏离其给定多少，水槽 2 的液位也会影响其流量。

　　图 2-22 是一个压力缓冲罐系统。通过分析可得出与图 2-19 水槽系统相似的结论。图 2-23 是压力缓冲罐系统的方块图。图中：

$\dfrac{\partial Q}{\partial U_1}$、$\dfrac{\partial Q}{\partial U_2}$ ——阀 1、阀 2 关于输入信号的放大倍数；

$\dfrac{\partial Q}{\partial \Delta p_{12}}$、$\dfrac{\partial Q}{\partial \Delta p_{23}}$ ——阀 1、阀 2 关于压力差的系数，即该工作点的流通能力（阻力的倒数）。

　　（7）副回路需考虑到方案的经济性和工艺的合理性

　　关于方案的经济性可以举一个丙烯冷却器出口温度串级控制的例子。在本例中副回路可以有两种不同的构成方法，如图 2-24（a）及图 2-24（b）所示。从控制角度看，以蒸汽压力作为副变量比以冷却器液位为副变量灵敏，反应速度快。但是，假如冷冻机入口压力（气

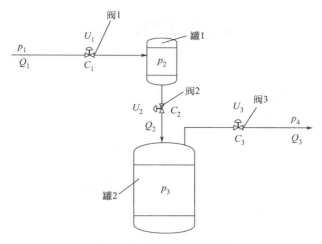

图 2-22　压力缓冲罐系统

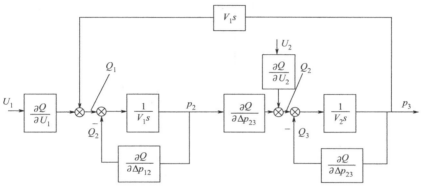

图 2-23　压力缓冲罐系统的方块图

体丙烯返回冷冻压缩机冷凝后重复使用）在两种情况下都相等，方案（b）中丙烯蒸发压力
就需高于方案（a）中的丙烯蒸发压力（控制阀上需要有一定压降），这样冷却温差就要减
小，冷量利用就不够充分。而且此方案中还需要另外设置一套液位控制系统，以维持一定的
蒸发空间，防止气丙烯带液进入冷冻机而危及后者的安全，这样方案（b）的仪表投资费用
相应地也要有所增加。相比之下，方案（a）虽然较为迟钝一些（因为它是借助于传热面积
的改变以达到控制温度的目的，因此反应比较慢），但是却较为经济。所以，在温度控制要
求不是很高的情况下，采用方案（a）是较为经济的。

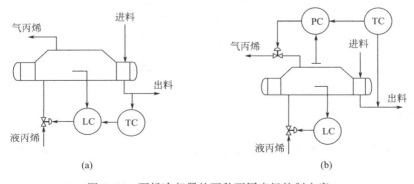

图 2-24　丙烯冷却器的两种不同串级控制方案

本章思考题及习题

2-1　与单回路系统相比，串级控制系统有什么特点？

2-2　为什么说串级系统主控制器的正、反作用只取决于主对象放大倍数的符号，而与其他环节无关？

2-3　串级系统的一步整定法依据是什么？

2-4　试证明串级系统中，当干扰作用在副环时，只要主、副控制器其中之一有积分作用就能保证主变量无余差。而当干扰作用于主环时，只有主控制器有积分作用时才能保证主变量无余差。

2-5　试说明为什么整个副环可视为一放大倍数为正的环节来看待？

2-6　试说明在串级系统中主、副控制器之一的正、反作用选错会造成怎样的危害？

2-7　图 2-25 所示的反应釜内进行的是放热化学反应，而釜内温度过高会发生事故，因此采用夹套通冷却水来进行冷却，以带走反应过程中所产生的热量。由于工艺对该反应过程温度控制精度要求很高，单回路控制满足不了要求，需用串级控制。

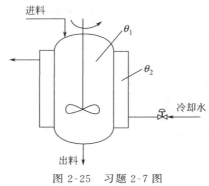

图 2-25　习题 2-7 图

θ_1—釜温；θ_2—夹套水温

①当冷却水压力波动是主要干扰时，应怎样组成串级？画出系统结构图。

②当冷却水入口温度波动是主要干扰时，应怎样组成串级？画出系统结构图。

③对上述两种不同控制方案选择控制阀的开闭形式及主、副控制器的正反作用。

2-8　图 2-26 为一管式炉原油出口温度与炉膛温度串级控制系统。要求：

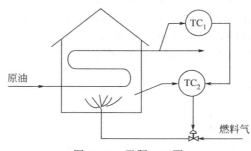

图 2-26　习题 2-8 图

①选择控制阀的开闭形式；

②确定主、副控制器的正反作用；

③在系统稳定的情况下，如果燃料气压力突然升高，结合控制阀开闭形式及控制器的正反作用，分析该串级控制系统的工作过程。

2-9　某干燥器采用夹套加热和真空抽吸并行的方式来干燥物料。干燥温度过高会使物料的物性发生变化，这是不允许的，因此要求对干燥温度进行严格控制。夹套通入的是经列管式加热器加热后的热水，

而加热器采用的是饱和蒸汽,流程如图 2-27 所示。要求:

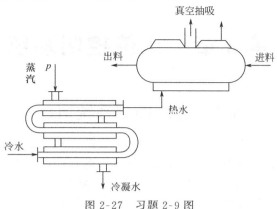

图 2-27 习题 2-9 图

①如果冷水流量波动是主要干扰,应采用何种控制方案?为什么?

②如果蒸汽压力波动是主要干扰,应采用何种控制方案?为什么?

③如果冷水流量和蒸汽压力都经常波动,应采用何种控制方案?为什么?

2-10 某串级控制系统采用两步法进行整定,测得 4:1 衰减过程的参数为: $\delta_{1s}=8\%$,$\delta_{2s}=42\%$,$T_{1s}=120\text{s}$,$T_{2s}=8\text{s}$ 。若该串级系统中主控制器采用 PID 规律,副控制器采用 P 规律,试求主、副控制器的参数值应是多少?

第3章 比值控制系统

3.1 比值控制系统概述

在化工、炼油及其他工业生产过程中，工艺上常需要两种或两种以上的物料保持一定的比例关系，比例一旦失调，将影响生产或造成事故。例如，在造纸生产过程中，使浓纸浆和水以一定的比例混合，才能制造出一定浓度的纸浆，显然这个流量比和产品质量有密切关系。在重油气化的造气生产过程中，进入气化炉的氧气和重油流量应保持一定的比例，若氧油比过高，会因炉温过高而使喷嘴和耐火砖烧坏，严重时甚至会引起炉子爆炸；如果氧量过低，则因生成的炭黑增多，会发生堵塞现象。

实现两个或两个以上参数符合一定比例关系的控制系统，称为比值控制系统。通常以保持两种或几种物料的流量为一定比例关系的系统，称之流量比值控制系统。

在需要保持比值关系的两种物料中，某种物料首先发生变化，这种物料称之为主物料，表征这种物料的参数称之为主动量。由于在生产过程控制中主要是流量比值控制系统，所以主动量也称为主流量，用 F_1 表示；而另一种物料按主物料进行配比，在控制过程中随主物料而变化，因此称为从物料，表征其特性的参数称为从动量或副流量，用 F_2 表示。一般情况下，总是把生产中主要物料定为主物料。在有些场合，以不可控物料定为主物料，用改变可控物料即从物料来实现它们之间的比值关系。

比值控制系统就是要实现副流量 F_2 与主流量 F_1 成一定比值关系，满足如下关系式：

$$K = F_2/F_1 \tag{3-1}$$

式中，K 为副流量与主流量的流量比值。

在实际的生产过程控制中，比值控制系统除了实现一定比例的混合外，还能起到在扰动量影响到被控过程质量指标之前及时控制的作用。而且当最终质量指标难于测量、变送时，可以采用比值控制系统，使生产过程在最终质量达到预期指标下安全正常地进行，因为比值控制具有前馈控制的实质。

3.2 比值控制系统的类型

3.2.1 开环比值控制系统

开环比值控制系统是最简单的比值控制方案，它的系统组成如图 3-1 所示，整个系统是一个开环控制系统。在这个系统中，随着 F_1 的变化，K_2 将跟着变化，以满足 $F_2 = KF_1$ 的要求。其实质乃是满足控制阀的阀门开度与 F_1 之间成一定的比例关系，因此，当 F_2 因管线两端压力波动而发生变化时，系统不起控制作用，此时难以保证 F_2 与 F_1 间的比值关系。也就是说这种比值控制方案对副流量 F_2 本身无抗干扰能力，只能适用于副流量较平稳且比值要求不高的场合。实际生产过程中，F_2 的干扰常常是不可避免的，因此生产上很少采用开环比值控制方案。

3.2.2 单闭环比值控制系统

单闭环比值控制系统是为了克服开环比值方案的不足，在开环比值控制系统的基础上，

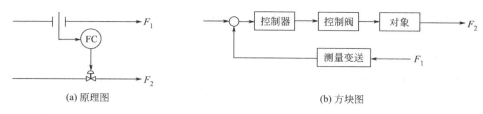

(a) 原理图　　　　　　　　　　(b) 方块图
图 3-1　开环比值控制系统

增加一个副流量的闭环控制系统，如图 3-2 所示。

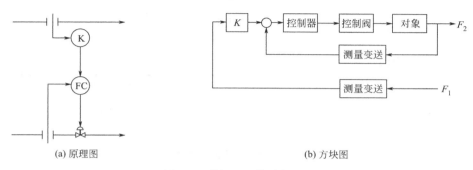

(a) 原理图　　　　　　　　　　(b) 方块图
图 3-2　单闭环比值控制系统

从图 3-2 (a) 可看出，其与串级控制系统具有相类似的结构形式，但两者是不同的。单闭环比值控制系统的主流量相当于串级控制系统的主参数，而主流量没有构成闭环系统，F_2 的变化并不影响到 F_1，这就是两者的根本区别。

在稳定状态下，主、副流量满足工艺要求的比值，$F_2/F_1=K$。当主流量变化时，其流量信号 F_1 经变送器送到比值计算装置，比值计算装置则按预先设置好的比值使输出成比例地变化，也就是成比例地改变副流量控制器的设定值，此时副流量闭环系统为一个随动控制系统，从而使 F_2 跟随 F_1 变化，在新的工况下，流量比值 K 保持不变。当副流量由于自身干扰发生变化时，副流量闭环系统相当于一个定值控制系统，自行调节克服，使工艺要求的流量比仍保持不变。

图 3-3 为单闭环比值控制系统实例。丁烯洗涤塔的任务是用水除去丁烯馏分所夹带的微量乙腈。为了保证洗涤质量，要求根据进料流量配以一定比例的洗涤水量。

单闭环比值控制系统的优点是：它不但能实现副流量跟随主流量的变化而变化，而且可以克服副流量本身干扰对比值的影响，因此主、副流量的比值较为精确。它的结构形式较简单，实施起来亦较方便，所以得到广泛的应用，尤其适用于主物料在工艺上不允许进行控制的场合。

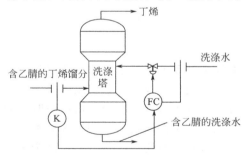

图 3-3　丁烯洗涤塔进料流量与洗涤水量
的比值控制

单闭环比值控制系统虽然两物料比值一定，但由于主流量是不受控制的，所以总物料量是不固定的，这对于负荷变化幅度大，物料又直接去化学反应器的场合是不适合的。因负荷的波动有可能造成反应不完全，或反应放出的热量不能及时被带走等，从而给反应带来一定的影响，甚至造成事故。此外，这种方案对于严格要求动态比值的场合也是不适应的。因为这种方案主流量是不定值的，当主流量出现大幅度波动时，副流量相对于控制器的给定值会出现较大的偏差，也就是说在这段时间里，主、副流量比值会较大地偏离工艺要求的流量比，即不能保证动态比值。

3.2.3　双闭环比值控制系统

双闭环比值控制系统是为了克服单闭环比值控制系统主流量不受控，生产负荷在较大范围内波动的不足而设计的。它是在单闭环比值控制的基础上，增设了主流量控制回路而构成的，如图 3-4 所示。

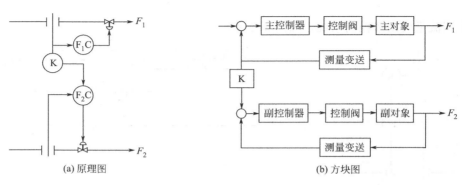

(a) 原理图　　　　　　　　　　　　(b) 方块图

图 3-4　双闭环比值控制系统

图 3-5 为某溶剂厂生产中采用的二氧化碳与氧气流量的双闭环比值控制系统的实例。

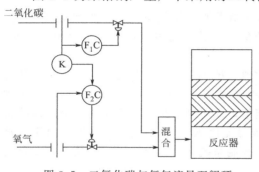

图 3-5　二氧化碳与氧气流量双闭环
比值控制系统

双闭环比值控制系统由于主流量控制回路的存在，实现了对主流量的定值控制，大大地克服了主流量干扰的影响，使主流量变得比较平稳，通过比值控制副流量也将比较平稳。这样不仅实现了比较精确的流量比值，而且也确保了两物料总量基本不变，这是它的一个主要特点。

双闭环比值控制的另一个优点是提降负荷比较方便，只要缓慢地改变主流量控制器的给定值，就可以提降主流量，同时副流量也就自动跟踪提降，并保持两者比值不变。这种方案常适用于主流量干扰频繁及工艺上不允许负荷有较大波动或工艺上经常需要提降负荷的场合。

这类比值控制方案使用的仪表较多，投资高。双闭环比值控制系统在主流量受干扰作用开始，到重新稳定在给定值这段时间内发挥作用。如果对这段时间内的动态比值要求不高，采用两个单回路定值控制系统分别稳定主、副流量，也能保证它们之间的比值。这样在投资上可节省一台比值装置，而且两个单回路流量控制系统操作上也较方便。

在采用双闭环比值控制方案时，尚需防止共振的产生。因主、副流量控制回路通过比值计算装置相互联系着，当主流量进行定值调节后，它变化的幅值肯定大大减小，但变化的频率往往会加快，使副流量的给定值经常处于变化之中，当它的频率和副流量回路的工作频率接近时，有可能引起共振，使副回路失控，以致系统无法投入运行。在这种情况下，对主流量控制器的参数整定应尽量保证其输出为非周期变化，以防止产生共振。

3.2.4　其他类型的比值控制

（1）变比值控制系统

前面提到的各种比值控制方案都是为实现两种物料比值固定的定比值控制方案。但是，生产上维持流量比恒定往往不是控制的最终目的，仅仅是保证产品质量的一种手段。定比值控制方案只能克服流量干扰对比值的影响，当系统中存在着除流量干扰外的其他干扰，如温度、压力、成分以及反应器中触媒活性变化等干扰时，为了保证产品质量，必须适当修正两物料的比值，即重新设置比值系数。由于这些干扰往往是随机的，干扰幅值又各不相同，显然无法用人工方法经常去修正比值系数，定比值控制系统也就无能为力了。因此，出现了按照一定工艺指标自行修正比值系数的变比值控制系统。图 3-6 所示为一用除法器组成的变比值控制系统。

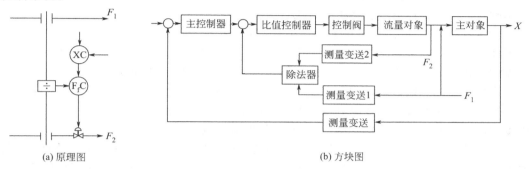

图 3-6 变比值控制系统

如图可见，它实质上是一个以某种质量指标 X 为主参数，两物料比值为副参数的串级控制系统，所以也称串级比值控制系统。根据串级控制系统具有一定自适应能力的特点，这种变比值控制系统也具有当系统中存在温度、压力、成分、触媒活性等随机干扰时，能自动调整比值、保证质量指标在规定范围内的自适应能力，所以这类比值控制系统也曾被称为自整配比控制系统。

以图 3-7 所示硝酸生产中氧化炉的炉温与氨气/空气比值所组成的串级比值控制方案为例，说明变比值控制系统的应用。

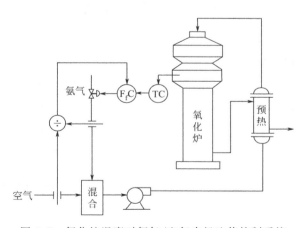

图 3-7 氧化炉温度对氨气/空气串级比值控制系统

氧化炉是硝酸生产中的关键设备，原料氨气和空气在混合器内混合后经预热进入氧化炉，氨氧化生成一氧化氮气体，同时放出大量的热量。稳定氧化炉操作的关键条件是反应温度，因此氧化炉温度可以间接表征氧化生产的质量指标。若设计一套定比值控制系统，保证进入混合器的氨气和空气的比值一定，就可基本上控制反应放出的热量，即基本上控制了氧化炉的温度。但影响氧化炉温度变化的其他干扰很多：

① 当氨气在混合器中含量增加 1% 时，氧化炉温度将上升 64.9℃，成分变化是在比值不变的情况下改变混合器内氨含量的直接干扰；

② 进入氧化炉的氨气、空气的初始温度的变化，意味着物料带入的能量变化，直接影响炉内温度；

③ 负荷的变化关系到单位时间内参加化学反应的物料量，由改变释放反应热的多少而影响炉温；

④ 进混合器的氨气、空气的温度、压力变化，会影响流量测量的精度，若不进行补偿，则要影响它们的真实比值，也将影响氧化炉温度；

⑤ 触媒的活性变化、大气温度、压力变化等均对氧化炉温度有不同程度的影响。

因此仅仅保持氨气和空气的流量比值，尚不能最终保证氧化炉温度不变，还需根据氧化炉温度的变化来适当修正氨气和空气的比例，以保证氧化炉温度的恒定。图 3-7 的变比值控制就是根据这样的意图而设计的。由图可见，当出现直接引起氨/空气流量比值变化的干扰时，通过比值控制系统得到及时克服而保持炉温不变。对于其他干扰引起炉温变化时，则通过温度控制器对氨/空气比值进行修正，使氧化炉温度恒定。

在变比值控制方案中，选取的第三参数主要是衡量质量的最终指标，而流量间的比值只是参考指标和控制手段。因此在选用这种方案时，必须考虑到作为衡量质量指标的第三参数是否可能进行连续的测量变送，否则系统将无法实施。变比值控制具有第三参数自动校正比值的优点，且随着质量检测仪表的发展，这种方案可能会越来越多地在生产上得到应用。

需要注意到一点，上面提到的变比值控制方案中是用除法器来实施的，实际上还可采用其他运算单元如乘法器来实施。同时从系统的结构看，上例是单闭环变比值控制系统，如果工艺控制需要，也可构成双闭环变比值控制系统。

（2）串级和比值控制组合的系统

串级和比值控制组合的系统，与前面的串级比值控制是两种不同的系统。前面的串级比值控制是由第三参数来修正比值，属于变比值控制；这里的串级和比值控制组合是要求主流量随另一参数的需要而改变，整个系统仍属于定比值控制。图 3-8 所示为串级和比值控制组合的系统。

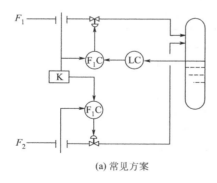

(a) 常见方案

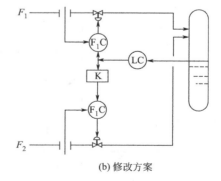

(b) 修改方案

图 3-8　串级控制与比值控制的组合系统

图 3-8 为两物料进入一反应器的工艺流程。由图（a）可见，两物料组成一双闭环比值控制系统，而反应器的液面又需恒定，于是组成一以液面为主参数，主流量为副参数的串级控制系统。当液面由于某种干扰而变化时，通过液面控制器的输出来改变主流量的给定值，使主流量跟着变化，然后通过比值控制系统使副流量也随之改变，保持其流量比不变。这样由总的负荷变化来克服外界扰动对液面的影响，把液面调回到给定值。

该控制系统稳定时，主、副流量可以保持比值一定，但从动态角度看，因液面变化首先反映到主流量给定值变化，使主流量随之变化，再经过主流量测量变送、比值器，改变副流量控制器的给定值，副流量才跟着变化。显然，副流量的变化滞后于主流量，即动态比值不能得到保证。如果在方案设计上稍做修改，就可以基本上实现动态比值，如图 3-8（b）所示。由于此时液面控制器的输出除作主流量控制器的给定外，同时送入比值器作为副流量控制器的给定，因比值器可忽略其动态滞后，这样主、副流量控制回路对液面控制器的动态响应基本一致，以保持动态比值。

3.3　比值系数的计算

实现比值控制都会从现场获得流量测量信号，然后送到控制装置中进行计算，并将输出信号送到相应的控制阀上。控制装置可分为两类：一类是控制仪表（常规仪表、智能仪表等），接收的是代表流量的测量信号，仪表内部进行计算是针对这些信号进行的；一类是DCS 等以计算机技术为基础的控制装置，流量信号进入 DCS 内部后会在其内部将流量信号转换为流量的量值。前者需要根据流量比、流量测量的量程，计算出流量信号之比；后者不需要进行计算，直接按流量比进行设置即可。

比值控制是解决物料量之间的比例关系，工艺上规定的比值 K 是指两物料的流量比（体积或质量），而目前通用的仪表使用统一的信号，电动仪表是 $4\sim20\text{mA}$ 直流电流，气动仪表是 $20\sim100\text{kPa}$ 气压等，因此必须把工艺规定的流量比值关系换算成对应信号之间的比值关系。为此定义流量信号比值关系，即从动流量信号相对变化量与主动流量信号相对变化量之比为比值系数，用 K' 表示，即：

$$比值系数\ K' = \frac{从动流量信号相对变化}{主动流量信号相对变化} = \frac{\dfrac{I_2 - I_{20}}{I_{2max} - I_{20}}}{\dfrac{I_1 - I_{10}}{I_{1max} - I_{10}}}$$

大多数情况下，从动流量测量、主动流量测量都采用同一信号制，即 $I_{2max} - I_{20}$ 等于 $I_{1max} - I_{10}$，所以

$$K' = \frac{I_2 - I_{20}}{I_1 - I_{10}}$$

3.3.1　流量与测量信号呈线性关系时的计算

当使用转子流量计、涡轮流量计、椭圆齿轮流量计或带开方的差压变送器测量流量时，流量信号均与测量信号呈线性关系。现针对仪表信号起始点分别为零和非零两种情况，说明如何由 K 折算成 K'。

当流量由零变至最大值（F_{max}）时，变送器对应输出信号为 $4\sim20\text{mA DC}$，变送器的转换关系即流量的任一中间值 F 所对应的输出信号电流为：

$$I = \frac{F}{F_{max}} \times 16 + 4 \tag{3-2}$$

比值系数 K' 为仪表信号之比，即：

$$K' = \frac{I_2 - 4}{I_1 - 4} \tag{3-3}$$

式中 I_2——副流量测量信号值;

$\quad\quad I_1$——主流量测量信号值。

在式(3-3)中 K' 应为仪表输出信号变化量之比,所以均需减去仪表信号的起始值。

把式(3-2)代入式(3-3),可得:

$$K' = \frac{\dfrac{F_2}{F_{2\max}} \times 16 + 4 - 4}{\dfrac{F_1}{F_{1\max}} \times 16 + 4 - 4} = \frac{F_2}{F_1} \times \frac{F_{1\max}}{F_{2\max}} = K\frac{F_{1\max}}{F_{2\max}} \tag{3-4}$$

式中 $F_{2\max}$——副流量变送器量程上限;

$\quad\quad F_{1\max}$——主流量变送器量程上限。

当流量由零变至最大值($F_{\max}$)时,变送器对应输出信号为 $20\sim100\text{kPa}$,变送器的转换关系为:

$$p = \frac{F}{F_{\max}} \times 80 + 20 \tag{3-5}$$

比值系数 K' 为:

$$K' = \frac{p_2 - 20}{p_1 - 20} \tag{3-6}$$

式中 p_2——副流量测量信号值;

$\quad\quad p_1$——主流量测量信号值。

把式(3-5)代入式(3-6),可得:

$$K' = \frac{\dfrac{F_2}{F_{2\max}} \times 80 + 20 - 20}{\dfrac{F_1}{F_{1\max}} \times 80 + 20 - 20} = \frac{F_2}{F_1} \times \frac{F_{1\max}}{F_{2\max}} = K\frac{F_{1\max}}{F_{2\max}} \tag{3-7}$$

式中 $F_{2\max}$——副流量变送器量程上限;

$\quad\quad F_{1\max}$——主流量变送器量程上限。

可以看出,对于不同信号范围的仪表,比值系数的计算式是一致的。

3.3.2 流量与测量信号呈非线性关系时的计算

在使用节流装置测量流量而未经开方处理时,流量与差压的非线性关系为:

$$F = K\sqrt{\Delta p} \tag{3-8}$$

式中 K——节流装置的比例系数。

此时针对不同信号范围的仪表,测量信号与流量的转换关系为:

DDZ-Ⅲ型仪表:

$$I = \frac{F^2}{F_{\max}^2} \times 16 + 4 \tag{3-9}$$

此时的比值系数计算方法如下:

$$K' = \frac{I_2 - 4}{I_1 - 4} = \frac{\dfrac{F_2^2}{F_{2\max}^2} \times 16 + 4 - 4}{\dfrac{F_1^2}{F_{1\max}^2} \times 16 + 4 - 4} = \frac{F_2^2}{F_1^2} \times \frac{F_{1\max}^2}{F_{2\max}^2} = K^2 \left(\frac{F_{1\max}}{F_{2\max}}\right)^2 \tag{3-10}$$

同理，可对 $0 \sim 10\text{mA DC}$ 差压变送器进行推导，所得结论与式（3-10）完全一样。

通过计算推导，可以得出如下几点结论：

① 流量比值 K 与比值系数 K' 是两个不同的概念，不能混淆；

② 比值系数 K' 的大小与流量比 K 的值有关，也与变送器的量程有关，但与负荷的大小无关；

③ 流量与测量信号之间有无非线性关系对计算式有直接影响，线性关系时 $K'_{\text{线}} = K$ $(F_{1\max}/F_{2\max})$，非线性关系（平方根关系）时 $K'_{\text{非}} = K^2 (F_{1\max}/F_{2\max})^2$，但仪表的信号范围不一及起始点是否为零，均对计算式无影响。

线性测量与非线性测量（平方根关系）情况下 K' 间的关系为 $K'_{\text{非}} = (K'_{\text{线}})^2$。

3.4　比值控制方案的实施

比值控制系统有开环、单闭环、双闭环及变比值等多种类型，但最根本的是比值控制系统采用什么方式来实现主、副流量的比值运算。分析所有的比值控制系统，其运算式可有乘法和除法两种，也就是说具体实施分为相乘方案与相除方案两类。

3.4.1　两类实施方案

（1）相乘方案

要实现两流量之间的比值关系，即 $F_2 = KF_1$，可以对 F_1 的测量值乘上某一系数，作为 F_2 流量控制器的给定值，称为相乘方案，如图 3-9 所示。图中"$\times$"为乘法符号，表示比值运算装置。如果使用电动仪表实施则有分流器及乘法器等。至于使用可编程调节器或其他计算机控制来实现，采用乘法运算即可。如果比值 K 为常数，上述仪表均可应用；若为变数（变比值控制），则必须采用乘法器，此时只需将比值设定信号换接成第三参数就行了。

（2）相除方案

如果要实现两流量之比值为 $K = F_2/F_1$，也可以将 F_2 与 F_1 的测量值相除，作为比值控制器的测量值，称为相除方案，如图 3-10 所示。

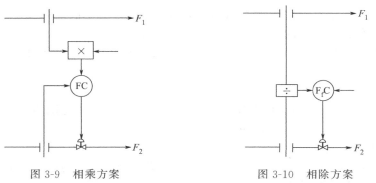

图 3-9　相乘方案　　　　　　　　图 3-10　相除方案

相除方案无论是气动仪表或电动仪表，均采用除法器来实现。而对于使用可编程调节器或其他计算机控制来实现，只要对两个流量测量信号进行除法运算即可。由于除法器（或除法运算结果）输出直接代表了两流量信号的比值，所以可直接对它进行比值指示和报警。这种方案比值很直观，且比值可直接由控制器进行设定，操作方便。若将比值给定信号改作第三参数，便可实现变比值控制。

3.4.2　比值控制方案实施举例

（1）用比值器组成的方案

比值器是比值控制中最常见的一种比值计算装置，它的作用是实现一个输入信号乘上一个常系数的运算。图3-11是用气动比值器实现单闭环比值控制系统的信号关系图。

气动比值器的运算式是：

$$p_{出} = K'(p_{入} - 20) + 20$$

由式可知，比值器对输入信号乘上的常系数 K' 为：

$$K' = \frac{p_{出} - 20}{p_{入} - 20} \tag{3-11}$$

比较式（3-11）与式（3-6）可知，式（3-11）中的 K' 即为比值控制系统所需设置的比值系数 K'。由此可见，使用气动比值器实施的比值控制系统，比值器 K' 值只需按计算而得比值系数直接设置。因此，这种方案结构简单，使用仪表少，性能可靠，比值调整范围较广（气动比值器 K' 设置范围为 $0.25\sim4$），比值精度也较高，但不能用于变比值控制。

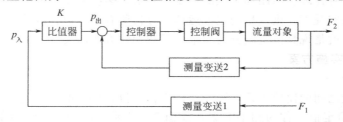

图3-11　用气动比值器组成的比值控制系统信号关系图

与气动比值器相类似的有 DDZ-Ⅲ型仪表的比率设定器，其运算式为：

$$I_{出} = K'(I_{入} - 4) + 4 \tag{3-12}$$

由式（3-12）可得：

$$K' = (I_{出} - 4)/(I_{入} - 4) \tag{3-13}$$

从式（3-13）可知，其比率设定器的比率设定系数 K' 为比值系数 K'。因此使用这种仪表实施与气动比值器是一致的。

如果使用 DDZ-Ⅱ型仪表，采用电动分流器也具有与气动比值器相似的作用。电动分流器的运算式为：

$$I_{出} = K'I_{入} \tag{3-14}$$

式中，分流系数 K' 即为比值系数 K'，但由于分流系数变化范围为 $0\sim95\%$，因此比值系数 K' 恒小于1（$0\sim0.95$）。在使用中需注意到这一点。

（2）用乘法器组成的方案

乘法器能实现两个信号相乘，或对一个信号乘以一个常系数的运算。用乘法器实施的单闭环比值控制系统的信号关系如图3-12所示。

DDZ-Ⅲ型电动乘法器的运算式：

$$I_1' = \frac{(I_1 - 4)(I_0 - 4)}{16} + 4 \tag{3-15}$$

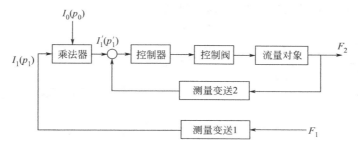

图 3-12　用乘法器实施的单闭环比值控制系统信号关系图

气动乘法器的运算式：

$$p'_1 = \frac{(p_1 - 20)(p_0 - 20)}{80} + 20 \tag{3-16}$$

组成定比值控制方案时，乘法器与比值器的区别在于它的比值系数不像比值器那样可以直接在仪表上设置，而是通过外部恒流给定器（采用电动仪表时）或是气动定值器（采用气动仪表时）来设置的。下面根据乘法器的运算式推导 I_0（p_0）与比值系数 K' 间的关系。

对于 DDZ-Ⅲ 型仪表，根据比值控制要求，乘法器的 I'_1 与 I_1 之间应具有下面的关系：

$$I'_1 - 4 = K'(I_1 - 4) \tag{3-17}$$

式中，K' 即比值系数。把式（3-17）与式（3-15）相比，可得：

$$K' = \frac{I_0 - 4}{16} \tag{3-18}$$

由式（3-18）可知，只要外设 I_0 符合下面的条件，系统就能完成要求的比值目的：

$$I_0 = 16K' + 4 \tag{3-19}$$

同样，对于气动仪表，根据比值控制要求，乘法器的 p'_1 与 p_1 之间应具有如下关系：

$$p'_1 - 20 = K'(p_1 - 20) \tag{3-20}$$

式中，K' 为比值系数。把式（3-20）与式（3-16）相比，可得：

$$K' = \frac{p_0 - 20}{80} \tag{3-21}$$

由式（3-21）可知，只要外设 p_0 符合下面关系，系统就能实现预定的比值控制要求：

$$p_0 = 80K' + 20 \tag{3-22}$$

通过上述推导结果，可以归纳在使用乘法器实现比值控制时，比值设置调整的步骤为：先由工艺规定的两物料的流量比值 K，视测量变送的仪表特性，正确计算出比值系数 K'；然后根据所使用的乘法器运算式，由 K' 值进一步计算出 I_0（p_0）；最后在系统投运时，把恒流给定器（气动定值器）的输出调整到上述计算值。需要注意一点，由于外设信号受仪表统一信号范围的限制，K' 的变化范围仅在 0～1 之间，而不能大于 1。在实际使用中，确定测量仪表量程上限时，要考虑到这一因素。

使用乘法器的比值方案，具有 K' 调整方便，且可由外设给定单元来进行远距离设定的特点。另外，只要把比值给定信号 I_0（p_0）换成第三参数，就可方便地组成变比值控制系统，如图 3-13 所示。

（3）用除法器组成的方案

除法器能实现两个信号相除的运算，因此，可以用它作为比值控制系统中的比值计算装置。图 3-14 是用除法器组成的单闭环比值控制系统。

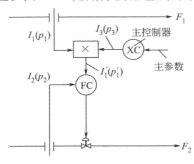

图 3-13　用乘法器组成的
变比值控制系统

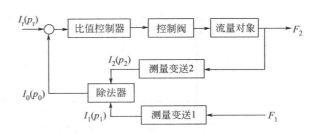

图 3-14　用除法器组成的单闭环比值控制系统

DDZ-Ⅲ型除法器运算式：

$$I_0 = 16\frac{I_2 - 4}{I_1 - 4} + 4 \tag{3-23}$$

气动除法器的运算式：

$$p_0 = 80\frac{p_2 - 20}{p_1 - 20} + 20 \tag{3-24}$$

当系统处于稳态时，比值控制器的给定值＝测量值＝除法器的输出，此时系统满足工艺规定的比值。

对于使用 DDZ-Ⅲ型仪表和气动仪表的比值控制器，给定值分别为：

$$I_{出} = I_0 = 16\frac{I_2 - 4}{I_1 - 4} + 4 = 16K' + 4 \tag{3-25}$$

$$p_{出} = p_0 = 80\frac{p_2 - 20}{p_1 - 20} + 20 = 80K' + 20 \tag{3-26}$$

式中，K' 为比值系数。

在使用除法器组成定比值控制系统时，比值设置的步骤为：先由工艺规定的流量比，按测量变送仪表的特性计算比值系数 K'，然后，由式（3-25）或式（3-26）算出比值控制器的给定值；最后把比值控制器的给定值设置成上面的计算值。用除法器组成的比值控制系统，实质上是以流量比值作为被控变量的一种单回路反馈系统，因此它具有可直接读出比值、使用方便的特点。而且只要如图 3-6 所示那样，把比值控制器的给定值改成第三参数，即能组成变比值控制系统。

除法器组成的比值方案，比值调节范围只能放大（$K = 1 \sim \infty$）或缩小（$K = 0 \sim 1$），而不能在 $K = 1$ 左右任意调整。此外，除法器本身具有非线性特性，且又包括在控制回路内，使用时必须注意。

3.4.3　比值控制系统中非线性环节的影响

（1）测量环节的非线性影响

当比值控制系统中流量测量采用节流装置时，流量与压差之间的非线性关系会对比值控制系统有一些影响。

首先，对系统的动态特性有影响。在式（3-8）中已列出流量与压差的关系，如果采用 DDZ-Ⅱ型变送装置，则测量信号与流量之间的关系为：

$$I = \left(\frac{F}{F_{max}}\right)^2 \times 10$$

整个测量变送环节的静态放大系数是：

$$K = \frac{\partial I}{\partial F}\Big|_{F=F_0} = \frac{10}{F_{max}^2} \times 2F_0 \qquad (3\text{-}27)$$

式中　K——静态放大系数；

　　　F_0——F 的静态工作点。

由式（3-27）可知，采用差压法测量流量时，整个测量变送环节的静态放大系数 K 正比于静态工作点的流量，即随着负荷的增加而增加。这样一个环节引入控制系统后，将影响系统的动态质量。如果在小负荷时，系统尚稳定，大负荷时，必将使系统的控制质量下降，甚至不稳定。

解决这个矛盾，可以选用不同流量特性的控制阀来补偿，但根本解决方法是在差压变送器的输出端加上开方器，使最终信号与流量之间呈线性关系。至于在比值控制系统中是否要加开方器，需视控制质量的要求及负荷变化情况而定。当控制质量要求一般，负荷变化不大时，可不必加开方器。然而，对控制质量要求较高，且负荷变化较大时，则必须加开方器。

流量测量的非线性同时将影响比值系数的计算。当然，对于测量变送中有否非线性，可以采用不同的比值系数计算公式与之相对应。这里要指出的是，假若两个流量测量均采用节流式仪表，若两管道中的孔板及差压计的量程选择不合适，会出现如图 3-15 所示的情况，此时一个近似线性，一个非线性，按式（3-7）或式（3-10）均无法计算出 K'。也可以说，用一个比值系数此时确保各点都成比例是不可能的。为此，只有采取加开方器的办法，经开方后，按式（3-7）线性关系计算比值系数 K'。所以，对于用节流法测量流量的比值系统，两流量要么具有相似的非线性，要么经开方都成为线性。

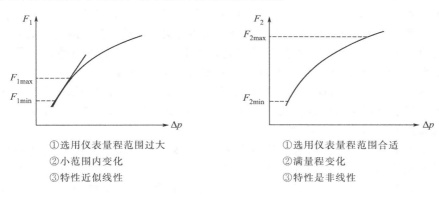

①选用仪表量程范围过大　　　　　　①选用仪表量程范围合适
②小范围内变化　　　　　　　　　　②满量程变化
③特性近似线性　　　　　　　　　　③特性是非线性

图 3-15　两种量程的选择

（2）除法器的非线性

在采用除法器组成的比值控制系统中，由于除法器本身是一个放大系数随负荷变化的非线性环节，且除法器在闭环回路之内，这种非线性特性将对整个闭环控制系统产生影响。在图 3-14 闭环控制系统中，除法器的输入变量是 I_1，输出变量是 $K'=I_2/I_1$，如果忽略除法器的惯性，则除法器的放大系数为：

$$\frac{dK'}{dI_2} = \frac{1}{I_1} \qquad (3\text{-}28)$$

式中，I_1 是 F_1 的测量信号，即表征负荷的大小。由此可见，除法器的放大系数是随着负荷的减少而增大，这与采用差压法测量流量而又不经开方运算时情况正好相反。所以，在一般情况下（过程的特性是基本线性的），比值系统由于除法器非线性的引入，在小负荷时，系统不易稳定。当然，也有特殊的例外，如过程的特性本身是非线性的（放大系数随负荷增大而增大），此时采用除法器组成比值控制系统，除法器的非线性不仅对系统的控制质量无害，反而能起到对过程非线性的补偿作用。在合成氨生产的 CO 变换炉中，曾有人采用除法器组成变换炉温度对水蒸气/煤气比值进行校正的变比值控制系统，就是利用除法器的非线性来补偿变换炉的非线性，收到良好的效果。

除法器的非线性补偿可采用具有相反特性曲线的对数控制阀，这种方法只可能得到部分补偿。另一种方法是当主、副流量均为差压法测量时，主流量加开方器，而副流量不加开方器，利用副流量测量变送的非线性去补偿除法器的非线性。但此时主、副流量测量信号一个是线性的，另一个为非线性的，造成比值系数 K' 随 F_1 变化的现象。因此，既要保证补偿除法器的非线性，又要保证 K' 不随 F_1 而变，就必须设法使比值控制器的给定值也随 F_1 而变化。这种补偿方案的原理示于图 3-16。

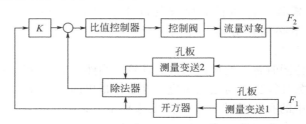

图 3-16　除法器非线性补偿原理图

3.4.4　比值控制系统中的信号匹配问题

比值控制系统中有进行比值设置的运算装置，为了使需要的运算式能在模拟式仪表上实现，而各环节的输入、输出信号既能限制在规定的信号范围之内，又要尽可能在达到最大量程情况下进行运算，达到较高的精度，因此要合理调整有关仪表的量程，或设置必要的系数，这项工作称为仪表的信号匹配。比值控制系统运算并不复杂，所以信号匹配的工作比较简单。

比值系数 K' 的计算是比值控制系统信号匹配的一个主要内容。K' 的大小除了与工艺规定的流量比 K 有关外，还与仪表的量程上限有关。因此，要使比值控制系统具有较高的灵敏度和精度，仪表量程上限的确定是极为关键的。例如，图 3-15 中 F_1 的仪表量程选得过大，以致仪表得到的信号灵敏度较低。

对于相乘方案的比值控制系统，比值系数 K' 在接近 1 时最为灵敏，精度最高，这就是所说的在尽可能达到最大量程情况下进行运算。从式（3-7）或式（3-10）中可以看出，当 $K'=1$ 时，则 $KF_{1max}=F_{2max}$，即在保持工艺要求的比值 K 不变情况下，主、副流量都可在全量程变化，系统的灵敏度及精度都较高。这个结论对于使用比值器、分流器、比率设定器及乘法器等不同仪表作相乘方案实施时，都是一致的。

若要使比值系数 K' 接近 1，就要求在选择量程上限时，使它们与工艺规定的流量比 K 成比例。例如工艺要求 $K=F_2/F_1=1/2$，则合适的量程选择如下：若 $I_1=10mA$（如采用的是 DDZ-Ⅱ 型仪表）时对应的 $F_{1max}=100m^3/h$，则希望 $I_2=10mA$ 时对应的 $F_{2max}=50m^3/h$，即 $F_{1max}:F_{2max}=2:1$，于是 $K'=1$。所以在进行比值控制系统设计时，节流装置和差压计的选择要合适，才能确保比值控制系统有较高精度及灵敏度。

【例 3-1】　在甲烷转化反应中，为了保证甲烷的转化率，就必须保持天然气、水蒸气和空气之间成一定比值（1：3：1.4）。工艺生产中最大负荷时：水蒸气流量的最大值 $F_{smax}=31100m^3/h$；空气流量的最大值 $F_{amax}=14000m^3/h$；天然气流量的最大值 $F_{nmax}=11000m^3/h$。现采用差压法测量流量，未经开方运算，系统组成如图 3-17 所示。

在设计此系统时，根据工艺生产中最大负荷值（此值已和要求的流量比值 K 成一定比例）选择流量标尺上限，设计合适的差压变送器量程上限及孔板，计算结果如下表：

	孔板尺寸/in❶	$\Delta p_{max}/mmH_2O$	$F_{max}/(m^3/h)$	流量比
水蒸气	$\phi 8$	5000	31100	3
天然气	$\phi 4$	2500	11000	1
空气	$\phi 4$	2500	14000	1.4

按照这样确定的测量范围，求出比值系数为：

天然气对水蒸气

$$K' = K_1^2 \left(\frac{F_{smax}}{F_{nmax}} \right)^2 = \left(\frac{1}{3} \right)^2 \times \left(\frac{31100}{11000} \right)^2 = 0.889$$

空气对水蒸气

$$K' = K_2^2 \left(\frac{F_{smax}}{F_{amax}} \right)^2 = \left(\frac{1.4}{3} \right)^2 \times \left(\frac{31100}{14000} \right)^2 = 1.073$$

K_1' 与 K_2' 均接近于 1，系统的仪表信号匹配合适，具有较高的灵敏度与精度。

在相乘的方案中，除了考虑要使 K' 接近于 1，还需注意到，由于乘法器所能设置的 K' 是在 $0 \sim 1$ 范围内，因此在选择流量仪表量程时应满足这个要求，即：

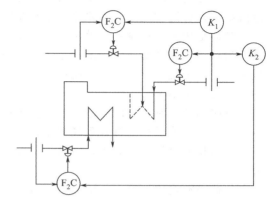

图 3-17 进转化炉的天然气、水蒸气和空气的比值控制系统

$$K' = K \frac{F_{1max}}{F_{2max}} \leqslant 1 \left[或 K' = K^2 \left(\frac{F_{1max}}{F_{2max}} \right)^2 \leqslant 1 \right]$$

则

$$F_{2max} \geqslant K F_{1max} \tag{3-29}$$

如果工艺规定的流量比值 K 随着操作条件变化，有时需做调整，为了确保 K 在调整后仍能采用乘法器进行比值系数设置，则式中 K 应用工艺上可能出现的最大值 K_{max} 来代替，以此选择流量仪表量程。使用电动分流器也有上述类似情况，需在设计中加以考虑。

对于采用除法器实施的比值控制系统，由于除法器的结构，必须使输入的分母信号大于分子信号。通常把主流量作为分母项，此时 K' 的范围是 $0 < K' < 1$，因此在选择流量测量仪表量程时，也需满足 $F_{2max} > K_{max} F_{1max}$。同时，用除法器作比值计算时，应注意比值系数 K' 不能在 1 附近。若比值系数等于 1，则比值给定已达最大信号（$I_出 = 20mA$ 或 $p_出 = 100kPa$），除法器输出 I_0 或 p_0 必将等于 20mA 或 100kPa。在这种情况下，如果出现某种使 F_1 下降或 F_2 增加的变化，因除法器输出已饱和，虽然比值 $K = F_2/F_1$ 增加了，但由于 I_0（或 p_0）不变化，相当于系统的反馈信号不变，失去控制作用，故只好任其比值增加。因此，对于主、副流量信号有可能出现相等或接近相等，除法器输出将达最大时，可在副流量回路中串入一比例系数为 0.5 的比值器，以调整比值给定在量程的中间值附近，保持有一定的调节余地。

3.5 比值控制系统的投运与整定

比值控制系统在设计、安装好以后，即可进行系统的投运。投运前的准备工作和投运步骤与单回路控制系统相同。这里就投运中比值系数的设置所需注意的问题做一简单讨论。

---

❶ lin = 25.4mm。

首先根据工艺规定的流量比 K，按实际组成的方案进行比值系数的计算。比值系数计算为系统设计、仪表量程选择和现场比值系数的设置提供了理论依据，但由于采用差压法测量流量时，要做到精确计量有一定的困难，尽管对测量元件进行精确计算，在实际使用中尚有不少误差，想通过比值系数一次精确设置来保证流量比值是不可能的。因此，系统在投运前比值系数不一定要精确设置，可以在投运过程中逐渐校正，直至工艺认为合格为止。

比值控制系统的参数整定，关键是先要明确整定要求。双闭环比值的主流量回路为一般定值系统，可按常规的单回路系统进行整定。变比值控制系统因结构上是串级控制系统，故主控制器也按串级控制系统整定。而单闭环比值控制系统、双闭环的副流量回路、变比值回路均为随动控制系统。对于随动系统，希望从物料能迅速正确地跟随主物料变化，且不宜有过调，也就是说，要使随动控制系统达到振荡与不振荡的临界过程，这与一般定值控制系统的整定要求是不一样的。

按照随动控制系统的整定要求，整定的步骤为：

①进行比值系数计算及现场整定；

②将积分时间置于最大，调整比例度由大到小，找到系统处于振荡与不振荡的临界过程为止；

③适当放宽比例度，一般放大 20% 左右，然后把积分时间慢慢减小，找到系统处于振荡与不振荡的临界过程或微振荡的过程为止。

3.6　比值控制系统的其他问题

3.6.1　流量测量中的压力、温度的校正

流量测量是比值控制的基础。对于气体流量采用差压法测量时，若实际工况的温度、压力参数与设计条件的数值不一致，将会影响测量精度。变比值控制是克服这种干扰的一种途径。但如果能对这种干扰的影响进行直接补偿，在它还没有影响到质量指标前已得到克服，就可大大提高系统的控制质量。因此，对于温度、压力变化较大，控制要求又较高时，应增加温度压力补偿装置。

下面推导温度、压力的校正公式。

气体体积流量和节流装置压差之间的关系式可表示为：

$$Q = k\sqrt{\frac{\Delta p}{\rho}} \tag{3-30}$$

式中　k——节流装置的比例系数；

　　ρ——气体介质密度。

设计条件下表达式为：

$$Q_n = k\sqrt{\frac{\Delta p_n}{\rho_n}} \tag{3-31}$$

式中，Q_n、Δp_n、ρ_n 为设计条件下的流量、压差和密度。

实际条件下表达式为：

$$Q_1 = k\sqrt{\frac{\Delta p_1}{\rho_1}} \tag{3-32}$$

式中，Q_1、Δp_1、ρ_1 分别为实际工作条件下的流量、压差和密度。

对于定质量气体，只考虑温度、压力的影响，则有：

$$p_n = Q_1 \frac{T_n p_1}{T_1 p_n} \tag{3-33}$$

式中　T_n——设计条件下被测介质的温度，K；

　　　p_n——设计条件下被测介质的压力，Pa（绝压）；

　　　T_1——工作条件下被测介质的温度，K；

　　　p_1——工作条件下被测介质的压力，Pa（绝压）。

将式（3-31）和式（3-32）代入式（3-33）得：

$$\sqrt{\Delta p_n} = \sqrt{\Delta p_1} \sqrt{\frac{\rho_n}{\rho_1}} \times \frac{T_n p_1}{T_1 p_n} = \sqrt{\Delta p_1} \sqrt{\frac{T_n p_1}{T_1 p_n}} \tag{3-34}$$

把式（3-34）两边平方得：

$$\Delta p_n = \Delta p_1 \frac{T_n p_1}{T_1 p_n} \tag{3-35}$$

式（3-35）为温度、压力校正公式。只要在实际工作条件下测出节流装置上游的温度和压力，并测得当时的差压 Δp_1，然后按式（3-35）换算成设计条件下 Δp_n，再求得此时的流量值，即为校正后的真正流量值。在现场进行温度压力校正时，可根据校正公式，采用一些计算单元进行自动运算，这样即使工况变化，也能够自动计算校正，获得正确的流量测量信号。

上述温度、压力校正方法可以得到较为精确的流量值。但应注意在实际生产过程中大量导致比值关系失效，不能满足工艺要求的主要原因还是物料组分的变化，此时除了通过检测物料组分的变化，随时调整比值关系外，还可以采用变比值方案来克服成分变化的扰动。

3.6.2　主、副流量的动态比值问题

随着生产发展对自动化的要求越来越高，对比值控制系统来说，除要求静态比值恒定外，还要求动态比值一定，即要求在外界干扰作用下，主、副流量接近同步变化。例如氨氧化过程中，氨与空气有一定的比例要求，当超过极限时，就有发生爆炸的危险。因此，不仅要求稳态时物料需要保持一定比值，而且还要求动态时比值也保持一定。

图 3-18 为一个具有动态补偿环节 $G_z(s)$ 的单闭环比值控制系统，主流量对副流量的传递函数为：

$$\frac{F_2(s)}{F_1(s)} = \frac{H_{m1}(s)G_k(s)G_z(s)G_c(s)G_v(s)G_p(s)}{1 + G_c(s)G_v(s)G_p(s)H_{m2}(s)} \tag{3-36}$$

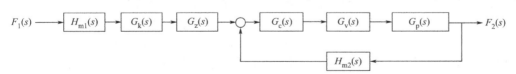

图 3-18　具有动态补偿环节的单闭环比值控制系统

由于要求副流量跟随主流量变化，无相位差，以实现动态比值，所以：

$$F_2(s) = KF_1(s) \tag{3-37}$$

又因为　　　　　　$$G_k(s) = K' = KF_{1max}/F_{2max} \tag{3-38}$$

将式（3-37）和式（3-39）代入式（3-37），可求得补偿环节的传递函数为：

$$G_z(s) = \frac{[1 + G_c(s)G_v(s)G_p(s)H_{m2}(s)]F_{2max}}{G_z(s)G_c(s)G_v(s)G_p(s)H_{m1}(s)F_{1max}} \tag{3-39}$$

若已知各环节的传递函数，即可求得补偿环节传递函数。

在实际生产过程中，为使补偿环节容易实现，可以用近似关系去逼近。由于副流量滞后于主流量，所以动态补偿环节应具有超前特性，即需要加微分特性的环节。

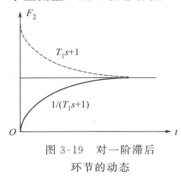

图 3-19　对一阶滞后
环节的动态

在工程上，对于动态补偿环节形式还可以通过闭环动态特性测试求得。即在稳定好副流量控制器参数的基础上，将比值控制系统投入运行；然后对主流量加阶跃干扰，得到副流量的控制过程曲线，再对曲线进行近似处理，即可得到补偿环节的形式。因一般副流量回路的控制器参数整定在振荡与不振荡的边界，则在主流量的阶跃干扰作用下，副流量的控制曲线变为非振荡过程。当曲线无变凹点时，可以处理成一阶滞后环节，这时补偿环节为：

$$G_z(s) = T_1 s + 1 \tag{3-40}$$

它可以用一个微分器来实现，如图 3-19 所示。当曲线有变凹点时，可处理成二阶滞后环节，得到 T_1、T_2 两个时间常数，则补偿环节为 $G_z(s) = (T_1 s + 1)(T_2 s + 1)$，它可以用两个微分器来实现。

图 3-20 所示为比值控制系统经过动态补偿与未加补偿特性曲线的比较，可以明显看出，经过动态补偿，两流量曲线跟踪得好，表明两流量在动态过程中比值保持不变。

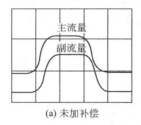
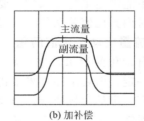

图 3-20　经动态补偿与未加补偿的特性曲线比较

3.6.3　具有逻辑规律的比值控制

在生产过程中，有时工艺上不但要求物料量成一定的比例，而且要求在负荷变化时，它们的提、降量有一定的先后次序。所谓逻辑规律，就是指工艺上对主、副流量提降时的先后要求而言。所以具有逻辑规律的比值控制也称为逻辑提量。例如在锅炉燃烧系统中，希望燃料量与空气量成一定的比例，而燃料量取决于蒸汽量（负荷）的需要，通常用蒸汽压力来反映。当蒸汽量要求增加（提量）时，即蒸汽压力降低，燃料量也要增加，为了保证燃烧完全，应先加大空气量，后加大燃料量；反之在降量时，应先减燃料量，后减空气量，以保证燃料的完全燃烧。图 3-21 为具有上述逻辑规律的比值控制系统。

图 3-21 所示为一串级和比值控制组合的系统，由蒸汽压力与燃料流量的串级控制系统和燃料与空气的流量比值控制系统相组合。完成逻辑提量功能主要依靠系统中设置的两个选择器：高选择器 HS、低选择器 LS。在正常工况下，即系统处于稳定状态时，蒸汽压力控制器的输出 I_p 等于燃料流量变送器的输出 I_1，也等于空气流量变送器的输出乘以空气过剩系数 K 后的值 I_2。也就是说高、低选择器的两个输入端信号是相等的，整个系统犹如不加选择器时的串级和比值控制组合的系统进行工作。当系统进行提量时，随着蒸汽量的增加，

蒸汽压力减小，压力控制器的输出 I_p 增加（根据串级控制系统的要求，压力控制器应选用反作用式），这个增加了的信号不被低选器选中，而却被高选器选中，它直接改变空气流量控制器的给定值，命令空气量增加。然后由于空气增加，使其变送器输出增加，也就使 I_2 开始增加。因此时 $I_2 < I_p$，I_2 被低选器选中，从而改变燃料流量控制器给定值，命令提量。这一过程保证在增加燃料量前，先加大空气量，使燃烧完全。整个提量过程直至 $I_p = I_1 = I_2$ 时，系统又恢复到正常工况时的稳定状态。在系统降量时，蒸汽压力增加，蒸汽压力控制器输出减小，因而被低选器选中，作为燃料流量控制器的给定值而命令燃料降量。燃料量降低，经变送器的测量信号为高选器选中，作为空气流量控制器的给定值，命令空气降量。降量过

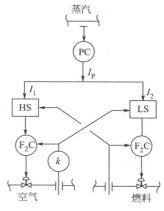

图 3-21　锅炉燃烧过程的具有逻辑规律的比值控制系统

程直至 $I_p = I_1 = I_2$，系统又恢复到稳定状态。这样就实现了提量时先提空气量，后提燃料量，降量时先降燃料量，后降空气量的逻辑要求。

该控制系统是如何实现燃料流量与空气流量成比例关系的呢？注意，该控制系统与前面所介绍比值控制系统不太一样，前面介绍的比值控制系统大多是在给定信号回路乘以一个系数 k，而本控制系统是在空气流量测量回路中乘以一个系数 k。即当控制系统稳定后，必有各个控制器的测量等于给定（假定各个控制器都有积分作用），由图 3-21 不难看出，对于空气流量控制器 F_2C 则有 $I_{空气} \times k = [F_2C]_{给定}$，对于燃料流量控制器 F_1C 则有 $I_{燃料} = [F_1C]_{给定}$，提升负荷时高值选择器输入信号 I_p 通过高值选择器送给空气流量控制器 F_2C 作为给定，首先提升空气流量，同时，空气流量提升后，其测量作为低值选择器输入信号，$I_{空气} \times k$ 通过低值选择器送给燃料流量控制器 F_1C 作为给定。于是则有 $[F_1C]_{给定} = I_{空气} \times k = [F_2C]_{给定} = I_p$。将空气流量控制器给定值与燃料流量控制器给定相比，则有：

$$\frac{[F_2C]_{给定}}{[F_1C]_{给定}} = \frac{I_{空气} \times k}{I_{空气}} = 1$$

由此可知

$$K' = \frac{I_{空气}}{I_{空气}} = \frac{1}{k}$$

类似的例子还有在天然气化工厂的制氨车间甲烷转化为氢气的过程，要求维持天然气、蒸汽和空气之间成一定比例。而工厂的生产能力决定于蒸汽量的多少，在蒸汽量提降过程中，蒸汽量与天然气量的比值必须始终保持大于或等于所要求的比值，否则会使转化炉管内触媒表面产生析碳现象，降低活性而影响生产。为此需满足下述逻辑关系：提量时，蒸汽先提，天然气后提；降量时，天然气先降，蒸汽后降。图 3-22 所示的比值控制系统即能符合这种逻辑规律。图中提、降量是通过提高和减小定值器的输出来实现的。系统的工作过程与锅炉燃烧过程中的比值控制系统相似，在此不再详述。

3.6.4　副流量供料不足时的自动配比

在前面所讨论的各类比值控制系统中，都有一个共同的弱点，即当主流量供料不足时，副流量会自动跟随减小，以保持比值不变；而当副流量供料不足时，如果它的阀门全开还不能满足比值要求，控制系统就无能为力了，若还需保证比值关系，只能通过"手动"方式，

把主流量减小来实现。也就是说，必须在手工干预下才能满足副流量供料不足时的比值关系。为了克服这一不足，使系统一直保持其自动运行状态，可以增设阀位控制系统，来实现负荷的自动调整。

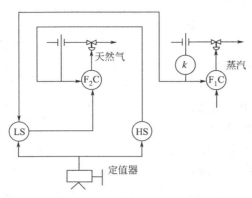

图3-22 天然气与蒸汽的具有逻辑规律的
比值控制系统

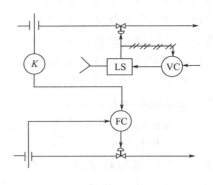

图3-23 具有自动调整负荷的
单闭环比值控制系统原理图

图3-23为具有自动调整负荷的单闭环比值控制系统的原理图，其中采用的阀位控制系统在后面另有章节专题介绍，现就本系统的工作过程做一介绍。阀位控制系统采用了一个阀位控制器，其输入测量信号是阀位开度（这里是指副流量阀位），而阀位控制器的给定值固定在某个高值，一般取全范围的95%（即96kPa风压）。在本例中，假定控制阀门是气开式的，则阀位控制器采用反作用式，所以只要送到阀位控制器的最高阀位信号低于它的给定值（全范围的95%），则控制器的输出为一高于100kPa的值，它不被低选器选中，所以主流量控制阀上风压固定为100kPa，处于全开位置，这时为通常的单闭环控制。当副流量控制阀快接近全开时，即表示副物料供料已成问题，此时阀位控制器的测量值将大于给定值，阀位控制器输出将降低，并被低选器选中，由它来控制主流量控制阀，达到自动调整负荷的作用，以保证流量的比值关系。图中加上选择器及积分反馈线，起到阀位控制器抗积分饱和作用，在后面自动选择性控制系统中将会讨论到这点。

在实际生产过程中，也可组成双闭环的多种副物料的比值控制系统，只需在图3-23的基础上加以扩充即可，在此不一一介绍。

3.6.5 主动量与从动量的选择

一般情况下，总是把生产中主要物料定为主动量，其他物料则为从动量，以从动量的变化跟随主动量变化。如果两种物料中，一种是可控的，另一种为不可控的，则应选不可控物料为主动量 F_1，而可控物料为从动量 F_2。

如果两种物料中一种物料供应不成问题，而另一种物料却可能供应不足，此时以可能供应不足的物料定为主动量较为适宜，这样一旦主动量 F_1 因供应不足而失控时，流量比值始终能保持。假若此时把主、从动量倒置过来，就可能出现副流量供应不足的情况，此时，除非设置如图3-23所示的系统，否则难以实现副流量自动跟踪主流量的变化。

有时主、从动量的选择还关系到安全生产，此时需从安全的角度出发选择主、从动量。如以石脑油为原料生产合成氨的工艺中，石脑油流量与蒸汽量之间设有比值控制系统。若以石脑油流量作为主动量，而作为从动量的蒸汽流量一旦因某种条件的制约失控而减量时，常规设计的比值控制系统是不能控制主动量减量的，最终使水碳比下降，导致触媒上析碳而失去活性，造成安全事故。所以正确的选择是把失控后减量易产生安全事故的物料定为主动量，就本例而言，即把蒸汽流量作为主动量 F_1，这样，当蒸汽流量失控减量时，比值系统能自动使石脑油流量也随之下降，不会出现水碳比低于工艺允许的下限值的情况，而石脑油流量失控减量仅仅会造成蒸汽流量的相对过量，不会引起安全事故。

本章思考题及习题

3-1　比值与比值系数的含义有什么不同？它们之间有什么关系？

3-2　用除法器进行比值运算时，对输入信号的安排有什么要求？为什么？

3-3　什么是比值控制系统？它有哪几种类型？画出它们的结构原理图。

3-4　用除法器组成比值系统与用乘法器组成比值系统有什么不同之处？

3-5　在用除法器构成的比值控制系统中，除法器的非线性对比值控制有什么影响？

3-6　为什么 4:1 整定方法不适用于比值控制系统的整定？

3-7　当比值控制系统通过计算求得比值系数 $K'>1$ 时，能否仍用乘法器组成比值控制？为什么？能否改变一下系统结构，仍用乘法器构成比值控制？

例如，现有一生产工艺要求 A、B 两物料比值维持在 0.4。已知 $F_{Amax}=3200kg/h$，$F_{Bmax}=800kg/h$，流量采用孔板配差压变送器进行测量，并在变送器后加了开方器。试分析可否采用乘法器组成比值控制方案？如果一定要用乘法器，在系统结构上应做何处理？

3-8　一比值控制系统用 DDZ-Ⅲ 型乘法器来进行比值运算 [乘法器输出 $I_1'=\dfrac{(I_1-4)(I_0-4)}{16}+4$，其中 I_1 与 I_0 分别为乘法器的两个输入信号]，流量用孔板配差压变送器来测量，但没有加开方器，如图 3-24 所示。已知 $F_{1max}=3600kg/h$，$F_{2max}=2000kg/h$，要求：

①画出该比值控制系统方块图。

②如果要求 $F_1:F_2=2:1$，应如何设置乘法器的设置值 I_0？

3-9　某化学反应过程要求参与反应的 A、B 两物料保持 $F_A:F_B=4:2.5$ 的比例，两物料的最大流量 $F_{Amax}=625m^3/h$，$F_{Bmax}=290m^3/h$。通过观察发现 A、B 两物料流量因管线压力波动而经常变化。根据上述情况，要求：

①设计一个比较合适的比值控制系统；

②计算该比值系统的比值系数 K'；

③在该比值系统中，比值系数应设置于何处？设置值应该是多少（假定采用 DDZ-Ⅲ 型仪表）？

④选择该比值控制系统控制阀的开闭形式及控制器的正反作用。

3-10　在硝酸生产过程中有一氧化工序，其任务是将氨氧化生成一氧化氮。为了提高氧化率，要求维持氨与氧的比例为 2:1。该比值控制系统采用如图 3-25 所示的结构形式。已知：$F_{氨max}=12000m^3/h$，$F_{氧max}=5000m^3/h$。试求比值系数 $K'=$？如果上述比值控制用 QDZ-Ⅱ 型仪表来实现，比值系数的设置值 p_0 应该是多少？

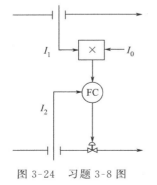

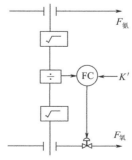

图 3-24　习题 3-8 图　　　　图 3-25　习题 3-10 图

3-11　有一个比值控制系统如图 3-26 所示。图中 k 为一系数。若已知 $k=2$，$F_{Amax}=300kg/h$，$F_{Bmax}=1000kg/h$，试求 $K'=?$　$K=?$

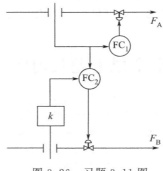

图 3-26　习题 3-11 图

3-12　一双闭环比值控制系统如图 3-27 所示。其比值用 DDZ-Ⅲ 型乘法器来实现。已知 $F_{1max}=7000kg/h$，$F_{2max}=4000kg/h$。要求：

①画出该系统方块图；

②若已知 $I_0=18mA$，求该比值系统的比值 $K=?$　比值系数 $K'=?$

③待该比值系统稳定时，测得 $I_1=10mA$，试计算此时 I_2？

3-13　图 3-28 所示为一比值控制系统。用 QDZ-Ⅲ 型气动仪表来实现，乘法器运算公式为 $p_1'=\dfrac{(p_0-0.02)(p_1-0.02)}{0.08}+0.02$（MPa），已知：$G_{1max}=3600kg/h$，$G_{2max}=2000kg/h$。当系统稳定时，测得 $p_1=0.08MPa$，$p_2=0.06MPa$，试计算该比值控制系统的比值系数 $K'=?$，$K=?$ $p_0=?$

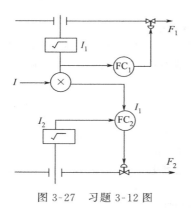

图 3-27　习题 3-12 图

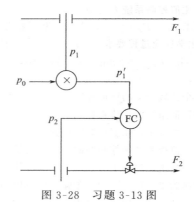

图 3-28　习题 3-13 图

第4章 均匀控制系统

4.1 均匀控制问题的提出及特点

在连续生产过程中，前一设备的出料往往是后一设备的进料，而且随着生产的进一步强化，前后生产过程的联系更加紧密，此时设计自动控制系统应该从全局来考虑。例如，用精馏方法分离多组分的混合物时，总是几个塔串联运行，在石油裂解气深冷分离的乙烯装置中，前后串联了 8 个塔进行连续生产。为了保证这些相互串联的塔能正常地连续生产，每一个塔都要求进入塔的流量保持在一定的范围内，同时也要求塔底液位不能过高或过低。

图 4-1 是两个串联的精馏塔孤立设置控制系统。精馏塔甲的出料直接作为乙塔的进料，为了保证甲塔液位稳定在一定范围内，故而设有液位控制系统；根据乙塔入料稳定的要求，又设置了流量控制系统。显然，这两个控制系统工作起来是相互矛盾的，以致无法工作。为了解决前后两个塔供求之间的矛盾，可以在两塔之间增加中间缓冲容器来克服，但这样势必增加投资，而且对于某些生产连续性很强的过程又不允许中间储存的时间过长，因此还需从自动化方案的设计上寻求解决的方法。能够完成这一控制任务的控制系统，称为均匀控制系统。

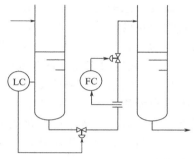

图 4-1 精馏塔间不协调的控制方案

均匀控制系统把液位、流量统一在一个控制系统中，从系统内部解决工艺参数间的矛盾。具体来说，就是让甲塔的液位在允许的限度内波动，与此同时让流量做平稳缓慢的变化。

假如把图 4-1 中的流量控制系统删去，只设置一个液位控制系统，此时可有三种情况出现，如图 4-2 中所示。其中图(a)的液位控制系统具有较强的控制作用(控制器的 K_c 较大)，所以在干扰作用后，液位变化不大，而流量发生较大的波动。图(b)的液位控制系统的控制作用减弱(控制器的 K_c 较小)，在干扰作用后，液位经较弱的控制，发生了一些变化，但流量的波动相对减弱了，此时液位、流量两个参数都产生一定的缓慢变化。图(c)的液位控制器控制作用基本上消除(控制器的 $K_c \to 0$)，在干扰作用后，由于控制系统基本不工作，所以液位大幅度波动，而流量变化较小。由此可以看出，图(b)情况符合均匀控制的要求。

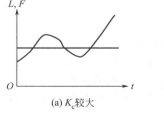

(a) K_c 较大

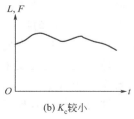

(b) K_c 较小

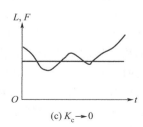

(c) $K_c \to 0$

图 4-2 前后设备的液位、流量关系

均匀控制系统的名称来自系统所能完成的特殊控制任务，它使前后设备在物料供求上相互均匀、协调，统筹兼顾。均匀控制系统归纳起来有如下三个特点。

(1)结构上无特殊性

从图 4-2 可看出，同样一个单回路液位控制系统，由于控制作用强弱不一，它可以是一个单回路液位定值控制系统，如图 4-2(a)；也可以是一个简单均匀控制系统，如图 4-2(b)。因此，均匀控制是指控制目的而言，而不是由控制系统的结构来定的。均匀控制系统在结构上无任何特殊性，它可以是一个单回路控制系统，也可以是一个串级控制系统的结构形式，或者是一个双冲量控制系统的结构形式。所以，一个普通结构形式的控制系统，能否实现均匀控制的目的，主要在于系统控制器的参数整定如何。可以说，均匀控制是通过降低控制回路灵敏度来获得的，而不是靠结构变化得到的。

(2)参数应变化，而且应是缓慢地变化

因为均匀控制是前后设备物料供求之间的均匀，所以表征这两个物料的参数都不应为某一固定的数值。图 4-2(a)、(c)均不符合均匀控制的要求，而必须像图 4-2(b)那样两个参数都变化，且变化比较缓慢。那种试图把两个参数都稳定不变的想法是不能实现的。

需要注意的是，均匀控制在有些场合不是简单地让两个参数平均分摊，而是视前后设备的特性及重要性等因素来确定均匀的主次。这就是说，有时应以液位参数为主，有时则以流量参数为主，在均匀方案的确定及参数整定时要考虑到这一点。

(3)参数应限定在允许范围内变化

均匀控制系统中被控变量是非单一、定值的，允许它在给定值附近一个范围内变化。即根据供求矛盾，两个参数的给定值不是定点而是定范围。如图 4-1 中两个串联的塔中，前塔的液位升降有一个规定的变化上下限，过高或过低可能造成冲塔现象或抽干的危险。同样，后塔的进料流量也不能超越它所能承受的最大负荷和最低处理量，否则不能保证精馏过程的正常进行。

明确均匀控制的目的及其特点是十分必要的，因为在实际运行中，有时因不清楚均匀控制的设计意图而变成单一参数的定值控制，或想把两个参数都调成一条直线，最终导致均匀控制系统的失败。

4.2　均匀控制方案

4.2.1　常用的几种结构形式

均匀控制系统经常采用三种结构形式。

(1)简单均匀控制

简单均匀控制系统采用单回路控制系统的结构形式，如图 4-3 所示。从系统结构形式上看，它与单回路液位定值控制系统是一样的，但由于它们的控制目的不同，因此在控制器的参数整定上有所不同。通常，均匀控制系统的控制器整定在较大的比例度和积分时间上，通常比例度要大于 100%，以较弱的控制作用达到均匀控制的目的。

简单均匀控制系统的最大优点是结构简单，投运方便，成本低廉。但当前后设备的压力变化较大时，尽管控制阀的开度不变，输出流量也会发生变化，所以它适用于干扰不大、要求不高的场合。此外，在液位对象的自衡能力较强时，均匀控制的效果较差。

需要指出，在有些容器中，液位是通过进料阀来控制的，用液位控制器对进料流量进行控制，同样可实现均匀控制的要求。

(2)串级均匀控制

图 4-4 所示为精馏塔的塔釜液位与采出流量的串级均匀控制。从结构上看，它与一般的

液位和流量串级控制系统是一致的，但这里采用串级形式并不是为了提高主参数液位的控制质量，流量副回路的引入主要是克服控制阀压力波动及自衡作用对流量的影响，使采出流量变化平缓。串级均匀控制中的主控制器即液位控制器，与简单均匀的处理相同，以达到均匀控制的目的。

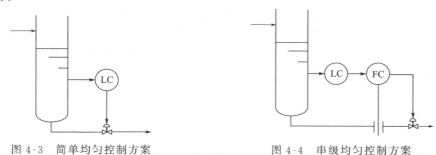

图 4-3　简单均匀控制方案　　　　　　　图 4-4　串级均匀控制方案

串级均匀控制方案能克服较大的干扰，适用于系统前后压力波动较大的场合。但与简单均匀相比，使用仪表较多，投运较复杂，因此在方案选定时要根据系统的特点、干扰情况及控制要求来确定。

（3）双冲量均匀控制

"冲量"的原来含义是短暂作用的信号或参数，这里引申为连续的信号或参数。双冲量均匀控制就是用一个控制器，以两个测量信号（液位和流量）之差为被控变量的系统。图 4-5 为双冲量均匀控制系统的原理图及方块图。它以塔釜液位与采出流量两个信号之差为被控变量（如流量为进料时，则为两信号之和），通过控制，使液位和流量两个参数均匀缓慢地变化。

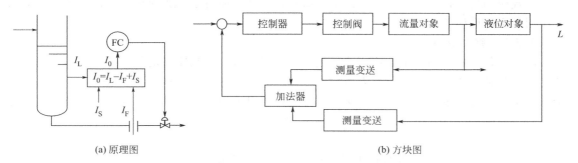

(a) 原理图　　　　　　　　　　　　　　　(b) 方块图

图 4-5　双冲量均匀控制系统

假定采用 DDZ-Ⅲ 型仪表构成系统，则电动加法器在稳定状态下的输出为：

$$I_0 = I_L - I_F + I_S \tag{4-1}$$

式中，I_0、I_L、I_F、I_S 分别表示加法器的输出、液位变送器的输出、流量变送器的输出和恒流源的输出。

在工况稳定的情况下，I_L 与 I_F 符号相反，互相抵消，为此，通过调整 I_S 值，使加法器的输出等于控制器的给定值。当受到干扰时，若液位升高，则加法器的输出 I_0 也增加，控制器感受到这一偏差信号而进行控制，发出信号去开大控制阀，于是流量开始增加。与此同时，液位从某一瞬间开始逐渐下降，当液位和流量变送器的输出逐渐接近到某一数值时，加法器的输出重新恢复到控制器的给定值，系统逐渐趋于稳定，控制阀停留在新的开度上，液位的平衡数值比原来有所提高，流量的平衡数值也比原来有所增加，从而达到了均匀控制的目的。

　　双冲量均匀控制系统与串级均匀控制系统相比，是用一个加法器取代了其中的主控制器。而从结构上看，它相当于以两个信号之差为被控变量的单回路系统，参数整定可按简单均匀来考虑。因此，双冲量均匀控制既具有简单均匀控制的参数整定方便的特点，同时由于加法器综合考虑液位和流量两信号变化的情况，故又有串级均匀的优点（也有人认为，双冲量均匀控制系统由于一个控制器的整定不能改变两个参数的波动幅值，而且调整 I_S 也不能达到只改变液位或流量的目的，因此它无法达到预期的均匀控制的目的，这样，双冲量均匀控制方案只有在只重视液位变量时可采用，在其他场合甚至还不如简单均匀控制方案）。

4.2.2　控制规律的选择

　　简单均匀系统的控制器及串级均匀的主控制器一般采用纯比例作用，有时也可采用比例积分的控制规律。串级均匀的副控制器一般用纯比例作用，如果为了照顾流量副参数，使其变化更稳定，也可选用比例积分控制规律。双冲量均匀控制器一般应采用比例积分控制规律。在所有的均匀控制系统中都不需要也不应加微分作用，因为微分作用是加快控制作用的，刚好与均匀控制要求相反。

　　积分作用的引入主要对液位参数有利，它可以避免由于长时间单方向干扰引起液位的越限。此外，由于加入积分作用，比例度将适当增加，这有利于液位存在高频噪声的场合。然而积分作用的引入也有不利的方面。首先对流量参数产生不利影响，如果液位偏离给定值的时间长而幅值又大时，则积分作用会使控制阀全开或全关，造成流量较大的波动。同时，积分作用的引入将使系统的稳定性变差，系统几乎经常不断地处于控制之中，只是控制过程较为缓慢而已，因此平衡状态相对比纯比例作用时短得多，这不符合均匀的要求。此外，积分作用的加入，由于积分饱和，会产生洪峰现象。例如在开车前，因比例积分作用使控制阀全关，产生积分饱和，此时若系统开车，迟迟才打开阀门，会出现洪峰现象。因此使用比例积分控制规律的均匀控制系统，在开停车时需转入手动。而对于来势凶猛的干扰，显然比例积分作用是不能适应的。

4.2.3　参数整定

　　串级均匀控制中的流量副控制器参数整定与普通流量控制器整定差不多，而均匀控制系统的其他几种形式的控制器，都需按均匀控制的要求来进行参数整定。整定的主要原则是一个"慢"字，即过渡过程不允许出现明显的振荡，可以采用看曲线调参数的方法来进行。它的具体整定原则和方法如下。

　　（1）整定原则

　　① 为保证液位不超出允许的波动范围，先设置好控制器参数。

　　② 修正控制器参数，充分利用容器的缓冲作用，使液位在最大允许的范围内波动，输出流量尽量平稳。

　　③ 根据工艺对流量和液位两个参数的要求，适当调整控制器的参数。

　　（2）方法步骤

　　① 纯比例控制

　　a. 先将比例度放置在估计液位不会越限的数值，例如 $\delta = 100\%$。

　　b. 观察记录曲线，若液位的最大波动小于允许范围，则可增加比例度，比例度的增加必将使液位"质量"降低，而使流量过程曲线变好。

　　c. 如发现液位将超出允许的波动范围，则应减小比例度。

　　d. 这样反复调整比例度，直到液位、流量的曲线都满足工艺提出的均匀要求为止。

　　② 比例积分控制

　　a. 按纯比例控制进行整定，得到合适的比例度。

b. 在适当加大比例度值后，加入积分作用，逐步减小积分时间，直到流量曲线将要出现缓慢的周期性衰减振荡过程为止，而液位有回复到给定值的趋势。

c. 最终根据工艺要求，调整参数，直到液位、流量的曲线都符合要求为止。

4.3 均匀控制系统的理论分析

为了加深对均匀控制系统的认识与理解，可以进一步对均匀控制系统做理论分析。

一般分析的方法是建立均匀被控过程数学模型，然后结合控制器和系统构成，求出整个系统的传递函数。根据系统的传递函数，可以在不同的控制作用下，分析 K_c、T_i 等参数对系统的影响，以及被控液位过程的时间常数、自衡能力等特性在均匀控制中所造成的影响等。本书对此不做一一分析，如读者有兴趣，可查阅均匀控制的有关专著。

本书介绍一种比较新颖的分析方法，即把均匀控制作为一种关联控制系统来考虑。现简要介绍如下。

均匀控制系统中的对象（控制通道）可视为单输入双输出的对象。所谓单输入，即控制作用量只有一个（即一个控制阀），双输出指被控变量有两个，一个是液位，另一个是流量，如图 4-6 所示。

对于双变量对象，如果是双输入双输出，其一般传递函数阵应如图 4-7 所示。

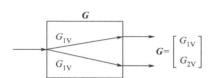

图 4-6 单输入双输出均匀控制系统

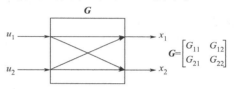

图 4-7 双输入双输出系统

图 4-7 中传递函数阵是：

$$G = \begin{bmatrix} G_{11} & G_{12} \\ G_{21} & G_{22} \end{bmatrix} \tag{4-2}$$

此为双边关联对象。如果 G_{12} 与 G_{12} 中有一个为零，则为单边关联对象；如果 $G_{12}=G_{21}=0$，则为非关联对象。一般来说，对于双输入双输出的双变量对象，消除关联耦合，可以实现解耦控制。但均匀控制对象是一种单输入双输出的双变量对象，为本质关联对象，无法实现解耦控制，只能靠反馈构成一般关联控制系统，如图 4-8 所示。图 4-8 中控制器 R 为考虑到双控制器工作状态。

现简要证明单输入双输出的均匀控制对象无法实现解耦的道理。对于图 4-6 的本质关联对象假如能解耦，引入解耦环节 D 后构成的开环系统如图 4-9。根据解耦原理，系统的开环传递函数必须是对角阵,若控制器阵为对角阵,那么解耦环节与本质关联对象G串联后的

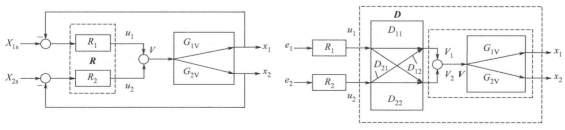

图 4-8 本质关联对象的一般关联控制系统   图 4-9 本质关联对象无法解耦

H 阵也应为对角阵。其中 G 可写成：

$$\begin{bmatrix} X_1 \\ X_2 \end{bmatrix} = \begin{bmatrix} G_{1V} \\ G_{2V} \end{bmatrix} V = \begin{bmatrix} G_{1V} \\ G_{2V} \end{bmatrix} \begin{bmatrix} V_1 & V_2 \end{bmatrix}$$

$$= \begin{bmatrix} G_{1V} \\ G_{2V} \end{bmatrix} \begin{bmatrix} 1 & 1 \end{bmatrix} \begin{bmatrix} V_1 \\ V_1 \end{bmatrix} = \begin{bmatrix} G_{1V} & G_{1V} \\ G_{2V} & G_{2V} \end{bmatrix} \begin{bmatrix} V_1 \\ V_1 \end{bmatrix} \tag{4-3}$$

$$\therefore\ G = \begin{bmatrix} G_{1V} & G_{1V} \\ G_{2V} & G_{2V} \end{bmatrix} \tag{4-4}$$

于是

$$H = GD = \begin{bmatrix} G_{1V} & G_{1V} \\ G_{2V} & G_{2V} \end{bmatrix} \begin{bmatrix} D_{11} & D_{12} \\ D_{21} & D_{22} \end{bmatrix} = \begin{bmatrix} G_{1V}(D_{11}+D_{12}) & G_{1V}(D_{12}+D_{22}) \\ G_{2V}(D_{11}+D_{12}) & G_{2V}(D_{12}+D_{22}) \end{bmatrix} \tag{4-5}$$

使 H 为对角阵，整定 D 得：

$$\begin{cases} G_{1V}(D_{12}+D_{22}) = 0 \\ G_{2V}(D_{11}+D_{21}) = 0 \end{cases}$$

也就是

$$\begin{cases} D_{12}+D_{22} = 0 \\ D_{11}+D_{21} = 0 \end{cases} \tag{4-6}$$

但是，H 的主对角线上元素也含有 $(D_{11}+D_{21})$ 与 $(D_{12}+D_{22})$ 因子，则 H 必为零阵。这就证明了由于对象为本质关联，而无法实现解耦。

从关联控制系统来分析简单均匀控制系统。设 x_1 为液位变量，x_2 为流量变量，当 $R=0$ 时，则图 4-8 演化成简单均匀控制系统形式 I，如图 4-10 所示；当 $R_1=0$ 时，则可演化成形式 II，如图 4-11 所示。

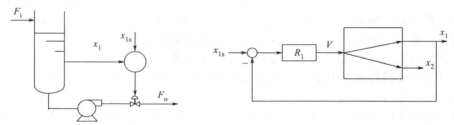

图 4-10 简单均匀控制系统形式 I

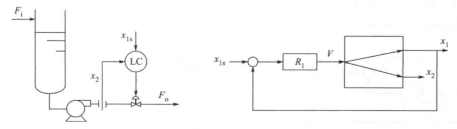

图 4-11 简单均匀控制系统形式 II

图 4-10 方案一般适用于对 x_1 要求较高的场合。当 x_1 要求高时，可以强化 R_1（即加强控制作用）；当 x_1 要求不高，而又希望 x_2 平缓变化时，则可削弱 R_1（即削弱控制作用），以实现均匀控制的目的。

　　图 4-11 方案一般适用于对 x_2 要求较高的场合。由于液位通道特性 G_{1V} 具有积分环节特性，所以虽然 R_2 是无差控制，但是很可能在对象内部物料不平衡，即 $F_o \neq F_i$ 时，造成储罐溢出或被抽空的危险，因此这种方案通常不被采用。

　　同样可由图 4-8 演化成串级均匀及双冲量均匀的形式，关于它们的分析，在此不一一介绍。

　　把均匀控制系统引申为关联控制系统，是对均匀控制系统分析的一种新的尝试，它将有助于从结构上加深对均匀控制的认识，对设计与维护均匀控制系统有所帮助。

4.4　其他需要说明的问题

4.4.1　气体压力与流量的均匀控制

　　对于气相物料，前后设备间物料的均匀控制不是液位和流量之间的均匀。例如，脱乙烷塔塔顶分离器内压力是用来稳定精馏塔塔顶压力的，而从分离器出来的气体是加氢反应器的进料，因此也需尽量平稳，为此设计如图 4-12 所示的压力与流量的串级均匀控制。

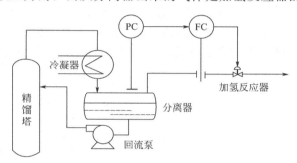

　　这种气相物料的压力与流量的均匀控制和液相物料的液位与流量的均匀控制是极为相似的，但需要注意的是压力对象比液位对象的自衡作用要强得多，故一般采用简单均匀控制方案不易满足要求，而往往采用如图 4-12 所示的串级均匀控制方案。

图 4-12　分离器压力与出口气体流量均匀控制系统

4.4.2　实现均匀控制的其他方法

　　解决物料供求矛盾的均匀控制，除了采用单回路、串级、双冲量等结构形式，在参数整定上采取必要措施外，也可应用非线性控制器来实现。这类非线性控制器具有多种输入输出特性，诸如带不灵敏区或有死区的等，有关这方面的内容将集中在非线性控制系统一章中进行介绍。

本章思考题及习题

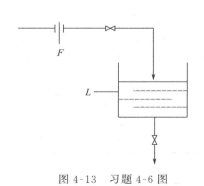

图 4-13　习题 4-6 图

　　4-1　均匀控制系统设置的目的是什么？

　　4-2　均匀控制系统有什么特点？

　　4-3　为什么均匀控制系统的核心问题是控制器参数的整定问题？

　　4-4　均匀控制系统能运用 4∶1 衰减曲线法整定控制器参数吗？为什么？

　　4-5　简单均匀控制系统与单回路反馈控制系统有什么相同点与不同点？

　　4-6　图 4-13 为一水槽，其液位为 L，进水流量为 F，试设计一入口流量与液位双冲量均匀控制系统，画出该系统的结构图，确定该系统中控制阀的开闭形式、控制器的正反作用以及引入加法器的各信号所取的符号。

第5章 前馈控制系统

5.1 前馈控制系统的特点

从自动控制技术的发展史来看，在反馈控制问世之前，就有试图按照干扰量的变化来补偿其对被控变量的影响，从而达到被控变量完全不受干扰量影响的控制方式。西汉时期发明的指南车以及古代风磨的转速调节，就是早期的应用例子。这种按干扰进行控制的开环控制方式，称为前馈控制（Feed Forward Control，简称 FFC）。前馈控制的工作原理可结合图 5-1 所示的前馈控制系统说明。图中（a）为一般的反馈控制系统，（b）为前馈控制系统。假如换热器的物料量 F 是影响被控变量——换热器出口温度 θ_1 的主要干扰。当采用前馈控制方案时，可以通过一个流量变送器测取扰动量——进料流量 F，并将信号送到前馈控制装置 G_{ff}，前馈控制装置做一定运算去控制阀门，以改变蒸汽流量来补偿进料流量 F 对被控变量 θ_1 的影响。如果蒸汽量改变的幅值和动态过程适当，就可以显著减小或完全补偿由于扰动量 F 波动所引起的出口温度 θ_1 的波动。补偿过程示于图 5-2。

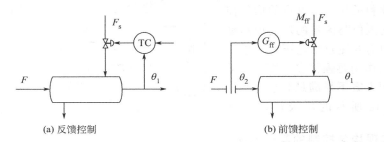

图 5-1 换热器的前馈控制系统

为了对前馈控制有进一步的认识，下面列出前馈控制的特点，并与反馈控制做简单的比较。

（1）前馈控制及时

前馈控制是按照干扰作用的大小进行控制的，如控制作用恰到好处，一般比反馈控制要及时。

图 5-1 换热器的前馈控制已说明了这一点。由于前馈是按干扰作用的大小进行控制的，而被控变量偏差产生的直接原因是干扰作用，因此当干扰一出现，前馈控制器就直接根据检测到的干扰，按一定规律去进行控制。这样，当干扰发生后，被控变量还未发生变化，前馈控制器就产生了控制作用，在理论上可以把偏差彻底消除。显然，前馈控制对于干扰的克服要比反馈控制及时得多，这个特点也是前馈控制的一个主要优点。基于这个特点，可把前馈控制与反馈控制做如下比较：

控制类型	控制的依据	检测的信号	控制作用的发生时间
反馈控制	被控变量的偏差	被控变量	偏差出现后
前馈控制	干扰量的大小	干扰量	偏差出现前

（2）前馈控制属于"开环"控制系统

反馈控制系统是一个闭环控制系统，而前馈控制是一个"开环"控制系统，前馈控制器按扰动量产生控制作用后，对被控变量的影响并不反馈回来影响控制系统的输入信号。图 5-2 所示的换热器前馈控制系统的补偿过程，其方块图为图 5-3 所示。

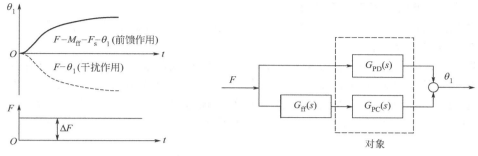

图 5-2　前馈控制系统的补偿过程　　　　图 5-3　前馈控制系统方块图

　　前馈控制系统是一个开环控制系统，这一点从某种意义上来说是前馈控制的不足之处。反馈控制由于是闭环系统，控制结果能够通过反馈获得检验，而前馈控制的效果并不通过反馈加以检验，因此前馈控制对被控对象的特性掌握必须比反馈控制清楚，才能得到一个较合适的前馈控制作用。

　　（3）前馈控制使用的是基于对象特性的"专用"控制器

　　一般的反馈控制系统均采用通用类型的 PID 控制器，而前馈控制器是专用控制器，对于不同的对象特性，前馈控制器的形式将是不同的。下面针对图 5-3 前馈控制系统的方块图，应用前馈的理论基础"不变性原理"或称"扰动补偿理论"，来分析前馈控制器的特性与对象特性的关系。

　　系统的传递函数为：

$$\frac{\Theta_1(s)}{F(s)} = G_{PD}(s) + G_{ff}(s)G_{PC}(s) \tag{5-1}$$

　　式中，$G_{PD}(s)$、$G_{PC}(s)$ 分别为对象干扰通道与控制通道的传递函数。

　　系统对干扰 F 实现完全补偿的条件是：

$$F(s) \neq 0 \text{ 而 } \Theta(s) \equiv 0 \tag{5-2}$$

　　把式（5-2）代入式（5-1），可求得前馈控制器的传递函数为：

$$G_{ff}(s) = -\frac{G_{PD}(s)}{G_{PC}(s)} \tag{5-3}$$

　　由式（5-3）可以看出，前馈控制器的控制规律为对象的干扰通道与控制通道的特性之比，式中的负号表示控制作用与干扰作用的方向相反。

　　（4）前馈控制作用只能克服特定干扰

　　由于前馈控制作用是按干扰进行工作的，而且整个系统是开环的，因此根据特定干扰设置的前馈控制只能克服特定干扰，而对于其他干扰，由于这个前馈控制器无法感受到，也就无能为力了。而反馈控制只用一个控制回路就可克服多个干扰，所以说这一点也是前馈控制系统的一个弱点。

5.2 前馈控制系统的几种主要结构形式

5.2.1 单纯的前馈控制系统

单纯的前馈控制系统根据对干扰补偿的特点，可分为动态前馈控制和静态前馈控制。

（1）动态前馈控制

图 5-1（b）所示的换热器前馈控制系统即为单纯的动态前馈控制，其作用在于力求在任何时刻均实现对干扰的补偿，通过合适的前馈控制规律的选择，使干扰经过前馈控制器至被控变量这一通道的动态特性与对象干扰通道的动态特性完全一致，并使它们的符号相反，便可达到控制作用完全补偿干扰对被控变量的影响。此时前馈控制器的 $G_{ff}(s) = -G_{PD}(s)/G_{PC}(s)$。

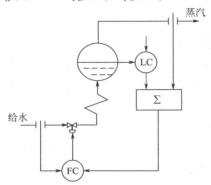

图 5-4 锅炉汽包的三冲量控制系统

（2）静态前馈控制

在有些实际生产过程中，并没有动态前馈控制那样高的补偿要求，而只需要在稳定工况下实现对干扰量的补偿。此时，前馈控制器的输出 M_{ff} 仅仅是输入量的函数，而与时间因子 t 无关，前馈控制就成为静态前馈控制。图 5-1（b）的换热器前馈控制器 G_{ff} 若为一静态系数 K_f，即为静态前馈控制方式。

静态前馈控制实施是很方便的，由于 G_{ff} 可以用比例器作为前馈控制器，所以在生产上应用较广。一般对于要求不高或干扰与控制通道的动态响应相近时，均可采用静态前馈控制获得满意的效果。图 5-4 所示的锅炉给水系统的三冲量控制就是一种带有静态前馈的串级控制系统。此系统是为了保持汽包水位不变，以蒸汽量 D 为静态前馈，与 L（水位）-W（给水量）串级控制组合而成三冲量控制系统。

对于一些较为简单的对象，有条件列写有关参数的静态方程时，则可按照方程求得静态前馈控制方程。如图 5-1 的换热器温度控制系统中，当物料流量 F 与进料温度 θ_2 均为系统的主要干扰量时，在忽略热损失的情况下，可列出换热器的热量平衡式为：

$$Fc_p(\theta_1 - \theta_2) = F_s h_s \qquad (5-4)$$

式中　c_p——物料的比热容；

　　　h_s——蒸汽的汽化潜热。

由式（5-4）可求得操纵变量 F_s 与干扰量 F、θ_2 间的关系式，即静态前馈控制方程为：

$$F_s = F \frac{c_p}{h_s} (\theta_{1i} - \theta_2) \qquad (5-5)$$

式中，θ_{1i} 为 θ_1 的给定值。

根据式（5-5）可得此换热器的静态前馈控制的流程原理图，如图 5-5 所示。

在实际使用的前馈控制中，经常在静态前馈的基础上加上动态补偿环节，以进一步提高控制过程的动态品质。例如图 5-5 所示换

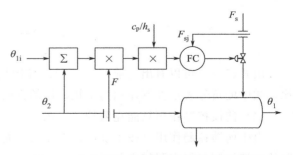

图 5-5 换热器的静态前馈控制流程原理图

热器静态前馈控制系统中，若进料温度 θ_2 的变化比较缓慢，可不考虑 θ_2 的动态补偿，而只考虑进料流量 F 的动态补偿问题，则相应的动态前馈控制系统如图 5-6 所示。图中 K 为静态前馈（S.F）与动态前馈（D.F）的切换开关。动态补偿环节 $G_{ff}(s)$ 为：

$$G_{ff}(s) = -G_{PD}(s)/G_{PC}(s) \tag{5-6}$$

式中　G_{PD}——进料量 F 对被控变量 θ_1 的传递函数；
　　　　G_{PC}——蒸汽量 F_s 对被控变量 θ_1 的传递函数。

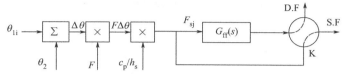

图 5-6　换热器的静态前馈控制加动态补偿的方案

单纯前馈控制系统在设计时还需考虑到稳定性问题。对于对象的干扰通道和控制通道均为稳定特性的环节（如非周期环节），构成的前馈控制系统也是一个稳定的系统。但对于开环不稳定的对象，一般的反馈控制系统可以通过合理选择控制器参数，使其组成的闭环控制系统在一定范围内是稳定的。而若采用单纯的前馈控制，由于整个系统仍是一个开环系统，故最终将导致系统的不稳定。所以，对于开环有可能不稳定的对象，在设计前馈控制系统时，必须十分注意稳定性问题。

5.2.2　前馈-反馈控制系统

单纯的前馈往往不能很好地补偿干扰，存在着不少局限性，这主要表现在：单纯前馈不存在被控变量的反馈，即对于补偿的效果没有检验的手段，这样，在前馈作用的控制结果并没有最后消除被控变量偏差时，系统无法得到这一信息而做进一步的校正；其次，由于实际工业对象存在着多个干扰，为了补偿它们对被控变量的影响，势必要设计多个前馈通道，这就增加了投资费用和维护工作量；此外，前馈控制模型的精度也受多种因素的限制，对象特性要受负荷和工况等因素的影响而产生漂移，必将导致 $G_{PD}(s)$ 和 $G_{PD}(s)$ 的变化，因此，一个固定的前馈模型难以获得良好的控制品质。为了解决这一局限性，可以将前馈与反馈结合起来使用，构成所谓前馈-反馈控制系统（FFC-FBC）。在该系统中可综合两者的优点，将反馈控制不易克服的主要干扰进行前馈控制，而对其他干扰则进行反馈控制，这样，既发挥了前馈校正及时的特点，又保持了反馈控制能克服多种干扰并对被控变量始终给予检验的优点，因而是过程控制中较有发展前途的控制方式。

以换热器为对象，当主要干扰为物料流量时，相应的前馈-反馈控制系统及其方块图分别示于图 5-7 和图 5-8。

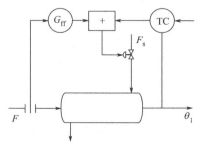

由图 5-7 可看出，当换热器负荷 F 发生变化时，前馈控制器获得此信息后，即按一定的控制规律动作，改变加热蒸汽 F_s 以补偿 F 对被控变量 θ_1 的影响。同时，对于前馈未能完全消除的偏差，以及未被引入前馈的其他干扰作用，如物料入口温度、蒸汽压力的波动引起的 θ_1 变化，在温度控制器获得 θ_1 的变化信息后，按常规

图 5-7　换热器 FFC-FBC

PID 作用对蒸汽量 F_s 产生校正作用。这样两个通道的校正作用相叠加，将使 θ_1 尽快地回到给定值。因此，实际上它是一个按干扰控制和按偏差控制的结合，也称之为复合控制系统。

由图 5-8 可以求得完全补偿的条件，干扰 F 对被控变量 θ_1 的闭环传递函数为：

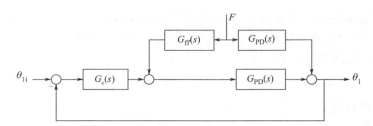

图 5-8　典型 FFC-FBC 系统方块图

$$\frac{\Theta(s)}{F(s)}=\frac{G_{PD}(s)}{1+G_c(s)G_{PC}(s)}+\frac{G_{ff}(s)G_{PC}(s)}{1+G_c(s)G_{PC}(s)} \tag{5-7}$$

应用不变性条件:

$$F(s)\neq 0,\ \Theta(s)\equiv 0$$

代入式 (5-7) 中, 即可推导出前馈控制器的传递函数:

$$G_{PD}(s)+G_{ff}(s)G_{PC}(s)=0 \tag{5-8}$$

比较式 (5-3) 和式 (5-8), 可见 FFC-FBC 系统实现完全补偿的条件是相同的。

综上所述, 前馈-反馈控制系统的优点在于:

① 由于增加了反馈控制回路, 大大简化了原有的前馈控制系统, 只需对主要的干扰进行前馈补偿, 其他干扰可由反馈控制予以校正;

② 反馈回路的存在, 降低了前馈控制模型的精度要求, 为工程上实现比较简单的通用型模型创造了条件;

③ 负荷或工况变化时, 模型特性也要变化, 可由反馈控制加以补偿, 因此具有一定的自适应能力。

5.2.3　前馈-串级控制系统

分析图 5-7 换热器的前馈-反馈控制系统可知, 前馈控制器的输出与反馈控制器的输出叠加后直接送至控制阀, 这实际上是将所要求的物料量 F 与加热蒸汽量 F_s 的对应关系转化

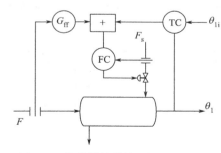

图 5-9　换热器的前馈-串级控制系统

为物料流量与控制阀膜头压力间的关系。这样为了保证前馈补偿的精度, 对控制阀提出了严格的要求, 希望它灵敏、线性及尽可能小的滞环区。此外, 还要求控制阀前后的压差恒定, 否则, 同样的前馈输出将对应不同的蒸汽流量, 这就无法实现精确的校正。为了解决上述两个问题, 工程上将在原有的反馈控制回路中再增设一个蒸汽流量副回路, 把前馈控制器的输出与温度控制器的输出叠加后作为蒸汽流量控制器的给定值, 构成如图 5-9 所示的前馈-串级控制系统, 系统的方块图如图 5-10 所示。

同样, 可根据不变性条件推导 $G_{ff}(s)$ 的传递函数。从图 5-10 列出系统的传递函数为:

$$\frac{\Theta_1(s)}{F(s)}=\frac{G_{PD}(s)+G_{ff}(s)G'_{p2}(s)G_{PC}(s)}{1+G_c(s)G'_{p2}(s)G_{PC}(s)} \tag{5-9}$$

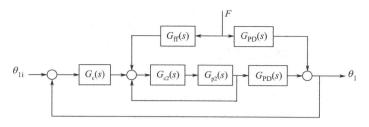

图 5-10　前馈-串级控制系统方块图

式中，$G'_{p2}(s)$ 为副回路等效对象的传递函数：

$$G'_{p2}(s) = \frac{G_{c2}(s)G_{p2}(s)}{1 + G_{c2}(s)G_{p2}(s)} \tag{5-10}$$

应用不变性条件：

$$F_1(s) \neq 0, \Theta_1(s) \equiv 0 \tag{}$$

代入式（5-9）得 G_{ff} 的传递函数为：

$$G_{ff}(s) = -\frac{G_{PD}(s)}{G'_{p2}(s)G_{PC}(s)} \tag{5-11}$$

当串级控制系统中副回路是一个很好的随动系统，其工作频率高于主回路的工作频率的 10 倍，则可把副回路近似处理为：

$$G'_{p2}(s) \approx 1 \tag{5-12}$$

此时前馈控制器的传递函数将简化为：

$$G_{ff}(s) = -\frac{G_{PD}(s)}{G_{PC}(s)} \tag{5-13}$$

可见，无论哪种形式的前馈控制系统，其前馈控制器的传递函数均可表示为对象的干扰通道与控制通道的特性之比。

5.3　前馈控制规律的实施

通过对前馈控制系统几种典型结构形式的分析可知，前馈控制器的控制规律取决于对象干扰通道与控制通道的特性。由于工业对象的特性极为复杂，这就导致了前馈控制规律的形式繁多。但从工业应用的观点看，尤其是应用常规仪表组成的控制系统，总是力求控制仪表的模式具有一定的通用性，以利于设计、运行和维护。实践证明，相当数量的工业对象都具有非周期性与过阻尼的特性，因此经常可用一个一阶或二阶容量滞后，必要时再串联一个纯滞后环节来近似它，例如：

$$G_{PD}(s) = \frac{K_2}{T_2 s + 1} e^{-\tau_2 s} \tag{5-14}$$

$$G_{PC}(s) = \frac{K_1}{T_1 s + 1} e^{-\tau_1 s} \tag{5-15}$$

则

$$G_{\mathrm{ff}}(s)=-\frac{G_{\mathrm{PD}}(s)}{G_{\mathrm{PC}}(s)}=-K_{\mathrm{f}}\frac{T_1s+1}{T_2s+1}\mathrm{e}^{-\tau_f s} \tag{5-16}$$

式中　$K_{\mathrm{f}}=K_2/K_1$，静态前馈放大系数；

$\tau_{\mathrm{f}}=\tau_2-\tau_1$。

式（5-16）所示为带有纯滞后的"超前-滞后"前馈控制规律，可按图 5-11 组合而成，其纯滞后环节按：

$$\mathrm{e}^{-\tau s}\approx\frac{1-\frac{1}{2}\tau s}{1+\frac{1}{2}\tau s}$$

近似展开。

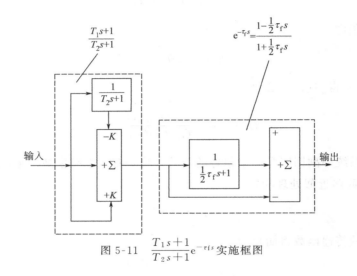

图 5-11　$\dfrac{T_1s+1}{T_2s+1}\mathrm{e}^{-\tau_f s}$ 实施框图

当 τ_1 和 τ_2 差别不大时，为了简化前馈补偿装置，可采用如下简化形式：

$$G_{\mathrm{ff}}(s)=-K_{\mathrm{f}}\frac{T_1s+1}{T_2s+1} \tag{5-17}$$

此种"超前-滞后"前馈补偿模型已成为目前广泛应用的一种动态前馈补偿模式，在定型的 DDZ-Ⅲ型仪表、组装仪表及微型控制机中都有相应的硬件模块。在没有定型仪表的情况下，也可用一些常规仪表组合而成，例如用比值器、加法器和一阶惯性环节来实施，如图 5-12 所示。这种通用型前馈控制模型在单位阶跃作用下的输出特性为：

$$m_{\mathrm{f}}(t)=K_{\mathrm{f}}[1+(\alpha-1)]\mathrm{e}^{-\alpha\frac{t}{T_1}} \tag{5-18}$$

式中，$\alpha=T_1/T_2$。

相应于 $\alpha>1$ 的时间特性曲线示于图 5-13。由图可见，当 $\alpha>1$ 时，即 $T_1>T_2$，前馈补偿带有超前特性，适用于对象控制通道滞后（这里的滞后是指容量滞后，即时间常数）大于干扰通道滞后。而若 $\alpha<1$ 时，即 $T_1<T_2$，前馈补偿带有滞后性质，适用于控制通道的滞后小于干扰通道的滞后。

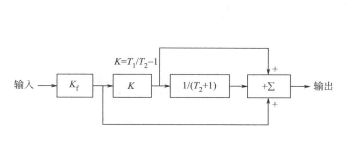

$$K = T_1/T_2 - 1$$

图 5-12　$(T_1+1)/(T_2+1)$实施框图

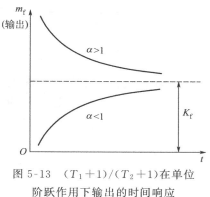

图 5-13　$(T_1+1)/(T_2+1)$在单位
阶跃作用下输出的时间响应

5.4　前馈控制系统的应用

如何正确选用前馈控制是设计中首先碰到的问题。原则上讲，在下列情况下可考虑选用前馈控制系统。

① 对象的滞后或纯滞后较大（控制通道），反馈控制难以满足工艺要求时，可以采用前馈控制，把主要干扰引入前馈控制，构成前馈-反馈控制系统。

② 系统中存在着可测、不可控、变化频繁、幅值大且对被控变量影响显著的干扰，在这种情况下，采用前馈控制可大大提高控制品质。所谓可测，是指干扰量可以使用检测变送装置在线转化为标准的电或气的信号。因为目前对某些参数，尤其是成分量还无法实现上述转换，也就无法设计相应的前馈控制系统。所谓不可控，有两层含义：其一，指这些干扰难以通过设置单独的控制系统予以稳定，这类干扰在连续生产过程中是经常遇到的；其二，在某些场合，虽然设置了专门的控制系统来稳定干扰，但由于操作上的需要，往往经常要改变其给定值，也属于不可控的干扰。

③ 当工艺上要求实现变量间的某种特殊关系，需要通过建立数学模型来实现控制时。这实质上是把干扰量代入已建立的数学模型中去，从模型中求解控制变量，从而消除干扰对被控变量的影响。

当决定选用前馈控制方案后，还需考虑静态前馈与动态前馈的选择问题。由于动态前馈的设备投资高于静态前馈，而且整定也较麻烦，因此，当静态前馈能满足工艺要求时，不必选用动态前馈。如前所述，对象的干扰通道和控制通道时间常数相当时，用静态前馈即可获得满意的控制品质。

在实际生产过程中，有时会出现前馈-反馈控制与串级控制混淆不清的情况，这将给设计与运行带来困难。下面简要介绍两者的关系与区别，指明在实际应用中需要注意的问题。

由于前馈-反馈控制系统与串级控制系统都是测取对象的两个信息，采用两个控制装置，在结构形式上又具有一定的共性，容易使人混为一谈。以加热炉为例，图 5-14（a）是加热炉出口温度与炉膛温度的串级系统，图 5-14（b）为以进料流量为主要干扰设计的前馈-反馈控制系统。两者相比，系统结构上是完全不同的。串级控制是由内、外两个反馈回路所组成，而前馈-反馈控制是由一个反馈回路和另一个开环的补偿回路叠加而成。

如果做进一步分析将会发现，串级控制中的副参数与前馈-反馈控制中的前馈输入量是两个截然不同的概念。前者是串级控制系统中反映主被控变量的中间变量，控制作用对它产生明显的调节效果。而后者是对主被控变量有显著影响的干扰量，是完全不受控制作用约束的独立变量，引入前馈控制器的目的不是为了保持物料流量对炉出口温度的影响稳定。此

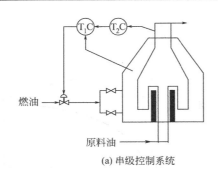

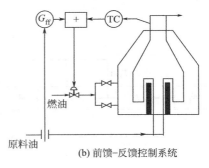

(a) 串级控制系统　　　　　　　　　(b) 前馈-反馈控制系统

图 5-14　加热炉的两种控制系统

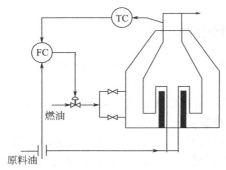

图 5-15　设计错误的串级控制系统

外，前馈控制器与串级控制中的副控制器担负着不同的功能。

假如对两类系统的区别不是很清楚，有时会设计出如图 5-15 所示的加热炉控制方案，系统方块图如图 5-16 所示。由方块图看出，它的结构形式不属于串级控制，而且操纵变量（燃油流量）并不能改变加热炉的物料流量，而从结构形式来看，它很像一个前馈-反馈控制系统。比较图 5-14(b) 和图 5-16 所示的两个系统，它们的区别是前者的前馈控制器换成了一个流量控制器，而且由干扰测取点至加法器的通路移到了控制通路内。

若流量控制器采用纯比例控制，尽管同标准的前馈-反馈结构形式有一些不同，但实际上仍然是一静态前馈-反馈控制系统。仅仅由于前馈控制器改变了位置，在系统投运整定中需先确定起静态前馈作用的比例控制器的参数，然后再整定温度控制器的参数。实际上有些前馈-反馈控制系统，尤其是静态前馈-反馈系统，也采用这种非标准的结构形式。若流量控制器采用比例积分控制规律，此时系统将因不稳定而无法正常运行。因为当流量控制器含有积分作用时，系统的投运结果必将导致控制阀阀位趋于全开或全闭的极限位置，

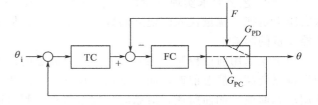

图 5-16　图 5-15 所示系统的方块图

因此系统将无法投运。这就说明，如果没有弄清串级与前馈-反馈的区别，将会造成设计中的错误。

这种错误的串级控制系统也可在实验装置上进行搭接，因此可以在实验装置上将串级控制与前馈-反馈控制做一比较，弄清两者的区别与关系。

5.5　前馈控制系统的参数整定

前馈控制模型的参数决定于对象的特性，并在建模时已经确定了。但是，由于特性的测试精度、测试工况与在线工况的差异，以及前馈装置的制作精度等因素的影响，使得控制效果并不会那么理想。因此，必须对前馈模型进行在线整定。这里以最常用的前馈模型 $K_f(T_1 s + 1)/(T_2 s + 1)$ 为例，讨论静态参数 K_f 及动态参数 T_1、T_2 的整定方法。

5.5.1 K_f 的整定

在前馈控制模型中，静态参数 K_f 的整定是很重要的，正确地选择 K_f，也就能准确地决定阀位。如果选得过大，相当于对反馈控制回路施加了干扰，错误的前馈静态输出将要由反馈输出来补偿。

在工程实际中整定 K_f 一般有开环整定法及闭环整定法之分。

（1）开环整定法

开环整定是在前馈-反馈系统中将反馈回路断开，使系统处于单纯静态前馈状态下施加干扰，K_f 值由小逐步增大，直到被控变量回到给定值，此时对应的 K_f 值为最佳整定值。为了使 K_f 值整定结果准确，应力求工况稳定，减少其他干扰对被控变量的影响。

（2）闭环整定法

如待整定的系统方块图如图 5-17 所示，则闭环整定可分为在前馈-反馈运行状态下及反馈运行状态下的整定。

① 在前馈-反馈系统运行状态下整定。将图 5-17 中开关 S 闭合，使系统处于前馈-反馈运行状态。在反馈控制器已整定好的基础上，施加相同的干扰作用量，由小而大逐步改变 K_f 值，直至得到满意的补偿过程为止。K_f 对控制过程的影响示于图 5-18，图 5-18(a) 为无前馈作用，图 5-18(c) 为补偿合适，即 K_f 值适当。如果整定值比此时的 K_f 值小，则

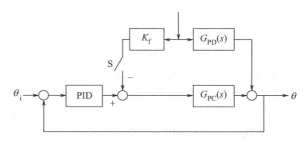

图 5-17 K_f 闭环整定法系统方块图

造成欠补偿，如 5-18(b)；过大则造成过补偿，如图 5-18(d)。

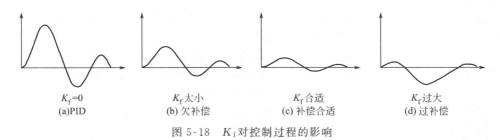

图 5-18 K_f 对控制过程的影响

② 利用反馈系统整定 K_f。打开图 5-17 中的开关 S，使系统处于反馈系统运行状态。待系统运行稳定后，记下干扰量变送器的输出电流 I_{D0}（或风压）和反馈控制器的输出稳定值 I_{C0}。然后，对干扰 D 施加一增量 ΔD，等反馈系统在 ΔD 作用下被控变量重新回到给定值时，再记下干扰量变送器的输出 I_D（或风压）及反馈控制器的输出 I_C（或风压）。前馈控制器的静态放大系数则为：

$$K_f = \frac{I_C - I_{C0}}{I_D - I_{D0}} = \frac{\Delta I_C}{\Delta I_D} \tag{5-19}$$

式(5-19) 的物理意义很明显，当干扰量为 ΔD 时，即干扰量变送器产生 ΔI_D 的变化，由反馈控制器产生的校正作用应改变 ΔI_C 才能使被控变量回到给定值。如干扰通道 $G_{PD}(s)$ 的静态放大系数为 K_2，控制通道 $G_{PC}(s)$ 的静态放大系数为 K_1，则应满足下式：

$$\Delta I_D K_2 = \Delta I_C K_1 \tag{5-20}$$

由式（5-20）即可推出：

$$\Delta I_C / \Delta I_D = K_2 / K_1 \qquad (5\text{-}21)$$

在前馈控制模型传递函数推导时，从式（5-16）中已知静态放大系数 $K_f = K_2 / K_1$，所以式（5-19）可以用于计算前馈静态放大系数，它也说明在没有反馈控制作用时，依靠前馈控制器来校正 K_f 应具有的值。

使用这种整定法需要注意两点：一是反馈控制器必须具有积分作用，否则在干扰作用下无法消除被控变量的余差；同时要求工况稳定，以免其他干扰的影响。

5.5.2　T_1、T_2 的整定

前馈控制器动态参数的整定较静态参数的整定要复杂得多，在事先未经动态测定求取这两个时间常数时，至今尚无完整的工程整定法和定量计算公式，主要还是经验的或定性的分析，通过在线运行曲线来判断与整定 T_1、T_2。

动态参数 T_1、T_2 值决定了动态补偿的程度，当 T_1 过小或 T_2 过大时，会产生欠补偿现象，未能有效地发挥前馈补偿的功能，控制过程曲线与图 5-18（b）静态欠补偿的情况是相似的。而当 T_1 过大或 T_2 过小时，则会产生过补偿现象，所得的控制过程甚至较纯粹的反馈控制系统品质还差，控制过程曲线与图 5-18（d）静态补偿的情况是一样的。显然当 T_1、T_2 分别接近或等于对象控制通道和干扰通道的时间常数时，过程的控制品质最佳，此时补偿合适。其控制过程曲线似图 5-18（c）静态补偿合适的情况。

由于过补偿往往是前馈控制系统的危险之源，它会破坏控制过程，甚至达到不能允许的地步。相反，欠补偿却是寻求合理的前馈动态参数的途径。不管怎样，欠补偿的结果总比反馈过程好一些，它倾向安全的一边，因此在动态参数整定时，应从欠补偿开始，逐步强化前馈作用，即增大 T_1 或减小 T_2 直到出现过补偿的趋势，再略减弱前馈作用，便可获得满意的控制过程。

上面介绍的 T_1、T_2 的整定方法，实际上是看曲线、调参数的经验法，要花费一定的整定时间。下面再介绍一种可避免过多反复凑试的整定法。

首先大致确定 T_1 与 T_2 哪个参数大。可以在静态 K_f 整定后，将系统分别在反馈控制下和静态前馈-反馈控制下进行运行，通过施加前馈扰动，由被控变量的控制过程来判断 T_1、

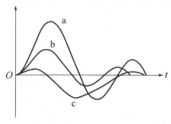

图 5-19　T_1、T_2 大小的判别

T_2 的大小。其控制过程曲线示于图 5-19。图中 a 为纯粹反馈控制运行的曲线，b、c 则为静态前馈-反馈控制的曲线。显然，当静态前馈-反馈控制过程的超调方向与反馈控制相同时，表明干扰通道的滞后时间小于控制通道，则前馈动态参数 T_1 应大于 T_2，如图 5-19 中 b 曲线。反之，当静态前馈-反馈控制过程的超调方向与反馈控制相反时，表明干扰通道的滞后时间大于控制通道，故前馈动态参数 T_1 应小于 T_2，即图 5-19 中 c 曲线所示。

然后，在初次整定时，如果 $T_1 > T_2$，则可取 T_1 在 $2T_2$ 附近（超前）；若 $T_1 < T_2$，则设置 T_1 在 $0.5T_2$ 附近（滞后）。在此初选数值下，系统置于单纯前馈控制下运行，施加阶跃干扰，视被控变量的响应曲线，对 T_1、T_2 值进行调整，直至获得满意的数值。

现以图 5-20 所示前馈控制器动态参数的整定曲线，说明初定 T_1、T_2 后，如何按被控变量的响应曲线对 T_1、T_2 值进行调整。图 5-20（a）是未加动态补偿。图 5-20（b）是在一组初定的 T_1、T_2 值下得到的响应，但补偿得不够充分，尚需拉开 T_1 与 T_2 之间的差值，增加补偿作用，使被控变量响应曲线的上、下偏差面积趋于相等；图 5-20（c）说明在偏差

面积方面得到了合适的补偿，因为它在给定值两侧的分布大致相等，此时，T_1 和 T_2 的差值是正确的，但是它们各自的值并不一定正确，因此在面积得到了正确的补偿后，对 T_1、T_2 的调整就应以同样的方向一起改变，以保持它们的差值。在本例中 T_1 和 T_2 需要减小，这样将使它们的比值增加，进一步加强补偿作用，最后获得较为平坦的响应曲线为止，如图 5-20（d）所示。

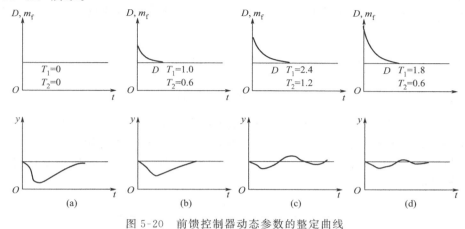

图 5-20　前馈控制器动态参数的整定曲线

前馈控制器的参数整定，总的说来还没有一套十分完整、简捷方便的工程方法。

5.6　多变量前馈控制

上面讨论的都是在单变量系统中实现的前馈控制，但是实际工业生产过程的干扰因素是很多的，特别是以物料平衡、能量平衡和化学反应动力学为基础建立起来的数学模型，必然导致系统具有多个输入和多个输出，此时建立的前馈控制系统也将具有多个输入和输出，而成为多变量前馈控制系统。现分三种情况介绍多变量前馈控制系统。

5.6.1　由工艺机理建立多变量前馈控制模型

当有条件按工艺机理导出静态前馈控制模型时，可以应用这一方法。现仍以图 5-5 所示的换热器为例说明这一方法。由换热器的热量平衡关系求得如式（5-5）所示的换热器静态前馈控制方式，即：

$$F_s = F \frac{c_p}{h_s}(\theta_{1i} - \theta_2)$$

式中，F、θ_2 为系统的两个干扰量，即前馈输入量；F_s 为系统的操纵变量，即前馈的输出量。为了在这静态控制方程的基础上实现两个变量的动态前馈，必须加入动态补偿部分。

设换热器对象有关通道的传递函数如下：

$$
\begin{cases}
\dfrac{\Theta_1(s)}{F(s)} = G_1(s) \\[2mm]
\dfrac{\Theta_1(s)}{F_s(s)} = G_2(s) \\[2mm]
\dfrac{\Theta_1(s)}{\Theta_2(s)} = G_3(s)
\end{cases}
\tag{5-22}
$$

前馈控制的目标是当 F 及 θ_2 变化时，θ_1 不受影响而始终等于给定值 θ_{1i}。若仅仅考虑 F

及 θ_2 的单独作用，则两个前馈通道的动态补偿模型分别为：

$$\begin{cases} G_{\text{ffF}}(s) = \dfrac{G_1(s)}{G_2(s)} \\[3mm] G_{\text{ff}\theta_2}(s) = \dfrac{G_3(s)}{G(s)} \end{cases} \tag{5-23}$$

式 (5-23) 结合静态控制方程式 (5-5)，可求得换热器的两变量动态前馈控制模型输出为：

$$\begin{aligned} G_{\text{s}}(s) &= \frac{c_{\text{p}}}{h_{\text{s}}} F(s) G_{\text{ffF}}(s) \big[\Theta_{1\text{i}}(s) - \Theta_2(s) G H_{\text{ff}\theta_2}(s) G_2(s) \big] \\ &= \frac{c_{\text{p}}}{h_{\text{s}}} \big[\Theta_{1\text{i}}(s) - G_3(s) \Theta_2(s) \big] G_1(s) F(s) / G_2(s) \end{aligned} \tag{5-24}$$

式 (5-24) 相应的换热器两变量动态前馈控制系统示于图 5-21。图中的切换开关用来进行 FBC 和 FFC 两种控制方案的切换。当换热器的各通道特性均可用一阶惯性环节或一阶惯性环节与纯滞后的串联来近似表示时，图 5-21 所示的实施方案不论应用常规仪表、组装仪表或计算机都是可行的。

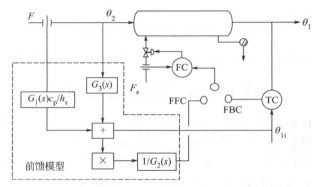

图 5-21　换热器两变量动态前馈控制系统

通过换热器一例可以看出，当有条件按照工艺机理导出静态前馈控制方程时，进一步推导动态前馈控制模型也是可能的。它的基本方法步骤如下：

① 由工艺机理列出静态方程式；

② 找出各有关通道（包括控制及干扰）的动态特性；

③ 找出各干扰单独作用时的前馈补偿通道的传递函数；

④ 根据①、③得到动态前馈控制模型 $G_{\text{ff}}(s)$。

5.6.2　以线性叠加为基础建立多变量前馈控制方程

假设一个前馈控制方程为：

$$m_{\text{f}} = f(d_1, d_2, \cdots, d_n) \tag{5-25}$$

式中　m_{f}——系统的操纵变量，即前馈控制作用；

　　　d_n——干扰量。

但是，现阶段尚有很多数量的工业对象，由于工艺机理十分复杂，很难导出式 (5-25) 所示的前馈控制方程。为此，可在稳定工况附近进行线性化，建立一个线性控制方程。在进行线性化之前，首先要将各干扰量之间的关联处理成相互独立的关系，然后假设各干扰量对被控变量的共同作用符合线性叠加的关系。于是式 (5-25) 的线性化关系可表示为：

$$\Delta m_{\mathrm{f}} = \frac{\partial f}{\partial d_1}\Delta d_1 + \frac{\partial f}{\partial d_2}\Delta d_2 + \cdots + \frac{\partial f}{\partial d_n}\Delta d_n$$

$$= K_1\Delta d_1 + K_2\Delta d_2 + \cdots + K_n\Delta d_n \qquad (5\text{-}26)$$

式中　K_n——常数。

式（5-26）为静态线性关系。如果推广到动态关系中去，则式（5-26）表示为：

$$M_{\mathrm{f}}(s) = G_{\mathrm{ff1}}(s)D_1(s) + G_{\mathrm{ff2}}(s)D_2(s) + \cdots + G_{\mathrm{ffn}}(s)D_n(s) \qquad (5\text{-}27)$$

如能求出式（5-27）中各 $G_{\mathrm{ffi}}(s)$ 项，则多变量线性叠加前馈控制方程就不难建立起来。

现仍按线性叠加原理，对象的输入-输出关系示于图 5-22 中。响应的对象动态方程为：

$$C(s) = G_{\mathrm{m}}(s)M_{\mathrm{f}}(s) + \sum_{i=1}^{n} G_i(s)D_i(s) \qquad (5\text{-}28)$$

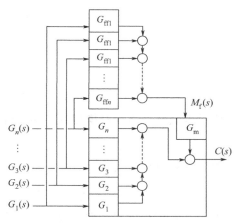

式中　$C(s)$——对象的被控变量；

$M_{\mathrm{f}}(s)$——对象的操纵变量，即前馈控制器的输出参数（前馈控制作用）；

$D_i(s)$——干扰作用；

$G_{\mathrm{m}}(s) = C(s)/M_{\mathrm{f}}(s)$——对象的控制通道特性；

$G_i(s) = C(s)/D_i(s)$——对象的干扰通道特性。

系统的不变性条件为：

$$D_i(s) \neq 0 (i=1,2,\cdots,n)；C(s) \equiv 0$$

则由式（5-28）可导出多变量线性前馈控制模型为：

图 5-22　多变量线性叠加前馈控制原理图

$$M_{\mathrm{f}}(s) = -\sum_{i=1}^{n} \frac{G_i(s)}{G_{\mathrm{m}}(s)}D_i(s) = -\sum_{i=1}^{n} G_{\mathrm{ffi}}D_i(s) \qquad (5\text{-}29)$$

式中，$G_{\mathrm{ffi}}(s) = G_i(s)/G_{\mathrm{m}}(s)$ 为前馈控制器的传递函数，也是式（5-27）按线性叠加关系展开的多变量前馈控制方程中的各待求项。

式（5-29）即为多变量线性叠加前馈控制模型的一般表达式。建立这种模型不必知道对象的静态模型，只需通过测试求得各干扰通道及控制通道的传递函数 $G_i(s)$、$G_{\mathrm{m}}(s)$，便可建立多变量前馈的线性模型。因此，工程上应用较为广泛。但应用这种处理方法的条件是：

① 对象在工作点附近可以近似为线性关系；

② 各前馈输入量（干扰量）应该线性独立，如互相间存在关联，则在测试对象特性时应扣除关联干扰量的影响，使得 $G_i(s)$ 仅仅是 $D_i(s)$ 作用下所获得的通道特性。

5.6.3　多输入-多输出的多变量前馈控制系统

上面所讨论的多变量前馈控制系统均属多输入-单输出系统，即有多个前馈输入量，而仅有一个前馈输出量，而且被控变量也只有一个。下面将要讨论具有更普遍意义的多输入-多输出前馈控制系统。

对于一个线性定常的多变量对象，可用传递矩阵来表示其动态特性，如用下式表示：

$$\boldsymbol{P}_{c\times d}\boldsymbol{D}_{d\times 1}+\boldsymbol{P}_{c\times m}\boldsymbol{M}_{m\times 1}=\boldsymbol{C}_{c\times 1} \tag{5-30}$$

式中　$\boldsymbol{C}_{c\times 1}$——对象的被控向量（$c$ 维）；

　　　$\boldsymbol{M}_{m\times 1}$——对象的控制向量（$m$ 维）；

　　　$\boldsymbol{D}_{d\times 1}$——对象的干扰向量（$d$ 维）；

　　　$\boldsymbol{P}_{c\times d}$——对象干扰通道的传递矩阵；

　　　$\boldsymbol{P}_{c\times m}$——对象控制通道的传递矩阵。

式（5-30）可用图 5-23 表示。

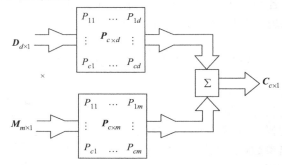

图 5-23　对象的传递矩阵

假设多变量前馈控制模型的传递矩阵为 $\boldsymbol{F}_{m\times d}$，则相应的输入与输出关系为：

$$\boldsymbol{M}_{m\times 1}=\boldsymbol{F}_{m\times d}\boldsymbol{D}_{d\times 1} \tag{5-31}$$

把式（5-31）代入式（5-30）得：

$$\boldsymbol{C}_{c\times 1}=(\boldsymbol{P}_{c\times d}+\boldsymbol{P}_{c\times m}\boldsymbol{F}_{m\times d})_{c\times d}\boldsymbol{D}_{d\times 1} \tag{5-32}$$

由式（5-32）可知，为了达到对干扰量的完全补偿，在 $c\leqslant m$（即被控变量数小于控制变量数）的情况下，必须满足矩阵 $(\boldsymbol{P}_{c\times d}+\boldsymbol{P}_{c\times m}\boldsymbol{F}_{m\times d})_{c\times d}$ 中的所有元素均等于零，即为零矩阵。由此来决定前馈控制模型的传递矩阵 $\boldsymbol{F}_{m\times d}$ 中的元素。在 $c=m$ 的特殊情况下，为了实现完全补偿，前馈模型的传递矩阵为：

$$\boldsymbol{F}_{m\times d}=-\boldsymbol{P}_{c\times m}{}^{-1}\boldsymbol{P}_{c\times d} \tag{5-33}$$

多变量的前馈控制系统结构示于图 5-24。同单变量前馈系统一样，也可将前馈与反馈结合在一起，构成多变量前馈-多变量反馈控制系统（MFFC-MFBC）。假设多变量反馈控制矩阵为 $\boldsymbol{B}_{m\times c}$，在这个传递矩阵中的每一个元素都是一个反馈控制器传递函数。MFFC-MFBC的控制可表示为：

$$\boldsymbol{M}_{m\times 1}=\boldsymbol{F}_{m\times d}\boldsymbol{D}_{d\times 1}+\boldsymbol{B}_{m\times c}\boldsymbol{C}_{c\times 1} \tag{5-34}$$

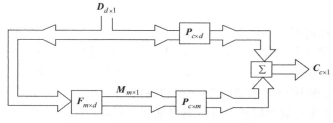

图 5-24　多变量前馈控制系统结构框图

式（5-34）所示的 MFFC-MFBC 的系统框图示于图 5-25。

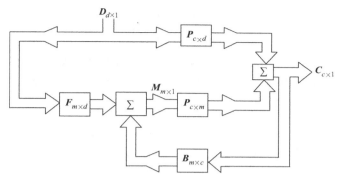

图 5-25　MFFC-MFBC 系统框图

现以一个精馏塔多变量前馈控制为例，说明上述综合法的应用。一个分离苯、甲苯、二甲苯的精馏塔，主要控制指标是塔顶馏出物中苯含量 x_D、塔底馏出物中二甲苯的含量 x_B。塔的干扰因素主要是进料量 F、进料状态 q 以及进料中苯、甲苯、二甲苯的含量 z_1、z_2、z_3。为了保证精馏塔的控制指标，决定采用 F、q、z_1、z_3 四个干扰量为前馈的输入量，以塔顶回流量 R 及塔底再沸器的蒸汽流量（决定塔的上升蒸汽量）V_B 为操纵变量的多变量前馈控制系统（MFFC）。通过精馏塔的工艺分析，可用如下线性方程组来描述该精馏塔的动态特性：

$$\begin{cases} x_D = P_{11}R + P_{12}V_B + P_{13}F + P_{14}q + P_{15}z_1 \\ x_B = P_{21}R + P_{22}V_B + P_{23}F + P_{24}q + P_{25}z_3 \end{cases} \tag{5-35}$$

式中　P_{ij}——对象第 j 个输入对第 i 个输出通道的传递函数。

在这个例子中，被控向量、干扰向量和控制向量分别表示为：

$$C_{2\times1} = \begin{bmatrix} x_D \\ x_B \end{bmatrix}; \quad D_{4\times1} = \begin{bmatrix} F \\ q \\ z_1 \\ z_3 \end{bmatrix}; \quad M_{2\times1} = \begin{bmatrix} R \\ V_B \end{bmatrix} \tag{5-36}$$

对象的干扰通道和控制通道的传递矩阵分别为：

$$P_{2\times2} = \begin{bmatrix} P_{11} & P_{12} \\ P_{21} & P_{22} \end{bmatrix}; \quad D_{2\times4} = \begin{bmatrix} P_{13} & P_{14} & P_{15} & 0 \\ P_{23} & P_{24} & 0 & P_{26} \end{bmatrix} \tag{5-37}$$

则线性方程组式（5-35）可表示为：

$$\begin{bmatrix} x_D \\ x_B \end{bmatrix} = \begin{bmatrix} P_{11} & P_{12} \\ P_{21} & P_{22} \end{bmatrix} \begin{bmatrix} R \\ V_B \end{bmatrix} + \begin{bmatrix} P_{13} & P_{14} & P_{15} & 0 \\ P_{23} & P_{24} & 0 & P_{26} \end{bmatrix} \begin{bmatrix} F \\ q \\ z_1 \\ z_3 \end{bmatrix} \tag{5-38}$$

把式（5-37）代入式（5-33），即可求得精馏塔的前馈控制模型为：

$$F = \begin{bmatrix} P_{11} & P_{12} \\ P_{21} & P_{22} \end{bmatrix}^{-1} \begin{bmatrix} P_{13} & P_{14} & P_{15} & 0 \\ P_{23} & P_{24} & 0 & P_{26} \end{bmatrix}$$

$$= \begin{bmatrix} F_{11} & F_{12} & F_{13} & F_{14} \\ F_{21} & F_{22} & F_{23} & F_{24} \end{bmatrix} \qquad (5\text{-}39)$$

通过精馏塔的动态测试，可以求得对象有关通道的传递函数 P_{ij}，代入式（5-39），即可求得前馈控制矩阵 $\boldsymbol{F}_{2\times4}$。由式（5-31）可进一步写出该精馏塔的控制方程：

$$\boldsymbol{M}_{2\times1}=\begin{bmatrix} R \\ V_B \end{bmatrix}=\begin{bmatrix} F_{11} & F_{12} & F_{13} & F_{14} \\ F_{21} & F_{22} & F_{23} & F_{24} \end{bmatrix}\begin{bmatrix} F \\ q \\ z_1 \\ z_3 \end{bmatrix} \qquad (5\text{-}40)$$

图 5-26 即为该精馏塔的控制流程。由于多变量控制系统比较复杂，用常规仪表实施有一定的困难，故一般采用控制计算机实现，组成计算机前馈控制系统。

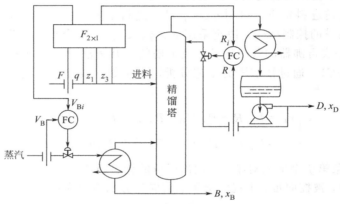

图 5-26　三元精馏塔 MFFC 系统

本章思考题及习题

5-1　前馈控制与反馈控制各有什么特点？

5-2　纯前馈控制在生产过程控制中为什么很少采用？

5-3　前馈-反馈控制具有哪些优点？

5-4　为什么前馈控制器不能采用常规的控制器？

5-5　什么是欠补偿？什么是过补偿？在前馈控制中，怎样的补偿才算合适？

5-6　如何用对象特性实验数据构成前馈控制器数学模型？

5-7　如何用反馈回路来整定前馈静态放大倍数 K_f？

5-8　如何用前馈回路来整定前馈静态放大倍数 K_f？

5-9　在前馈系统整定过程中，增大前馈模型分母的时间常数，前馈补偿情况会发生怎样的变化？如果增大分子中的时间常数，补偿情况又会怎样变化？

5-10　通过分析，判断图 5-27 所示的系统属于何种类型？画出它的方块图，并说明其工作原理。

5-11　某前馈-串级控制系统如图 5-28 所示。已知：

$$G_{c1}(s)=G_{c2}(s)=9 \qquad G_{01}(s)=3/(2s+1)$$
$$G_v(s)=2 \qquad G_{02}(s)=2/(2s+1)$$
$$G_{m1}(s)=G_{m2}(s)=1 \qquad G_{PD}(s)=0.5/(2s+1)$$

要求：① 绘出该系统方块图；

② 计算前馈控制器的数学模型；
③ 假定控制阀为气开式，试确定各控制器的正、反作用。

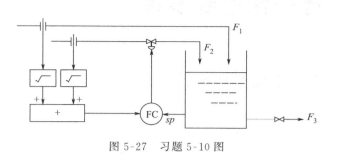

图 5-27　习题 5-10 图

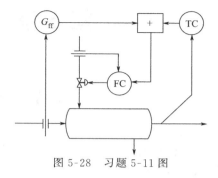

图 5-28　习题 5-11 图

5-12　有时前馈-反馈控制系统从其系统结构上看与串级控制系统十分相似。试问如何区分它们？试分析判断图 5-29 所示的两个系统各属于什么系统？说明其理由。

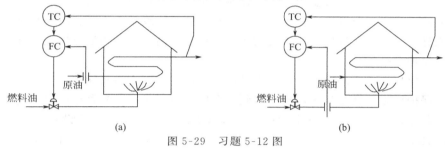

(a)　　　　　　　　　　　　　(b)

图 5-29　习题 5-12 图

5-13　图 5-30 所示为一双冲量均匀控制系统。试分析它的实质是一种什么类型的控制系统？并由此得出什么结论？

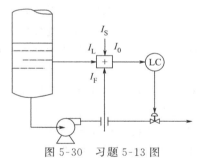

图 5-30　习题 5-13 图

第6章 选择性控制系统

6.1 选择性控制系统概述

选择性控制又叫取代控制，也称超驰控制（Override Control）。

通常自动控制系统只在生产工艺处于正常情况下进行工作，一旦生产出现非正常或事故状态，控制器就要改为手动，待生产恢复正常或事故排除后，控制系统再重新投入工作。对于现代化大型生产过程来说，生产控制仅仅做到这一步远远不能满足生产要求。在大型生产工艺过程中，除了要求控制系统在生产处于正常运行情况下能够克服外界干扰，维持生产的平稳运行，当生产操作达到安全极限时，控制系统应有一种应变能力，能采取一些相应的保护措施，促使生产操作离开安全极限，返回到正常情况，或是使生产暂时停止下来，以防事故的发生或进一步扩大。像大型压缩机的防喘振措施、精馏塔的防液泛措施等都属于非正常生产过程的保护性措施。

属于生产保护性措施的有两类：一类是硬保护措施；一类是软保护措施。

所谓硬保护措施，就是当生产操作达到安全极限时，有声、光警报产生。此时，或是由操作工将控制器切到手动，进行手动操作，进行处理；或是通过专门设置的安全联锁系统（Safety Interlock System，SIS）实现自动停车，达到保护生产的目的。就人工保护来说，由于大型工厂生产过程中的强化、限制性条件多而严格，生产安全保护的逻辑关系往往比较复杂，即使编写出详尽的操作规程，人工操作也难免会出现错误。此外，由于生产过程进行的速度往往很快，操作人员的生理反应往往难以跟上，因此，一旦出现事故状态，情况十分紧急，容易出现手忙脚乱的情况，某个环节处理不当，就会使事故扩大。所以，在遇到这类问题时，常常采用联锁保护的办法进行处理。即当生产达到安全极限时，通过专门设置的安全联锁系统，能自动地使设备停车，达到保护的目的。

通过事先专门设置的安全联锁系统，虽然能在生产操作达到安全极限时起到安全保护的作用，但是，这种硬性保护方法动辄就使设备停车，必然会影响到生产和造成经济损失。对于大型连续生产过程来说，即使短暂的设备停车也会造成巨大的经济损失。因此这种硬保护措施已逐渐不为人们所欢迎，相应地出现了软保护措施。

所谓生产的软保护措施，就是通过一个特定设计的选择性控制系统，在生产短期内处于不正常情况时，既不使设备停车又起到对生产进行自动保护的目的。在这种选择性控制系统中，已经考虑到了生产工艺过程限制条件的逻辑关系。当生产操作趋向极限条件时，用于控制不安全情况的控制方案将取代正常情况下工作的控制方案，直到生产操作重新回到安全范围时，正常情况下工作的控制方案又恢复对生产过程的正常控制。因此，这种选择性控制有时又被称之为自动保护性控制。某些选择性控制系统甚至连开、停车都能够由系统控制自动地进行，而无需人的参与。

要构成选择性控制，生产操作必须具有一定的选择性逻辑关系。而选择性控制的实现则需要靠具有选择功能的自动选择器（高值选择器和低值选择器）或有关的切换装置（切换器、带接点的控制器或测量装置）来完成。

6.2　选择性控制系统的类型及应用

6.2.1　开关型选择性控制系统

在这一类选择性控制系统中，一般有 A、B 两个可供选择的变量。其中一个变量（例如 A）是工艺操作的主要技术指标，它直接关系到产品的质量；另一变量 B，工艺上对它只有一个限值要求，生产操作在 B 限值以内，生产是安全的，一旦超出限值，生产过程就有发生事故的危险。因此，在正常情况下，变量 B 处于限值以内，生产过程按照变量 A 进行连续控制，一旦变量 B 达到限值，为了防止事故的发生，所设计的选择性控制系统将通过专门的装置（电接点、信号器、切换器）切断变量 A 控制器的输出，而使控制阀迅速关闭或打开，直到变量 B 回到限值以内，系统才重新恢复到按变量 A 进行连续控制。

开关型选择性控制系统一般都用作系统的限值保护。图 6-1（b）所示的丙烯冷却器裂解气出口温度与丙烯液位选择性控制系统，就是开关型选择性控制应用的一个实例。

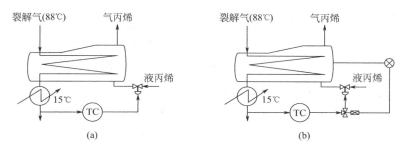

图 6-1　丙烯冷却器的两种控制方案

在乙烯分离过程中，裂解气经五段压缩后其温度已达到 88℃。为了进行低温分离，必须将它的温度降下来（工艺要求降到 15℃）。为此，工艺上采用了液丙烯低温下蒸发吸热的原理，用它与裂解气换热，达到降低裂解气温度的目的。

为了保证裂解气出口温度达到规定的质量要求，一般的控制方案是选取经换热后的裂解气温度作为被控变量，以液丙烯流量作为操纵变量，组成如图 6-1（a）所示的温度控制系统。

图 6-1（a）所示控制方案实际上是通过改变换热面积的方法，来达到控制裂解气出口温度的目的。当裂解气温度偏高时，控制阀则开大，液丙烯流量也随之增大，冷却器中丙烯的液位将会上升，冷却器中列管被液丙烯浸没的数量增多，换热面积增大，因而被液丙烯气化所带走的热量将会增多，裂解气温度下降。反过来，当裂解气温度偏低时，控制阀关小，丙烯液位将下降，换热面积则减小，丙烯汽化带走热量减少，裂解气温度将会上升。因此，通过对液丙烯流量的控制，就可以达到维持裂解气出口温度的目的。

然而，有一种情况必须进行考虑，当裂解气温度过高或负荷过大时，控制阀势必要大幅度地被打开。当换热器中的列管已全部为液丙烯所淹没，而裂解气出口温度仍然降不下来时，不能再使控制阀开度继续开大了。这时液位继续升高已不再能增加换热面积，换热效果不再能够提高，再增加控制阀的开度，冷量也得不到充分的利用。另外，丙烯液位的继续上升，会使冷却器中的丙烯蒸发空间逐渐缩小，甚至会完全没有蒸发空间，以至于使气丙烯出现带液现象。而气相丙烯带液进入压缩机将会给压缩机带来损害，这是不允许的。为此，必须对图 6-1（a）所示的方案进行改进，即需要考虑到当丙烯液位上升到极限情况时的防护性措施，于是就构成了如图 6-1（b）所示的裂解气出口温度与丙烯冷却器液位开关型选择性控制系统。

方案（b）是在方案（a）的基础上增加了一个带上限接点的液位控制器（或报警器）和一个连接于温度控制器输出去控制阀的气动信号管路上的电磁三通阀。上限接点一般设置在液位高度的 75% 位置，在正常情况下，液位低于 75%，接点是断开的（常开接点），电磁阀失电（电关阀），温度控制器输出可直通控制阀，实现温度控制。当液位上升达到 75% 时，保护压缩机不受损害已上升为主要矛盾，于是，液位控制器上限接点闭合，电磁阀加电，将温度控制器输出切断，同时使控制阀的膜头与大气相通，使膜头压力很快下降为零，于是控制阀很快关闭，这就终止了液丙烯继续进入冷却器。待冷却器中液态丙烯逐渐蒸发，液位慢慢下降到低于 75% 时，液位控制器上限接点又复断开，电磁阀重新失电，于是温度控制器的输出又直接送往控制阀，恢复成温度控制系统。

此开关型选择性控制系统的方块图如图 6-2 所示。

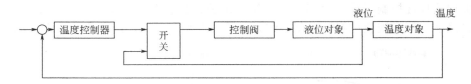

图 6-2　开关型选择性控制系统方块图

在乙烯工程中有不少这种形式的开关型选择性控制系统。图 6-3 所示的脱烷塔回流罐液位与丙二烯转化器进料蒸发器液位开关型选择性控制系统就是一例。在正常情况下，蒸发器液位 L_2 低于上限值（75%），液位控制器 LC2 接点断开，电磁三通阀失电，液位控制器 LC1 输出可直通控制阀（A.O 表示阀为气开式），从而构成按回流罐液位 L_1 控制的液位控制系统。当蒸发器液位上升到 75% 时，液位控制器 LC2 接点接通，电磁三通阀加电，于是将液位控制器 LC1 的输出切断，而将控制阀膜头与大气连通，阀压很快降为零，于是控制阀全关，这就防止了蒸发器液位 L_2 的继续上升。当蒸发器液位降至低于 75% 时，液位控制器 LC2 接点又复断开，电磁三通阀又复失电，使控制器 LC1 输出与控制阀膜头相通，于是恢复成按回流罐液位 L_1 进行控制的液位控制系统。

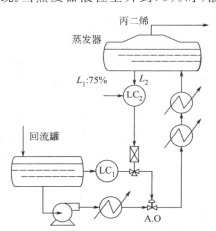

图 6-3　回流罐液位与蒸发器液位
开关型选择性控制系统

6.2.2　连续型选择性控制系统

连续型选择性控制系统与开关型选择性控制系统的不同之处在于：当取代作用发生后，控制阀并不是立即全关或全开，而是在阀门原有开度基础上继续进行控制，因此，对控制阀来说，控制作用是连续的。

在连续型选择性控制系统中，一般具有两个连续型控制器，它们的输出通过一个选择器（高选器或低选器）后，送往控制阀。这两个控制器一个在正常情况下工作，一个在非正常情况下工作。在生产处于正常情况时，系统由正常情况下工作的控制器进行控制。一旦生产处于不正常情况，不正常情况下工作的控制器将取代正常情况下工作的控制器，对生产过程进行控制，直到生产恢复到正常情况，正常情况下工作的控制器又取代非正常情况下工作的控制器，恢复对生产过程的正常控制。

下面是几个连续型选择性控制系统的应用实例。

【例 6-1】大型合成氨工厂中蒸汽锅炉是一个很重要的动力设备，它直接担负着向全厂提供蒸汽的任务，它运行正常与否，将直接关系到合成氨生产的全局。因此，必须对蒸汽锅炉的正常运行采取一系列的保护性措施。锅炉燃烧系统的选择性控制是这些保护性措施项目之一。

蒸汽锅炉所用的燃料为天然气或其他燃料气。在正常情况下，根据产汽压力来控制燃料气量。当用户所需蒸汽量增加时，蒸汽压力就会下跌，为了维持蒸汽压力，必须在增加供水量的同时，相应地燃料气量也要增加。当用户所需蒸汽器减少时，蒸汽压力就会上升，这时要减小燃料气量。关于燃料气压力对燃烧过程的影响，经过研究发现：当燃料气压力过高时，会将燃烧喷嘴的火焰吹灭，产生脱火现象。一旦脱火现象发生，大量燃料气就会因未燃烧而导致烟囱冒黑烟，这不但会污染环境，更严重的是燃烧室内积存大量燃料气与空气的混合物，

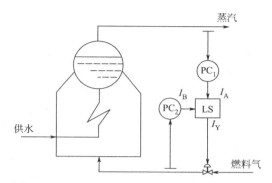

图 6-4　蒸汽压力与燃料气压力选择性控制系统

会有爆炸的危险。为了防止脱火现象的产生，在锅炉燃烧系统中采用了如图 6-4 所示的蒸汽压力与燃料气压力选择性控制系统。图中采用了一个低选器，通过它选择蒸汽压力控制器与燃料气压力控制器两者之一的输出送往设置在燃料管线上的控制阀。

低选器输出 I_Y 与输入信号 I_A、I_B 的关系如下：

当 $I_A < I_B$ 时，$I_Y = I_A$；

当 $I_A > I_B$ 时，$I_Y = I_B$；

当 $I_A = I_B$ 时，维持原来的选择。

现在分析该选择性控制系统的工作情况。为便于分析，先假设这两个控制器均选为反作用，其中 PC$_1$ 为正常情况下工作的控制器，PC$_2$ 为非正常情况下工作的控制器，而且是窄比例的（即比例放大倍数很大）。

在正常情况下，燃料气压力低于产生脱火的压力（即低于给定值），PC$_2$ 感受到的是负偏差，因此，它的输出 I_B 呈现为高信号（因为 PC$_2$ 为反作用、窄比例）。而与此同时 PC$_1$ 的输出信号相对来说则呈现为低信号。这样，低选器 LS 将选中 PC$_1$ 的输出 I_A 送往控制阀，构成蒸汽压力控制系统。

当燃料气压力上升到超过 PC$_2$ 的给定值（脱火压力）时，PC$_2$ 感受到的是正偏差，由于它是反作用、窄比例，因此 PC$_2$ 的输出 I_B 一下跌为低信号。于是低选器 LS 就改选 PC$_2$ 的输出 I_B 送往控制阀，构成燃料气压力控制系统，从而防止燃料气压力的上升，达到防止脱火的产生。

待燃料气压力下降到低于给定值时，I_B 又迅速上升为高信号，而蒸汽压力控制器 PC$_1$ 输出 I_A 相对而言又成为低信号，为低选器重新选中，送往控制阀，重新构成蒸汽压力控制系统。

本系统方块图如图 6-5 所示。

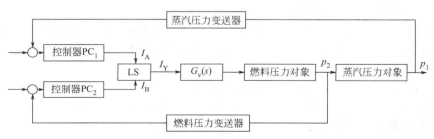

图 6-5　蒸汽压力与燃料气压力选择性控制系统方块图

【例 6-2】 图 6-6 所示为乙烯工程中 C_3 绿油塔液位与去脱丙烷塔 C_3 绿油流量选择性控制系统。

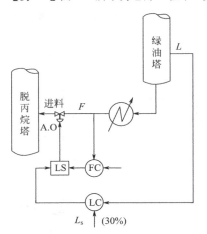

图 6-6 绿油塔液位与脱丙烷塔进料量
选择性控制系统

从脱丙烷塔的稳定操作考虑，维持进料流量恒定是非常必要的。从绿油塔正常操作要求考虑，塔液位不能低于下限值。综合考虑脱丙烷塔和绿油塔的正常操作，设置了如图 6-6 所示的选择性控制系统。

该系统中控制阀选用的是气开阀。流量控制器 FC 为正常控制器，选为反作用。液位控制器 LC 为非正常控制器，用窄比例式，选为正作用。选择器用低选器 LS。

在正常情况下，绿油塔液位 L 高于给定值 L_s（30%），LC 感受到的是正偏差，其输出为高信号（由于 LC 为窄比例、正作用），低选器则选中 FC 输出送往控制阀，构成流量控制系统，以维持脱丙烷塔进料的稳定。

当绿油塔液位低于下限值 L_s 时，系统处于不正常情况，这时维持绿油塔正常操作已上升成为主要矛盾。此时 LC 感受到的是负偏差，其输出将迅速地转变成为低信号，于是低选器改选 LC 的输出送往控制阀，从而构成以绿油塔液位作被控变量的液位控制系统。由于 LC 的输出为低信号，因此控制阀将被关小，这就阻止了绿油塔液位的继续下降（当然，系统改为液位控制后，脱丙烷塔进料量流量将会有所波动）。

当液位上升到高于下限值 L_s 后，LC 输入信号又呈现为正偏差，它的输出又迅速转变成高信号，于是低选器 LS 又改选 FC 的输出送往控制阀，系统重又恢复成按流量控制的流量控制系统。

该系统的方块图如图 6-7 所示。图中：$G_{cL}(s)$，$G_{cF}(s)$ 分别为液位、流量控制器传递函数；$G_{oL}(s)$，$G_{oF}(s)$ 分别为液位、流量对象传递函数；$G_{mL}(s)$，$G_{mF}(s)$ 分别为液位、流量变送器传递函数；$G_v(s)$ 为控制阀传递函数。

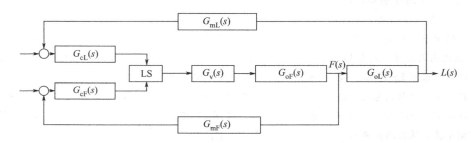

图 6-7 绿油塔液位与脱丙烷塔进料量选择性控制系统方块图

比较图 6-7 与图 6-5 可以发现，两系统的方块图是一致的。

6.2.3 混合型选择性控制系统

在这种混合型选择性控制系统中，既包含有开关型选择的内容，又包含有连续型选择的内容。例如锅炉燃烧系统既要考虑"脱火"又要考虑"回火"的保护问题，就可以设计一个混合型选择性控制系统来进行解决。

关于燃料气管线压力过高会产生脱火的问题前面已经做了介绍。当燃料压力不足时，燃料气管线的压力有可能低于燃烧室压力，这样就会出现危险的"回火"现象，这会危及燃料气罐发生燃烧和爆炸。因此，必须设法加以防止。为此，可在图 6-4 所示的蒸汽压力与燃料气压力连续型选择性控制系统的基础上，增加一个燃料气压力过低的开关型选择内容，如图 6-8 所示。

在本方案中增加了一只带下限接点的压力控制器 PC_3 和一个三通电磁阀。当燃料气压力正常时，PC_3 下限接点是断开的，电磁阀失电，低选器 LS 输出直通控制阀，此时系统的工作情况与图 6-4 相同。一旦燃料气压力下降到低于下限值，PC_3 下限接点接通，电磁阀加电，于是便切断了低选器 LS 至控制阀的通路，并使控制阀的膜头与大气相通，膜头压力将迅速下降至零，于是控制阀将关闭，以防止"回火"的产生。当燃料气管线压力慢慢上升达到

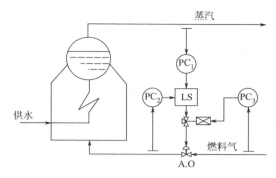

图 6-8　混合型选择性控制系统

正常值时，PC_3 接点又复断开，电磁阀复断电，于是低选器 LS 的输出又能直通控制阀，恢复成图 6-4 的控制方案。

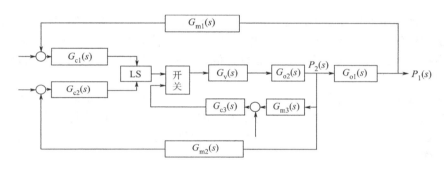

图 6-9　混合型选择性控制系统方块图

该系统的方块图如图 6-9 所示。图中，$G_{c1}(s)$、$G_{c2}(s)$、$G_{c3}(s)$ 分别为控制器 PC_1、PC_2、PC_3 传递函数；$G_{o1}(s)$ 为蒸汽压力对象传递函数；$G_{o2}(s)$ 燃料压力对象传递函数；$G_{m1}(s)$、$G_{m2}(s)$、$G_{m3}(s)$ 分别为蒸汽压力、燃料气上限和下限压力变送器传递函数。

混合型选择性控制系统在管式炉燃烧系统控制也有类似的应用。

6.3　选择性控制系统的设计

首先根据生产安全要求，选择控制阀的开闭形式；其次根据对象的特性和控制的要求，选择控制器的控制规律及正反作用；最后根据控制器的正反作用和选择性控制系统设置的目的，确定选择器的类型。

控制阀开闭形式与控制器正反作用的选择与单回路系统中所介绍的确定方法完全相同。关于控制规律的选择，一般正常情况下工作的控制器起着保证产品质量的作用，因此，应选比例积分形式；如果考虑到对象的容量滞后比较大，还可以选择比例积分微分形式的控制器。至于非正常情况工作的控制器，为了使它能在生产处于不正常情况时迅速而及时地采取措施，以防事故的发生，其控制规律应选窄比例式（即比例放大倍数很大）。选择器的类型可以根据生产处于不正常情况下非正常情况控制器的输出信号高低来确定：如果在这种情况下它的输出为高信号，则应选高选器；如果在这种情况下它的输出为低信号，则应选低选器。下面通过一个具体的例子来进行说明。

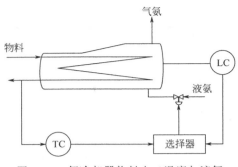

图 6-10　氨冷却器物料出口温度与液氨
液位选择性控制系统

现有一氨冷却器物料出口温度与液氨液位选择性控制系统，该系统的结构图如图 6-10 所示。

通过分析做出如下选择。

①为了防止液氨带液进入氨压缩机后危及氨压缩机的安全，控制阀应选择气开式。这样一旦控制阀失去能源（即断气），阀将处于关闭状态，不致使液位不断上升。

②氨冷却器的作用是使物料经过换热，出口温度达到一定的要求，这里物料出口温度是工艺的操作指标。温度控制器是在正常情况下工作的，由于温度对象的容量滞后比较大，因此温度控制器应该选择比例积分微分控制规律。系统中液位控制器为非正常情况下工作的控制器，为了在液位上升到安全限度时液位控制器能迅速地投入工作，液位控制器应选为窄比例式的。

③当选择器选中温度控制器的输出时，系统构成一单回路温度控制系统。在本系统中，当操纵变量（液氨流量）增大时，物料出口温度将会下降，故温度对象放大倍数的符号为"负"。因为控制阀已选为气开式，变送器放大倍数符号肯定也是"正"的，所以温度控制器必须选择"正"作用。

当选择器选中液位控制器的输出时，则构成一单回路液位控制系统。在该系统中，当液氨流量（操纵变量）增大时，液氨液位将上升，故液位对象放大倍数符号为"正"。已知控制阀放大倍数符号为"正"，液位变送器的放大倍数符号也肯定为"正"，因此液位控制器必须取"反"作用。

④由于液位控制器是非正常情况下工作的控制器，又由于它是反作用，在正常情况下，液位低于上限值，其输出为高信号。一旦液位上升到大于上限值，液位控制器输出迅速跌为低信号，为了保证液位控制器输出信号这时能够被选中，选择器必须选低选器，以防事故的发生。

6.4　积分饱和及其防止措施

6.4.1　积分饱和的产生及其危害性

一个具有积分作用的控制器，当其处于开环工作状态时，如果偏差输入信号一直存在，那么，由于积分作用的结果，将使控制器的输出不断增加（当控制器为正作用且偏差为正时）或不断减小（当偏差为负时），一直达到输出的极限值为止，这种现象称之为"积分饱和"。由上述定义可以看出，产生积分饱和的条件有三个：其一是控制器具有积分作用；其二是控制器处于开环工作状态；其三是偏差信号的长期存在。

对于 PI 控制器来说，其输入输出特性如下式所示：

$$y = K_P \left(e + \frac{1}{T_i} \int e \, \mathrm{d}t \right) \tag{6-1}$$

由此可以看出，当偏差长期存在，理论上控制器输出 y 将趋向无穷大，实际上将一直达到仪表的极限数值。而对于执行器来说，比如气动控制阀门，其接收的信号范围为 $0.02 \sim 0.1\text{MPa}$，对于超出该范围的信号则不发生动作。

对于以计算机为基础的控制工具所构成的控制系统，其数/模转换器将具有一定字长的数字量转换成模拟量。例如 12 位 D/A，它将 0～4095 转换为 4～20mA（或 0～10mA），但是计算本身的字长并不是 12 位，它的数值范围远远大得多，尽管经过系数转换，但仍有可能积分出一个极大（或极小）的数值。当偏差极性发生变化时，D/A 输出并不能立即发生变化，需要从当前的极大（或极小）的数值开始减小（或增加），一直等到回到有效数值范围内，D/A 输出才发生变化，执行器才开始动作。图 6-11 所示为偏差长时期存在下 D/A 输出变化的情况。

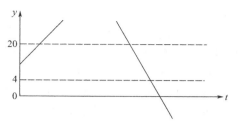

图 6-11　偏差长时期存在下 D/A 输出变化图

当控制器处于积分饱和状态时，它的输出将达到最大或最小的极限值。对气动仪表来说，其上限值为 0.14MPa，下限值为零。然而接受控制器输出信号的控制阀，其工作信号范围却是 0.02～0.1MPa。当控制器输出信号超出这一范围时，即使控制器输出还是在变，控制阀却已达到极限位置（全开或全关）而不能再改变。因此，控制器输出压力在 0～0.02MPa 与 0.1～0.14MPa 范围内变化时，控制阀根本没反应，它们是控制阀的"死区"。只有当控制器输出信号进入 0.02～0.1MPa 范围内时，控制阀才恢复控制的功能，即阀的开度才发生变化。然而，当控制器输出达到积分饱和状态时，只有当偏差信号改变方向后，控制器输出才能慢慢从积分饱和状态退出，并越过控制阀的"死区"后，才能进入控制阀的工作区，控制阀才恢复控制作用。由此可看出，由于积分饱和的影响，造成了控制阀的工作"死区"，使控制阀不能及时地发挥控制作用，因而导致控制品质的恶化，甚至还会导致发生事故。

在选择性控制系统中，任何时候选择器只能选中某一个控制器的输出送往控制阀，而未被选中的控制器则处于开环工作状态，这个处于开环工作状态下的控制器如果具有积分作用，在偏差长期存在的条件下，就会产生积分饱和。

已经处于积分饱和状态的控制器，当它在某个时刻为选择器所选中，需要它进行控制时，由于它处在积分饱和状态而不能立即发挥作用。因为这时它的输出还处在最大值（0.14MPa）或最小值（0MPa），要使它发挥作用，必须等它退出饱和区，即必须等它的输出慢慢下降到 0.1MPa 或慢慢上升到 0.02MPa 之后，控制阀才开始动作。也就是说，在饱和区里控制器输出的变化并没有实际发挥作用，因而会使控制不及时，控制质量变差。

需要指出的是，除选择性控制系统会产生积分饱和现象外，只要满足产生积分饱和的三个条件，其他控制系统也会产生积分饱和的问题。如串级系统当切入副环单独控制时而主控制器并没切入手动，那么，当再度转成串级时，主控制器会有积分饱和的问题。其他如系统出现故障、阀芯卡住、信号传送管线泄漏等，都会造成控制器的积分饱和问题。

6.4.2　抗积分饱和措施

产生积分饱和须满足三个条件。如果这三个条件中的任何一条不具备，积分饱和就不可能产生。这就是抗积分饱和措施的出发点。目前防止积分饱和的方法有如下几种。

（1）限幅法

这种方法是通过采取一些专门的技术措施对积分反馈信号以加限制，从而使控制器输出信号限制在控制阀工作信号范围之内。在电动智能型控制器中可设置输出限幅，例如输出上限设置在 19.99mA，下限设置在 4.01mA。当控制器输出达到设定值后，输出不再增加或减小。这样就不会出现积分饱和的问题

（2）积分切除法

这种方法是当控制器处于开环工作状态时，将控制器的积分作用切除掉，这样就不会使控制器输出一直增大到最大值或一直减小到最小值，当然也就不会产生积分饱和问题。在电动Ⅲ型仪表中有一种 PI-P 型控制器就属于这一类型。当控制器被选中处于闭环工作状态时，控制器具有比例积分控制规律；当控制器未被选中处于开环工作状态时，仪表线路具有自动切除积分作用的功能，结果控制器就只有比例作用功能，这样控制器的输出就不会向最大或最小两个极端变化，积分饱和问题也就不存在了。对于 DCS 系统中的控制器，可以将当前积分时间保存在一个临时存储单元中，当选择性控制系统发生切换期间，将积分时间最长赋值给控制器，由于控制器积分时间最长，控制器消除了积分作用，控制器的输出就不会无限增加或减小了。当系统重新切换回时，再将原来的积分时间赋值给控制器。

（3）偏差置零法

将控制器给定值保存在一个临时存储单元中，当选择性控制系统发生切换期间，将当前测量值赋值给控制器给定，由于此时控制器的测量等于给定，偏差为零，虽然控制器还有积分作用，由于偏差为零，所以控制器的输出就不会无限增加或减小了。当系统重新切换回时，再将原来的给定值赋值给控制器。

本章思考题及习题

6-1　在选择性控制系统中，选择器的类型是如何确定的？

6-2　何谓积分饱和？它有什么危害性？

6-3　图 6-12 所示高位槽向用户供水，为保证供水流量的平稳，要求对高位槽出口流量进行控制。但为了防止高位槽水位过高而造成溢水事故，需对液位采取保护性措施。根据上述情况要求设计一连续型选择性控制系统，画出该系统的结构图，选择控制阀的开闭形式、控制器的正反作用及选择器的类型，并简述该系统的工作情况。

6-4　图 6-13 所示的热交换器用以冷却经五段压缩后的裂解气，冷剂为脱甲烷塔的釜液。正常情况下要求釜液流量维持恒定，以保证脱甲烷塔的稳定操作。但是裂解气冷却后的出口温度不得低于 15℃，因为当温度低于此温度时，裂解气中所含的水分就会生成水合物而堵塞管道，为此，需为其设计一选择性控制系统。如果要求设计的是连续型选择性控制系统，系统中的控制阀、控制器及选择器应如何进行选择？

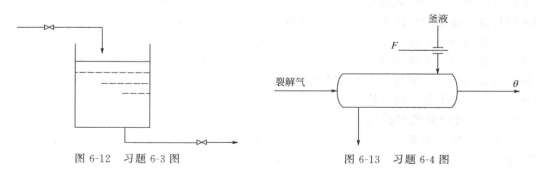

图 6-12　习题 6-3 图　　　　　　　　　　图 6-13　习题 6-4 图

6-5　图 6-14 所示为一锅炉燃烧系统的产气量与燃料管线压力选择性控制系统。其中燃料压力控制是为了防止压力过高产生"脱火"事故而设置的，蒸汽流量控制则是根据用户所需蒸汽量而设置的。假设系统中所选控制阀为气闭阀，试分析确定各控制器的正反作用及选择器的类型，并简要说明该系统的工作原理。

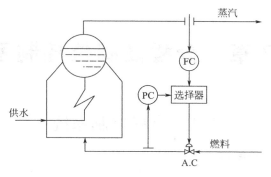

图 6-14 习题 6-5 图

第7章 分程及阀位控制系统

7.1 分程控制系统

7.1.1 分程控制系统概述

在反馈控制系统中，通常一个控制器的输出只控制一个控制阀。然而分程控制系统却不然，在这种控制系统中，一个控制器的输出可以同时控制两个甚至两个以上的控制阀，控制器的输出信号被分割成若干个信号范围段，而由每一段信号去控制一个控制阀。

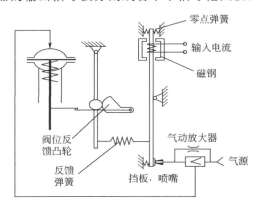

图 7-1　电气阀门定位器工作原理图

分程控制系统中控制器输出信号的分段是由附设在控制阀上的阀门定位器来实现的。阀门定位器是控制阀的一个附件，相当于一个放大倍数可变、零点可调的放大器，原理如图 7-1 所示。

如果在分程控制系统中采用了 A、B 两个分程阀，每个阀上安装一个电气阀门定位器，并且要求 A 阀在 4～12mA 信号范围内做全行程动作，B 阀在 12～20mA 信号范围内做全行程动作，那么，就可以对附设在控制阀 A、B 上的阀门定位器分别进行调整，使控制阀 A 的阀门定位器在 4～12mA 的输入信号下，输出气压信号由 0.02MPa 变化到 0.1MPa，这样控制阀 A 即在 4～12mA 信号范围内走完全行程；调整控制阀 B 的阀门定位器在 12～20mA 的输入信号下，输出气压信号由 0.02MPa 变化到 0.1MPa，这样控制阀 B 即在 12～20mA 信号范围内走完全行程。这样当控制器输出信号在小于 12mA 范围内变化时，就只有控制阀 A 随着信号的变化改变自己的开度，而控制阀 B 则处于某个极限位置（全开或全关），开度不变；当控制器输出信号在大于 12mA 范围内变化时，控制阀 A 因已移动到极限位置而开度不再变化，控制阀 B 则随着信号的变化改变阀门的开度。

如果采用 DCS、FCS、IPC 等以计算机技术为基础的控制装置，也可采用一个控制器的输出送给两个模拟量输出模块（AOM）上的输出通道，每个通道都将 4～20mA 电流信号送给各个控制阀，而分程计算则可在 DCS 内部进行。假定某个分程控制系统中，两个控制阀 A、B 的分程点在 50%，控制器的输出一路经过乘法器单元乘以 2 送给控制阀 A，另一路经过加法器减 50%，然后乘以 2 送给控制阀 B。如图 7-2 所示。

分程控制系统设置的目的有两种：其一是扩大控制阀的可调范围，以便改善控制系统的品质，使系统更为合理可靠；其二是为了满足某些工艺操作的特殊需要。

分程控制系统就控制阀的开闭形式可以划分为两类：一类是两个控制阀同向动作，即随着控制器输出的增大或减小，分程控制阀都逐渐开大或逐渐关小，其动作过程如图 7-3 所示，这种情况大都用于扩大控制阀的可调范围，改善系统品质；另一类是两个控制阀异向动作，即随着控制器输出信号增大或减小，一个控制阀逐渐开大（或逐渐关小），而另一个控制阀则逐渐关小（或逐渐开大）。如图 7-4 所示。

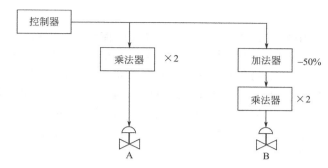

图 7-2　DCS 实现分程原理图

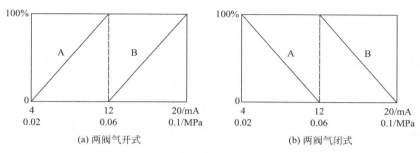

图 7-3　两个控制阀同向动作

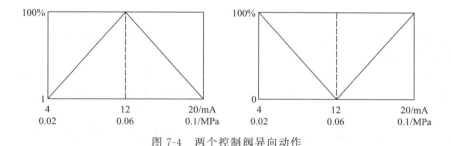

图 7-4　两个控制阀异向动作

分程阀同向或异向的选择问题要根据生产工艺的实际需要来确定。

7.1.2　分程控制的应用场合

（1）扩大控制阀可调范围，改善控制品质

现以某厂蒸汽压力减压系统为例。锅炉产汽压力为 10MPa，是高压蒸汽，而生产上需要的是 4MPa 平稳的中压蒸汽。为此，需要通过节流减压的方法将 10MPa 的高压蒸汽节流减压成 4MPa 的中压蒸汽。在选择控制阀口径时，如果选用一个控制阀，为了适应大负荷下蒸汽供应量的需要，控制阀的口径要选择得很大。然而，在正常情况下蒸汽量却不需要那么大，这就需要将阀关得小一些。也就是说，正常情况下控制阀只是在小开度下工作。因为大阀在小开度下工作时，除了阀特性会发生畸变外，还容易产生噪声和振荡，这样就会使控制效果变差，控制质量降低。为解决这一矛盾，可选用两个同向动作的控制阀构成分程控制方案。如图 7-5

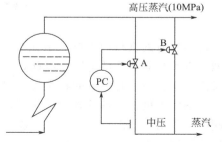

图 7-5　蒸汽压力减压系统分程控制方案

所示。

在该分程控制方案中采用了 A、B 两个同向动作的控制阀（根据工艺要求均选择为气开式），其中 A 阀在控制器输出信号压力为 4～12mA 时从全闭到全开，B 阀在控制器输出信号压力为 12～20mA 时从全闭到全开。这样，在正常情况下，即小负荷时，B 阀处于关闭状态，只通过 A 阀开度的变化来进行控制；当大负荷时，A 阀已全开仍满足不了蒸汽量的需求，这时 B 阀也开始打开，以弥补 A 阀全开时蒸汽供应量的不足。

假定系统中所采用的 A、B 两个控制阀最大流通能力 C_{max} 均为 100，可调范围 R 为 30。由于控制阀的可调范围为：

$$R = C_{max}/C_{min} \tag{7-1}$$

式中，C_{max} 及 C_{min} 分别为控制阀的最大和最小流通能力。

由式（7-1）可得：

$$C_{min} = C_{max}/30 = 3.33$$

当采用两个同向控制阀组成分程控制时，将两个控制阀看作一个等效阀，则最小流通能力不变，而最大流通能力应是两阀都全开时的流通能力，即：

$$C'_{max} = C_{Amax} + C_{Bmax} = 2C_{max} = 200$$

因此 A、B 两个控制阀构成分程控制时，两阀组合后的可调范围应是：

$$R' = \frac{C'_{max}}{C_{min}} = \frac{200}{\dfrac{100}{30}} = 60$$

这就是说，采用两个流通能力相同的控制阀构成分程控制后，其控制阀可调范围比单个控制阀进行控制时的可调范围扩大了一倍。

由于控制阀可调范围扩大了，可以满足不同生产负荷的要求，而且控制的精度也可以获得提高，控制质量得以改善，同时生产的稳定性和安全性也可进一步得以提高。两阀的分程情况如图 7-6 所示。

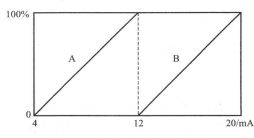

图 7-6　蒸汽减压分程阀特性

该分程控制两阀在 12mA 点处衔接，即 A 阀在 12mA 全开后 B 阀才开始打开，即分程在一点上。

（2）用于控制两种不同的介质，以满足工艺生产的要求

在某些间歇式生产的化学反应过程中，当反应物投入设备后，为了使其达到反应温度，往往在反应开始前需要给它提供一定的热量。一旦达到反应温度后，就会随着化学反应的进行而不断释放出热量，这些放出的热量如不及时移走，反应就会越来越剧烈，以致会有爆炸的危险。因此，对这种间歇式化学反应器，既要考虑反应前的预热问题，又需考虑反应过程中及时移走反应热的问题。为此，可设计如图 7-7 所示的分程控制系统。

图中温度控制器选择为反作用，冷水控制阀选为气闭式，蒸汽控制阀选择为气开式，两阀的分程情况如图 7-8 所示。该系统工作情况如下。间歇反应器投料之后，反应器内温度为环境温度，由于温度测量值小于给定值，控制器输出在高位（图 7-8 中的虚线位置），此时 A 阀（冷水阀）处在小开度，B 阀（蒸汽阀）处在大开度。进入反应器夹套是高温水，进行

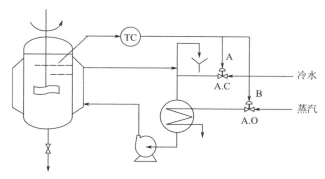

图 7-7　间歇式化学反应器分程控制系统

化学反应前的升温。反应物温度慢慢升高，当温度达到反应温度时，化学反应发生。随着反应器内温度的升高，控制器输出逐渐减小，B 阀逐渐关小至完全关闭，而 A 阀开度逐渐增大，此时进入反应器夹套的是冷水，以移走反应热量而达到维持反应温度的目的。

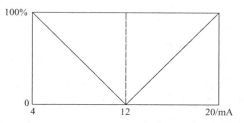

图 7-8　间歇式化学反应器分程阀特性图

本方案中选择蒸汽控制阀为气开式，冷水控制阀为气闭式是从生产安全角度考虑的。因为一旦出现供气中断情况，A 阀将处于全开，B 阀将处全闭，这就不会导致发生事故。

本例中采用两个异向动作控制阀，分程点附近有覆盖区，即控制器输出处在某个信号段时两个控制阀都有一定开度。

（3）用作生产安全的防护措施

在各类炼油厂或石油化工厂中有许多存放各种油品或石油化工产品的储罐。这些油品或石油产品不宜与空气长期接触，因为空气中的氧气会使油品氧化而变质，甚至会引起爆炸。为此，常常在油品储罐液位以上空间充以惰性气体氮，以使油品与空气隔绝。通常称之为氮封。为了保证空气不进入储罐，一般要求氮气压力保持为微正压。

这里需要考虑的一个问题就是储罐中物料量的增减将会导致氮封压力的变化。当由储罐中向外抽取物料时，氮封压力则会下降，如不及时向储罐中补充氮气，储罐将有被吸瘪的危险；而当向储罐中注料时，氮封压力又会逐渐上升，如不及时排出储罐中一部分氮气，储罐就有被鼓坏的危险。显然，这两种情况都不允许发生，这就必须设法维持储罐中氮封的压力。为了维持储罐中氮封压力，可采用图 7-9 所示的分程控制方案。

本方案中 A 阀采用气开式，B 阀采用气闭式，控制器采用反作用。两分程阀的特性如图 7-10 所示。

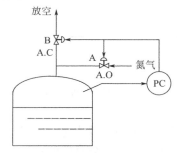

图 7-9　油品储罐氮封分程控制方案

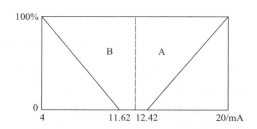

图 7-10　油罐氮封分程阀特性图

系统工作之前，假定将控制器的控制点调整等于 12mA（控制点即偏差等于零时的控制器输出）。当因向储罐内注油而使储罐压力升高时，则出现正偏差，而压力控制器是反作用，因此它的输出将减小而低于 12mA，这时由图 7-10 可以看出 A 阀是全关的，B 阀却因控制器输出压力低于 12mA 而打开，这样储罐中的一部分氮气将通过放空管放空，于是储罐内的压力将逐渐下降。当因从储罐内抽油而使罐压下降时，控制器将感受到负偏差，于是控制器输出将增大而高于 12mA，这时 B 阀将关闭而 A 阀打开，于是氮气被补充加入到储罐中，以提高储罐的压力。

这就是说，通过 A、B 两分程阀动作的结果，不论是向罐内注油或是从罐内抽油，都能保持罐内的压力维持不变。

有一点必须引起重视，就是当压力在给定值附近波动时，A、B 两阀将会频繁地动作，这将影响到控制阀的使用寿命。为了防止储罐压力在给定值附近变化时，A、B 阀频繁动作，可在两阀信号交接处设置一个不灵敏区，如图 7-10 所示。方法是通过阀门定位器的调整，使 B 阀在 4～11.62mA 信号范围内从全开到全关，A 阀在 12.42～20mA 信号范围内从全关到全开。这样做了之后，当控制器输出信号在 11.62～12.42mA 范围变化时，A、B 阀都处于全关，位置不动。这样做对于储罐这样一个空间较大，因而时间常数较大，且控制精度要求又不是很高的具体压力对象来说，是有益的。因为留有这样一个不灵敏区之后，将会使控制过程变化趋于缓慢，系统更为稳定。

本例中亦采用两个异向动作控制阀，分程点附近有死区，即控制器输出处在某个信号段时两个控制阀开度都为零。

7.1.3　分程控制系统控制器参数的整定

对于上面所介绍的三种分程控制系统应用实例，其系统方块图分别如图 7-11～图 7-13 所示。

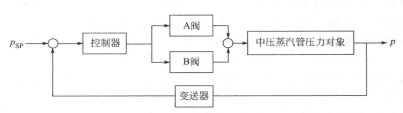

图 7-11　蒸汽减压系统压力分程控制方块图

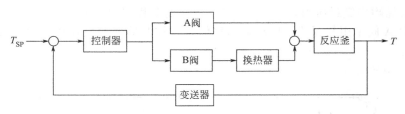

图 7-12　间歇化学反应器温度分程控制方块图

图 7-11 蒸汽减压系统压力分程控制系统方块图中上下两个信息通路完全相同，因此在系统整定时，可按普通单回路反馈系统进行整定即可。

图 7-12 间歇化学反应器温度分程控制系统方块图中，上下两个信息通道长度不同，由于 B 阀所处的通道比 A 阀所处的通道多了一个热交换器，这样两个通道的特性就不一样了，它们之间有着很大的差异。在这种情况下，要寻找出一组控制器参数，使得对应于上述两个

通道的过渡过程都是最佳的是不可能的。这时就要采取折中的办法，选择一组合适的控制器参数，使之能兼顾上述两个通道特性的情况。

图 7-13 储油罐氮封压力分程控制系统方块图中，上下两个信息通道长度相同，储油罐充压通道与泄压通道放大倍数相同，只是符号相反（充压通道为正，泄压通道为负），由于充氮阀是气开阀，泄压阀位气闭阀，符号相反，所以上下两个通道都形成负反馈。因此可按普通单回路反馈系统进行整定即可。

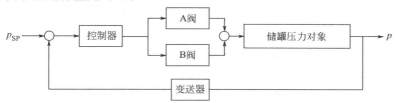

图 7-13　储油罐氮封压力分程控制系统方块图

分程控制系统中，确定控制器正反作用的原则，是确保各个信息通道都形成负反馈。例如图 7-8 间歇化学反应器温度分程控制系统，冷水阀选气闭阀，蒸汽阀选气开阀。由图 7-12 间歇化学反应器温度分程控制系统方块图可知，阀 A 为冷水阀，其符号为负，阀 B 为蒸汽阀，其符号为正；反应器冷水通道为负（冷水流量增加反应器内温度降低），热水通道为正（热水流量增加反应器内温度升高）；换热器符号为正（蒸汽流量增加热水温度增加）；温度测量变送为正（温度增加则信号增加）。针对向上面信息通道，若要形成负反馈，则控制器应当选反作用；针对向下面信息通道，若要形成负反馈，则控制器也应当选反作用。

例如图 7-9 储油罐氮封压力分程控制系统，充氮阀选气开阀，泄压阀选气闭阀。由图 7-13 储油罐氮封压力分程控制系统方块图可知，阀 A 为充氮阀，其符号为正，阀 B 为泄压阀其符号为负；储油罐充压通道为正（氮气流量增加储油罐内压力升高），泄压通道为负（泄压流量增加储油罐内压力降低）；压力测量变送为正（压力增加则信号增加）。针对上面信息通道，若要形成负反馈，则控制器应当选反作用；针对向下面信息通道，若要形成负反馈，则控制器也应当选反作用。

7.1.4　分程阀总流量特性的改善

前已分析，两个同向动作的控制阀组合可看作一个等效阀，其构成分程控制的结果，可以提高控制阀的可调范围 R。但是，如果用两个流通能力不相同的控制阀构成分程控制，从组合后的总流量特性来看，两阀分程信号的交接处流量的变化并不是平滑的。例如 $C_{Amax} = 4$，$C_{Bmax} = 100$，两个控制阀构成分程控制，其中 A 阀在 $4 \sim 12mA$ 信号范围内从全闭到全开，B 阀在 $12 \sim 20mA$ 信号范围内从全闭到全开，两阀分程特性如图 7-14 所示，它们的组合总流量特性如图 7-15 所示。

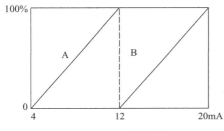

图 7-14　A、B 分程阀特性

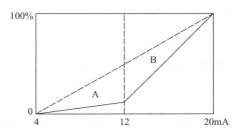

图 7-15　A、B 分程阀组合特性

由图 7-14 及图 7-15 可以看出，原来线性特性很好的两个控制阀，当组合在一起构成分程控制时，其总流量特性已不再呈线性关系，而变成非线性关系了。特别是在分程点，总流量特性出现了一个转折点。由于转折点的存在，导致了总流量特性的不平滑，这对系统的平稳运行是不利的。为了使总流量特性达到平滑过渡，可以采用如下方法。

（1）连续分程法

本法是先根据单个分程阀的特性找寻组合后的总流量特性，再根据单个分程阀的特性与组合总流量特性的关系找出相应的分程点，确定各分程阀的分程信号。下面以两个具体的实例加以说明。

【例 7-1】某分程控制采用两个线性特性控制阀，其中 $C_{Amax}=195$，$C_{Bmax}=450$，可调范围 R 均为 50。为保证总流量特性的平滑过渡，试确定两控制阀的分程信号。

线性流量特性的控制阀，其相对流量与相对行程之间有如下关系：

$$\frac{\mathrm{d}\left(\dfrac{F}{F_{max}}\right)}{\mathrm{d}l}=K \tag{7-2}$$

式中　F——任意行程下的流量；

F_{max}——最大行程下的流量；

l——相对行程百分数；

K——控制阀的放大倍数。

上式两边积分得：

$$F/F_{max}=Kl+K_1 \tag{7-3}$$

式中，K_1 为待定系数，可由初始条件求得。

将式（7-3）表示成流通能力与相对行程的关系则为：

$$C=C_{max}(Kl+K_1) \tag{7-4}$$

令 $C_{max}=C_{Amax}+C_{Bmax}=195+450=645$，并将初始条件代入式（7-4）。

当 $l=0$ 时，$C=C_{min}=195/50=3.9$，则式（7-4）可改写为：

$$3.9=645K_1 \tag{7-5}$$

当 $l=100\%$ 时，$C=C_{max}=645$，则式（7-4）可改写成：

$$645=645（K+K_1） \tag{7-6}$$

由式（7-5）可求得：

$$K_1=3.9/645$$

将 K_1 代入式（7-6）即可求得：

$$K=1-K_1=641.1/645$$

将 K、K_1 代入式（7-4）即得两阀组合后的总流量特性：

$$C=641.1\,l+3.9 \tag{7-7}$$

根据式（7-7），以 C 为横坐标，以 l 为纵坐标即可作出总流量特性曲线如图 7-16 所示。

在组合总流量曲线上找出 $C=195$ 的点 a，再找出 a 点流通能力所对应的分程点 b 及其对应的阀门定位器输入信号为 9mA，于是就可以确定 A 阀的分程信号为 4～9mA，B 阀分程信号为 9～20mA。

【例 7-2】某分程控制系统采用两个等百分比控制阀。其中 A 阀的流通能力为 $C_{Amax}=195$，B 阀的流通能力为 $C_{Bmax}=450$，两阀的可调范围均为 50。试确定各阀的分程信号。

由于 A、B 两阀均为等百分比特性，因此，两控制阀组合后的总流量特性应该是等百分比特性。

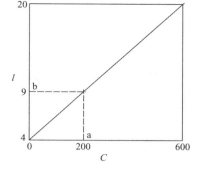

图 7-16 A、B 阀的组合总流量特性曲线

对于等百分比特性的控制阀，其相对流量与相对行程之间的关系可用下式表示：

$$\frac{\mathrm{d}\left(\dfrac{F}{F_{\max}}\right)}{\mathrm{d}l}=K\left(\frac{F}{F_{\max}}\right) \tag{7-8}$$

式中各变量含义与前同。

对式（7-8）两边积分得：

$$\ln(F/F_{\max})=Kl-\ln K_1 \tag{7-9}$$

或

$$\frac{F}{F_{\max}}=\frac{1}{K_1}\mathrm{e}^{Kl} \tag{7-10}$$

式中，K_1 为待定系数，可从初始条件中求得。

将式（7-10）表示成流通能力与相对行程的关系则为：

$$C=\frac{C_{\max}}{K_1}\mathrm{e}^{Kl} \tag{7-11}$$

式（7-11）即是两个等百分比特性控制阀的组合总流量特性。当然它也是等百分比特性。

式（7-11）中：

$$C_{\max}=C_{Amax}+C_{Bmax}=195+450=645$$

下面代入初始条件计算 K 及 K_1。

当 $l=0$ 时，$C=C_{\min}=195/50=3.9$，将其代入式（7-11）则得：

$$3.9=645/K_1 \tag{7-12}$$

当 $l=100\%$ 时，$C=C_{\max}$，代入式（7-11）则得：

$$645=\frac{645}{K_1}\mathrm{e}^{K} \tag{7-13}$$

将式（7-12）及式（7-13）联立可解得：

$$K_1=645/3.9=165.38$$

$$K=\ln\left(\frac{645}{3.9}\right)=5.11$$

将所得 K 及 K_1 代入式（7-11），即得 A、B 两阀组合总流量特性的表达式：

$$C = 3.9 \left(\frac{645}{3.9} \right)^l \tag{7-14}$$

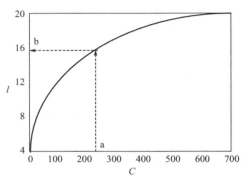

以 C 为横坐标，以 l 为纵坐标，即可画出总流量特性曲线如图 7-16 所示。

在图 7-17 上找出 $C=195$ 的点 a，通过 a 点找出其对应的分程点 b，并找出 b 点所对应的阀门定位器输入信号为 16mA。于是 A 阀的分程信号为 4～16mA，B 阀的分程信号为 16～20mA。

连续分程法适用于两控制阀流通能力相差不是太大的情况，如上述所举的两例即属于此。如果两阀流通能力相差悬殊，这种方法就不适宜了。因为在这种情况下，C 值小的控制阀分程信号范围变得很窄（特别是线

图 7-17 等百分比特性 A、B 组合总流量特性

性特性控制阀这种情况更为严重），以至于无法使用，这时就得考虑采用其他解决办法。

（2）间隔分程法

本法是预先确定好分程阀的分程信号，然后分别作出各个控制阀的流量特性曲线，如果在分程点流量特性突变较小，则可将分程点附近流量特性曲线突变部分的信号舍去。这样，当第一个阀门全开时，即使信号有微小的变化，第二个阀也不会马上工作，从而使得流量特性达到平滑地过渡。下面是一个实例。

【例 7-3】某分程控制系统采用两个等百分比控制阀，其中 A 阀 $C_{Amax}=4$，可调范围为 $R_A=50$，B 阀 $C_{Bmax}=100$，可调范围为 $R_B=35$。已知 A 阀分程信号为 4～12mA，B 阀分程信号为 12～20mA。

由于 A、B 两阀均为等百分比特性，其特性表达式应如式（7-11）所示，即：

$$C = \frac{C_{max}}{K_1} e^{Kl}$$

代入 A 阀的初始条件可求得 K 及 K_1。

当 $l=0$ 时，$C=C_{Amin} \approx 4/50 = 0.08$，这时式（7-11）可改写为：

$$0.08 = 4/K_1$$

于是可得：$\qquad\qquad\qquad K_1 = 4/0.08 = 50$

当 $l=100\%$ 时，$C=C_{Amax}=4$，这时式（7-11）可写成：

$$4 = \frac{4}{K_1} e^K$$

将 $K_1=50$ 代入可求得：

$$K = \ln K_1 = \ln 50$$

将所得 K 及 K_1 代入式（7-11），即可求得 A 阀的流量特性的关系式：

$$C_A = \frac{4}{K_1} e^{Kl} = \frac{4}{50} (e^{\ln 50})^l = 0.08 \ (50)^l \tag{7-15}$$

将 B 阀的初始条件代入式（7-11），即可求得 B 阀的特性关系式：

$$\frac{100}{35} = \frac{100}{K_1}$$

由上关系可求得：$K_1 = 35$

当 $l = 100\%$ 时，$C = C_{B\max} = 100$，这时式（7-11）可写成：

$$100 = \frac{100}{K_1} e^K$$

将 $K_1 = 35$ 代入上式即可求得 K 为：

$$K = \ln K_1 = \ln 35$$

将所得 K 及 K_1 代入式（7-11），即可求得 B 阀的流量特性的关系式：

$$C_B = \frac{100}{K_1} e^{K1} = \frac{100}{35}(e^{\ln 35})^l = 2.86(35)^l \qquad (7\text{-}16)$$

因为 A 阀在 4～12mA 信号范围内从全闭到全开，如果用 I 代表电流信号，那么 A 阀相对行程与电流信号关系可按图 7-18 求得：

$$l \times 100\% = \frac{I-4}{12-4}$$

因此可得：

$$l = 0.125(I-4)$$

因此式（7-15）所表示的 A 阀特性可改写成：

$$C_A = 0.08(50)^{0.125(I-4)} \qquad (7\text{-}15a)$$

由于 B 阀在 12～20mA 信号范围内从全闭到全开，按相同的方法可求得 B 阀相对行程与信号压力关系为：

$$l = 0.125(I+12)$$

因此 B 阀特性关系式（7-16）即可改写成：

$$C_B = 2.86(35)^{0.125(I-12)} \qquad (7\text{-}16a)$$

根据式（7-15a）及式（7-16a），并考虑 B 阀打开时 A 阀已经全开的情况，可作出 A、B 两阀的总流量特性曲线如图 7-19 所示。

由图 7-19 的总流量特性曲线可以看出，在分程点（12mA）附近流量特性曲线出现了畸变。为了使两阀能平滑过渡，可以把分程点附近这一段不平滑的信号去掉，使 A 阀分程信号改为 4～11mA，B 阀分程信号改为 13～20mA，这样处理之后，流量特性就可以保持平滑过渡了。而且这样做之后，两个控制阀的动作也比较平稳了。图 7-20 为采用上述措施后 A、B 两阀的总流量特性曲线。

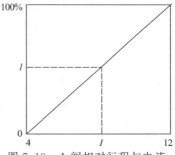

图 7-18　A 阀相对行程与电流信号关系图

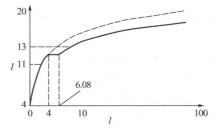

图 7-19　A、B 两阀总流量特性曲线

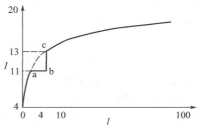

图 7-20　采用间隔分程法后 A、B 两阀的总流量特性曲线

本法也存在一定缺陷。虽然从总流量特性曲线上看是平滑了，但是，当控制器输出信号在 11～13mA 范围内变化对，流量并不按 ac 曲线变化，而是按 abc 曲线变化（图 7-20）。这就是说，当控制器输出信号大于 11mA 而继续增长时，A 阀已完全打开，达到了它的最大流量，但此时 B 阀尚未打开，因此总流量只能是 A 阀的最大流量值（$C_{Amax}=4$），一直到控制器输出信号达到 13mA 时，B 阀才开始动作（这时 B 阀已有最小流量值产生）。这样，总流量特性曲线就由 b 点突然跳到 c 点，这以后流量才呈连续平滑地变化。由此可见，在使用这种方法时，总流量特性曲线会在 13mA 这一点产生跃变，这是不可避免的。

7.2　阀位控制系统

7.2.1　阀位控制系统概述

有关操纵变量的选择问题第 1 章中已经做了详尽的讨论，并归结出几条选择原则，其核心问题就是：所选的操纵变量既要考虑到经济性和合理性，又要考虑到快速性和有效性。但是，在有些情况下，所选择的操纵变量很难做到两者兼顾。阀位控制系统就是在综合考虑操纵变量的快速性、有效性和经济性、合理性基础上发展起来的一种控制系统。

阀位控制系统的原理结构图如图 7-21 所示。

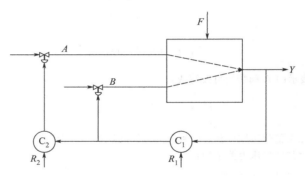

图 7-21　阀位控制系统原理结构图

在阀位控制系统中选用了两个操纵变量 A 和 B。其中，操纵变量 A 从经济性和工艺的合理性考虑比较合适，但是对克服干扰的影响不够及时、有效；操纵变量 B 却正好相反，快速性、有效性较好，即克服扰动的影响比较迅速、及时，但是经济性、合理性较差。这两个操纵变量分别由两个控制器来控制，其中控制操纵变量 B 的为主控制器 C_1，控制操纵变量 A 的为阀位控制器 C_2。主控制器的给定值即产品的质量指标，阀位控制器的给定值是操纵变量 B 管线上控制阀的阀位。阀位控制系统也因此而得名。

7.2.2　阀位控制系统的应用

（1）管式加热炉原油出口温度控制

管式加热炉原油出口温度控制一般都选原油出口温度为被控变量，选择燃料油（或气）作为操纵变量，组成如图 7-22 所示的温度控制系统。

该系统中选用燃料油（或气）作为操纵变量是经济的、合理的，然而它对克服外界干扰的影响却不是及时的。这是因为燃料量的变化至出口温度这一通道容量较大（即时间常数较大），燃料量变化所改变的燃烧热要通过辐射、传导和对流等传热过程将热量传给管道中的原油后，才能使原油出口温度发生变化，这段时间比较长（有的多至十几分钟），这样对克服干扰的有效性就比较差。

如果在原油入口和出口之间直接引一条支管并以它作为操纵变量 B，从而构成如图7-23

所示的阀位控制系统，就可以明显地提高系统的控制质量。

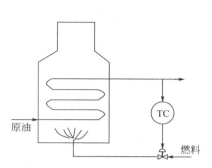

图 7-22　原油出口温度控制系统

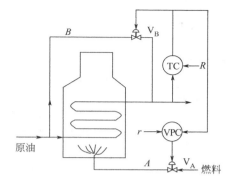

图 7-23　原油出口温度阀位控制系统

　　显然操纵变量 B 对控制原油出口温度十分及时、有效，然而，从工艺考虑是不经济的（增加能耗），因此，通过它来控制原油出口温度是不合理的。图 7-23 将操纵变量 A 和 B 有机地结合起来，却能达到提高控制质量的效果。

　　假定 V_A、V_B 两控制阀均选为气开阀，主控制器 TC 为正作用，阀位控制器 VPC 为反作用（控制阀开闭形式选择与前同，控制器正反作用选择后面再介绍）。

　　系统稳定情况下，被控变量等于主控制器的设定值 R，控制阀 V_A 处于某一开度，控制阀 V_B 处于阀位控制器 VPC 所设置的小开度 r。当系统受到外界干扰使原油出口温度上升时，温度控制器的输出将增大（因为它是正作用），这一增大的信号送往两处：其一去 V_B；其二去 VPC。送往 V_B 的信号将使 V_B 开度增大，这会将原油出口温度拉下来；送往 VPC 的信号是作为后者的测量值，在 r 不变的情况下，测量值增大，VPC 的输出将减小，V_A 的开度将减小，燃料量则随之减少，出口温度也将因此而下降。这样 V_A、V_B 两个控制阀动作的结果都将会使温度上升的趋势减低。随着出口温度上升趋势的下降，TC 输出逐渐减小，于是阀 V_B 的开度逐渐减小，阀 V_A 的开度逐渐加大。这一过程一直进行到温度控制器 TC 及阀位控制器 VPC 的偏差都等于零时为止。温度控制器偏差等于零，意味着出口温度等于给定值，阀位控制器偏差等于零，意味着控制阀 V_B 的阀压与阀位控制器 VPC 的设定值 r 相等，而 V_B 的开度与阀压是有着一一对应的关系的，也就是说阀 V_B 最终会回到设定值 r 所对应的开度。

　　由上面的分析中可以看到，本系统利用操纵变量 B 的有效性和快速性，在扰动一旦出现影响到被控变量偏离给定值时，先行通过对操纵变量 B 的调整来克服干扰的影响。随着时间的增长，对操纵变量 B 的调整逐渐减弱，而控制出口温度的任务逐渐转让给操纵变量 A 来承担，最终阀 V_B 停止在一个很小的开度（由设定值 r 来决定）上而维持控制的合理性和经济性。

　　（2）蒸汽减压系统压力控制

　　4MPa 的中压蒸汽减压成 0.3MPa 的低压蒸汽，一般使中压蒸汽经过一个起节流作用的控制阀 V_B 就可以了。但是这样做不经济（能量白白耗费在克服控制阀的阻力上）。如果将中压蒸汽通过中压透平后转为低压蒸汽，则可使透平做功，使能量得到有效的利用，这是一举两得的事。于是可按图 7-24 所示构成一低压总管压力阀位控制系统。

　　系统中压力控制器 PC 为主控制器，它的输出同时作为阀 V_B 的控制信号，又作为阀位控制器 VPC 的测量信号，控制阀 V_A 由阀位控制器进行控制，而阀位控制器的给定值 r 则决定着阀 V_B 的开度（通常设置 r 值都是一个较小的值）。

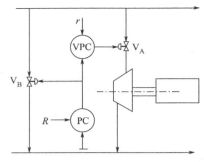

图7-24 蒸汽减压系统低压总管
压力阀位控制系统

在正常情况下,低压总管压力等于PC的给定值R,阀V_B处于某一个小开度(与VPC设定值r相对应),阀V_A也处于某一个开度。一旦由于某种原因(如低压管线用户增加)低压总管压力下降了,这时PC输出变化,立即使阀V_B开大,紧接着在VPC的控制下阀V_A也开大,于是低压总管压力开始回升。随着低压总管压力的回升,阀V_B逐渐关小,而阀V_A则继续逐渐开大,渐渐将压力控制的任务转移到阀V_A的身上。最后当低压总管压力回到给定值R达到稳定时,阀V_B回复到原先由r所设定的小开度,而阀V_A则处于一个新的开度。

7.2.3 阀位控制系统的设计及整定

(1)操纵变量的选择

要从经济、合理性和快速、有效性两个不同角度考虑选择A、B两个操纵变量,其中,操纵变量A着重考虑经济性和合理性,而操纵变量B则着重考虑快速性和有效性。

(2)控制阀开闭形式选择

与单回路系统介绍的方法相同。

(3)控制器规律及正、反作用选择

①控制器控制规律选择。主控制器是控制产品质量指标的,因此它必须有积分作用,即一般情况主控制器应选用比例积分控制器。当对象时间常数比较大时(如温度对象),则可选用比例积分微分控制器。阀位控制器的作用在于最终使控制阀处于一个固定的小开度上(由VPC设定值r决定)。为了做到这一点,阀位控制器必须具有积分作用,也就是说阀位控制器应选比例积分作用。

②控制器正反作用选择。原则仍然是闭合回路的开环总放大倍数的符号必须为负。以管式炉原油出口温度阀位控制系统为例,它的方块图如图7-25所示。图中:$G_c(s)$、$G_{cv}(s)$分别代表主控制器及阀位控制器传递函数;$G_{vA}(s)$、$G_{vB}(s)$分别代表控制阀V_A及V_B的传递函数;$G_{oA}(s)$、$G_{oB}(s)$分别代表两阀所在通道的对象A、B的传递函数。

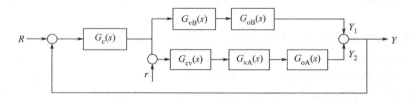

图7-25 管式炉原油出口温度阀位控制系统方块图

由图可以看出,系统有两个回路:其一是从主控制器出发经阀V_B、对象B及反馈回路返回主控制器;另一个是从主控制器出发,经阀位控制器、阀V_A、对象A再经反馈回路返回主控制器。

从第一回路可确定主控制器的正反作用。根据工艺要求,阀V_B应选气开式,其放大倍数符号为正。当阀V_B开大时,出口温度将下降,对象B放大倍数符号为负,这样就可以确定主控制器应选正作用。

阀位控制器的正、反作用只能从第二回路的分析中确定。根据工艺要求阀V_A应选气开式,其放大倍数的符号为正。当阀V_A开大时,燃料量增加,出口温度将会上升,温度对象

A 的放大倍数为正，而主控制器放大倍数符号前已确定为正作用，要构成负反馈，阀位控制器必须选用反作用。

下面分析图 7-24 所示低压总管压力阀位控制系统控制器正反作用的选择方法。

通过分析可以看出，该系统的方块图与图 7-25 所示的方块图是类似的，所不同的只是将图中的温度控制器改为压力控制器，温度对象 A 及 B 改为压力对象 A 和 B，其他则完全相同，因此可以借助于图 7-25 进行分析。

首先根据上面的回路确定主控制器的正反作用。根据工艺要求，阀 V_B 应选气开式，放大倍数符号为正。当阀 V_B 开大时，低压蒸汽总管压力将上升，压力对象 B 放大倍数符号为正。要构成负反馈，主控制器（即压力控制器）必须选反作用。

再根据下面回路确定阀位控制器的正反作用。根据工艺要求，阀 V_A 应选气开式，其放大倍数符号为正。当阀 V_A 开大时，低压总管压力将上升，压力对象 A 放大倍数为正。前已确定主控制器为反作用，为构成负反馈，阀位控制器必须选用正作用。

（4）阀位控制系统的整定

阀位控制系统有主控制器及阀位控制器两个控制器，但是它们之间的关系与串级控制系统中的主、副控制器之间的关系又不同，故不能用串级控制系统的整定方法来整定阀位控制系统。

从图 7-25 所示阀位控制系统方块图来看，可以把阀位控制系统视为两个彼此之间有联系的单回路系统来整定。

整定可分两步进行：

第一步，在阀位控制器处于手动情况下，按单回路系统整定方法整定主控制器的参数；

第二步，将整定好的主控制器参数放好，使主控制器处于自动状态，然后按单回路系统整定方法整定阀位控制器的参数。

本章思考题及习题

7-1　分程控制系统中是如何实现使各个控制阀处于不同的信号段的？

7-2　分程控制系统中控制器的正反作用是如何确定的？举例说明之。

7-3　在分程控制系统中，什么情况下需选用同向动作控制阀，什么情况下需选用反向动作的控制阀？

7-4　如何才能使同向动作的控制阀在分程点前后流量特性达到平滑过渡？

7-5　试解释阀位控制器必须选用比例积分控制器的理由。

7-6　阀位控制系统投运应按怎样的步骤来进行？

7-7　图 7-26 为某管式加热炉原油出口温度分程控制系统，两分程阀分别设置在煤气和燃料油管线上。工艺要求优先使用煤气供热，只有当煤气量不足以提供所需热量时，才打开燃料油控制阀作为补充。根据上述要求试确定：

①A、B 两控制阀的开闭形式及每个阀的工作信号段（假定分程点为 0.06MPa）；

②确定控制器的正反作用；

③画出该系统的方块图，并简述该系统的工作原理。

7-8　某生产工艺有一脱水工序，用 95％浓度的酒精按卡拉胶与酒精之比为 1:6 的比例加入到卡拉胶中，以脱除卡拉胶中所含的一部分水分。工艺流程如图 7-27 所示。酒精来源有两个：一为酒精回收工序所得；一为新鲜酒精。工艺要求尽量使用回收酒精，只有在回收酒精量不足时，才允许添加新鲜酒精给予补充。根据上述情况应采用何种控制方式为好？画出系统的结构图与方块图。选择系统中控制阀的开闭形式、控制阀的工作信号及控制器的正反作用。

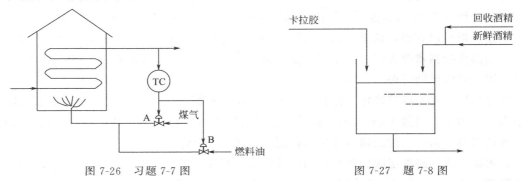

图 7-26 习题 7-7 图   图 7-27 题 7-8 图

7-9 图 7-28 所示为甲烷化反应器（DC-301）入口温度分程控制系统。它利用反应生成物经换热器 EA-302 对进反应器物料进行预热，如入口温度仍达不到要求，则进一步通过蒸汽换热器 EA-301 预热。两分程阀分别设置在换热器 EA-302 的旁路和蒸汽管线上，如图所示。试确定各控制阀的开闭形式、工作信号段（设分程点为 0.06MPa）及控制器的正反作用。

7-10 图 7-29 为一燃料气混合罐（FA-703）压力分程控制系统。正常时调出界区的甲烷流量控制阀 A，当罐内压力降低到 A 阀全关仍不能使其回升时，则开大来自燃料气发生罐（FA-704）的出口管线控制阀 B。试分析该系统中各控制阀的开闭形式、阀上的信号段以及控制器的正反作用。

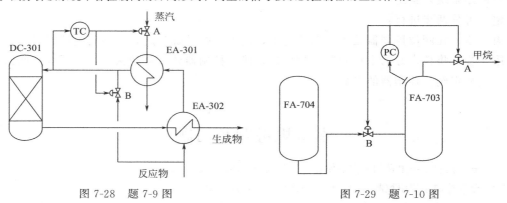

图 7-28 题 7-9 图   图 7-29 题 7-10 图

7-11 某反应过程要求反应物入口温度必须预热到所要求的温度，因此在反应物进反应器之前经蒸汽换热器与蒸汽进行换热。其工艺流程图如图 7-30 所示。假定该反应过程对入口温度要求很严，而蒸汽换热由于时间常数比较大，控制很不及时，那么应该设计何种控制方案为好？画出系统的结构图与方块图，选择控制阀的开闭形式及控制器的正反作用，并说明该系统的工作原理。

7-12 某放热化学反应器温度阀位控制系统如图 7-31 所示。为了控制反应温度，必须及时移走反应所产生的热量。图中采用两项措施：其一是在夹套通以冷却水；其二是将反应物从釜中抽出，与冷冻盐水换热后再送回釜中。显然，第二项措施反应较快，滞后较小，有良好的动态性能，但是用冷冻盐水代价太高，不经济。因此，正常情况盐水控制阀只打开一个很小的开度（由设置值 r 决定）。要求：

①确定两控制阀的开闭形式；

②确定各控制器的正反作用；

③分析该系统的工作过程。

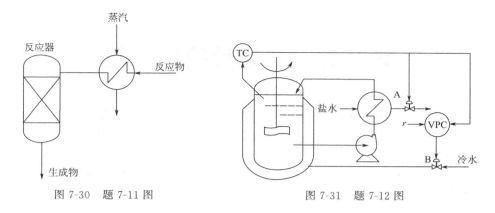

图 7-30 题 7-11 图　　　　　图 7-31 题 7-12 图

第 8 章　非线性控制系统

随着控制理论的进展，自动化技术工具的发展，尤其是计算机的使用，使非线性控制系统在过程控制中逐步多了起来。如果将非线性控制系统粗略地加以分类，可以分为两类：一类过程是线性的（或近似按线性处理），为了满足控制系统的某种要求或改善控制系统质量而引入非线性的控制规律；另一类过程本身是非线性的，引入非线性的补偿元件或控制规律，以达到系统规定的控制指标。

8.1　线性过程的非线性控制

8.1.1　液位的非线性控制

（1）均匀控制的实现

在均匀控制系统一节中，曾提到可以采用非线性控制规律来实现均匀控制，其中最常用的是采用带不灵敏区的非线性控制。这种带不灵敏区的非线性控制规律如图 8-1 所示。当系

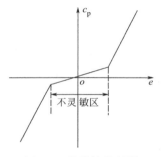

图 8-1　非线性控制器
比例部分的输出特性

统偏差 e 在不灵敏区内，控制器的增益很小，即 δ 很大；偏差 e 超出不灵敏区后，控制器增益将增大（增大 10 倍或更多）。

利用非线性控制规律实现均匀控制的原理较简单，只要根据工艺允许的液位波动范围，合理设置不灵敏区宽度，就能做到在较小的外扰作用下，使液位偏差信号在不灵敏区内变化。非线性控制器工作在小增益区域，从而输出变化不大，控制阀的开度变化也不大，流量仅仅在小范围内波动。也就是说，液位在允许范围内波动的同时，流量不至于有较大的变化，达到液位和流量的均匀控制。只有在较大的外扰作用进入系统时，液位偏差信号一旦超出不灵敏区，非线性控制器才工作在高增

益区域，其控制作用有一个较大的输出变化，使流量也产生一个较大的变化。但这种做较大变化的时间是短暂的，因为较强的控制作用驱使流量做较大的变化，可以很快地把液位偏差信号拉回到不灵敏区，于是整个系统又回复到上述的不灵敏区内的工作情况。实际系统的组成可采用单回路控制或串级非线性控制等形式，其系统构成分别示于图 8-2（a）、（b）。引入非线性串级均匀控制，有利于减少流量的波动，适用于控制阀前后压力波动较大的场合。

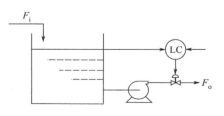

(a) 单回路非线性液位控制系统

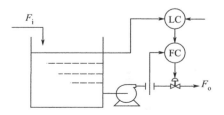

(b) 串级非线性液位控制系统

图 8-2　非线性液位控制系统

（2）非线性控制器的类型及应用情况

带不灵敏区的非线性控制器的实际类型是很多的，这里介绍常用的几种。

①控制器是具有 PI 或 PID 作用的（当然对用于实际均匀控制目的的液位系统，D 作用一般是不需要的），控制器在不灵敏区内外仅仅是增益 K_c 发生了变化，例如可相差 10 倍，而积分时间 T_i 是不变化的。有些资料上称其为 A 型。

②控制器是具有 PI 作用的，控制器从不灵敏区内到不灵敏区外，在增益 K_c 增加的同时，T_i 随之减小，例如 K_c 增加 10 倍，T_i 将缩小 10 倍。有些资料上称其为 B 型。可以说它的不灵敏区不仅是对于增益的高低而言，也是对积分作用的强弱而言。

③控制器是具有 PI 作用的，在不灵敏区内通过上、下限报警器切断内设定信号而以测量信号代之，因此偏差始终为零。这样，不灵敏区成了真正的死区，比例增益趋近于零，积分作用基本消失。这类非线性控制器如果就不灵敏区内外 PI 作用的变化情况而言，与上述的 B 型极为相似。

这些不同类型的带不灵敏区的非线性控制器已用于过程控制中，实现均匀控制的目的。在实际应用中，其参数整定还需考虑到以下几点。

①液位控制器（非线性控制器）的比例带（指不灵敏区外的控制作用）必须比通常均匀控制的液位控制器的比例带小，这才能有利于当液位偏差一旦超出不灵敏区后，能较快地把液位拉回到不灵敏区内。一般来说，δ 减小得越多，液位就越能迅速地调回到不灵敏区内，而流量的波动却要加大。

②不灵敏区宽度的设置应视工艺要求而定。一般地说，应略低于工艺允许的极限值，以便液位超出不灵敏区后有一定的控制过程，同时，流量也不至于有过大的波动。

③不灵敏区内增益 K_c 的设定，一般说来小些是有利的，有时也可按工艺对被控变量的品质要求来设定。K_c 的增大有利于液位的控制，而要牺牲一些流量的平稳。在实际应用时，可以把 K_c 的大小与不灵敏区的宽度综合起来考虑。不灵敏区设置宽一些，则 K_c 也应略选大一些。

在使用过程中，对 A、B 两种类型的非线性控制器的效果进行分析比较证实：B 型非线性控制器较为理想，它不仅能使液位参数得到较好的控制质量，而且在超出不灵敏区时，液位能迅速地响应，及早返回到不灵敏区内，这对于流量参数来说，在一定程度上也是有利的。而且在不灵敏区内，不只是 K_c 减少，同时 T_i 也增大，可以说在系统经常工作的区域——不灵敏区内，流量参数不至于因积分作用没有减弱而造成过多的波动。

实现均匀控制除了采用带不灵敏区的非线性控制器外，也可使用选择性控制方法来实现非线性控制。图 8-3 示出了一个用选择性控制方法实现非线性控制的示意图。整个控制装置有一个常规的气动 PI 控制器、两个高增益纯比例控制器（具有固定增益的气动继动器）和两个自动选择器（高选器及低选器）。液位在中间范围时，由常规 PI 控制器控制，一旦液位太高或太低时，一个高增益的纯比例控制器将经过高值或低值选择器取代 PI 控制器，于是送到控制阀上的将是一个变化很大的控制信号，把阀门迅速打开或关上，以避免液位进一步偏离给定值。因此可以收到与使用非线性 PI 控制器同样的效果。

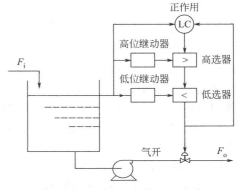

图 8-3　以选择性控制实现液位
非线性控制示意图

在 36 万吨合成氨生产的水预处理装置中，应用了与此类似的非线性控制系统。

液位的非线性控制还可采用变增益的非线性控制器。变增益控制器的特点是：控制器的增益或积分时间与输入偏差以一定关系连续地变化。例如控制器的增益 K_c 及积分时间 T_i 与液位偏差以指数关系连续地变化，同时增益和积分时间为使系统 ζ 值恒定，保证 T_i、K_c 恒定，偏差与 K_c、T_i 间的关系可用下式表示：

$$K_c = (1 + |e|K\ln25)25^{|e|K}(100/PB_0) \tag{8-1}$$

$$T_i = \frac{T_0}{(1 + |e|K\ln25)25^{|e|K}} \tag{8-2}$$

式中　$|e|$——偏差的绝对值；

　　　K——幅度变化范围系数（可视需要调整）；

　　PB_0——零偏差时设置的百分比例度，PB_0 在 $10 \sim 2500$ 范围内可调；

　　　T_0——零偏差时的积分时间，T_0 在 $0.3 \sim 375\mathrm{min}$ 范围内可调。

如果把这种非线性控制器用于液位控制，随着液位偏差的增大，控制器的增益增大，而积分时间减小。也就是说，小偏差时，控制作用弱，偏差越大，控制作用越强。应用这样的控制作用就能达到液位和流量的均匀控制的目的。

8.1.2　线性过程的其他非线性控制

为了达到一定的控制要求，线性过程也使用多种形式的非线性控制。但是经过分析，这些非线性控制器与线性过程所组成的控制系统，很大一部分均可归并为可变化结构控制（VSS）。而线性过程的可变化结构控制则是通过控制装置——可变化结构控制器（VSC）来完成的。具体来说，这种控制器能够根据系统的要求和特点，组合若干现有控制结构的有效性能，形成一种增强控制性能的结构形式。结构形式的可变，使其具有一般线性控制器所不能达到的性能。因此，线性过程的可变化结构控制能够超过一般线性控制的质量，并能实现某些特殊的控制要求。可变化结构控制系统的示意框图如图 8-4 所示。

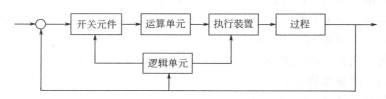

图 8-4　可变化结构控制系统示意框图

由图看出，可变化结构控制系统由逻辑单元接受过程变化的信息，按规定的逻辑规律，其输出一方面控制开关元件，选择运算通道，另一方面控制执行装置根据运算单元输出信息，完成某些函数的综合运算。这样依据选择的控制算法及过程的信息，能够组合各个控制装置的有用特性，得到任何一个控制装置所不具备的新的特性。可变化结构控制器可以用计算机来实现，对于简单的情况，也可在常规模拟式仪表的基础上，使用一些运算单元和开关元件的组合来实现。

图 8-5 是一种较为简单的可变化结构控制器的组成图，它仅仅是由一些微分器、积分器、平方器、开方器、乘除器和加法器等运算单元及开关元件所组成。与一般形式相比，运算通道的选择很简单，它只根据偏差及其导数的运算，确定通道运算式的正负。执行装置也只选择比例、积分的运算。整个可变化结构控制器的输入偏差 e 与输出 u 之间的关系，可由下式表示：

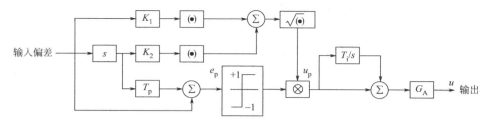

图 8-5 一种可变化结构控制器的组成

$$e_p = e + T_p \dot{e} \tag{8-3}$$

$$u_p = \left[(K_1 e)^2 + (K_2 \dot{e})^2\right]^{\frac{1}{2}} \text{sgn}(e_p) \tag{8-4}$$

$$u = G_A\left(1 + \frac{T_i}{s}\right)u_p \tag{8-5}$$

这种 VSC 控制器与常规 PID 控制在图 8-6 所示的三阶系统中做过运行试验的比较。在单位阶跃 R 输入作用下，输出 C 的变化曲线如图 8-7 所示。由图可明显地看出，可变化结构控制比常规 PID 控制的

图 8-6 三阶模拟系统

控制质量好得多，不仅超调量基本消除，而且响应快，很快就回复到新的设定值上。

在实际生产过程中，还有一些非线性控制方式可作为可变化结构控制的实例，如适用于间歇过程的最短时间控制的双重控制系统。图 8-8 是一种简单双重控制系统的原理图，控制组合形式为一种恒定输出（最大输出）＋PI 控制。系统用于间歇过程的启动。在启动时，监视开关根据被控变量的大小，把恒定的最大输出送入被控过程，使被控过程以很快的速度从起始状态向系统工作点变化。当被控过程的被控变量达到某一规定值时，监视开关自动地把恒定输出切换到 PI 控制，系统进入正常工作状态。可以看出，采用这种双重控制比起单独使用 PI 控制具有过程启动速度快、防止积分饱和、减少超调量的优点。

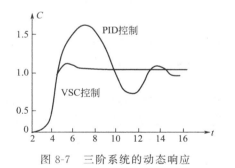

图 8-7 三阶系统的动态响应

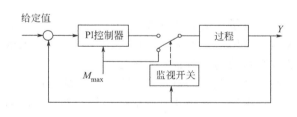

图 8-8 双重控制系统原理图

8.2 非线性过程的非线性控制

在非线性过程中，静态增益随负荷而变化的情况是常见的。当非线性程度不很严重时，采用一般的线性控制或在控制阀的流量特性选择上稍加考虑，往往就可满足控制要求。然而在非线性较为严重且控制要求比较高的场合，有时不得不以非线性控制取代常规的线性控制。

8.2.1　pH 控制过程的非线性控制

pH 控制过程往往被人们视为典型的非线性过程，它的严重非线性滴定曲线示于图 8-9。在实际生产过程中，pH 控制除了应用于某些中和反应外，主要是在污水处理中得到了较多的应用。由于工业污水的处理量很大，在 pH 控制中必须采用相应的措施，才能确保污水的 pH 值控制在允许的范围内，并且节省中和剂的消耗量。

（1）带不灵敏区的非线性控制

pH 控制过程的非线性控制经常采用带不灵敏区的非线性控制器。由于 pH 过程滴定曲线的非线性主要表现在 pH 为 7 附近，滴定曲线的斜率很大，也就是说，此时添加的中和剂略有少量的变化，即引起 pH 值较大幅度的波动；而当 pH 值远离中和点时，滴定曲线的斜率变小，只有较大的中和剂添加量的变化，才能造成 pH 值的少量变化。现以带不灵敏区的非线性控制器取代一般的线性控制器，就有可能以控制器的非线性来补偿滴定曲线的非线性，最终组成一个线性控制器。这样，在一个既定的非线性控制器的参数整定（不灵敏区的宽度，不灵敏区内外的增益）下，能保证系统的控制质量基本不变。带不灵敏区的非线性控制器补偿滴定曲线的原理如图 8-10 所示。

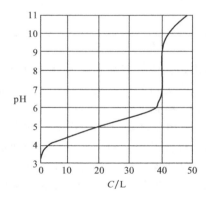

图 8-9　pH 中和过程的非线性滴定曲线

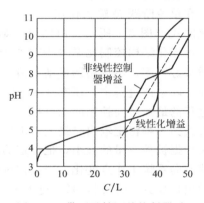

图 8-10　带不灵敏区的控制器对
非线性滴定曲线的补偿

带不灵敏区的非线性控制器在 pH 中和过程中应用，控制器的参数整定主要是合理设置不灵敏区宽度以及不灵敏区内的增益，至于不灵敏区外的参数（比例度、积分时间）仍可按一般线性系统的参数整定来确定。

不灵敏区宽度的整定是 pH 控制系统稳定性的关键。增加这个宽度能够抑制在不灵敏区外的临界振荡，减小宽度则能缩小控制偏差。因为事先估算不灵敏区的宽度是不大可能的，一般由尝试法来整定。首先设定不灵敏区为零，观察系统临界振荡的出现，并以临界振荡的幅值作为不灵敏区的宽度；然后，逐步地增长，直至振荡停止。

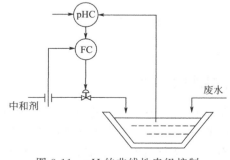

图 8-11　pH 的非线性串级控制

不灵敏区内的增益也要适当，如果过高，易引起不灵敏区内的振荡；如果过低，pH 值将在控制点附近徘徊，迟迟不能调回到设定点。

为了提高系统的质量，还可在非线性控制的同时加上串级，组成如图 8-11 所示的非线性串级控制。其中主控制器（pH 控制器）采用带不灵敏区的非线性控制器，副控制器（中和剂流量控制器）仍为常规线性控制器。

（2）自适应 pH 控制

pH 中和过程的非线性特点，不仅在于中和剂的消耗量和测得的 pH 值之间存在一个非线性关系，而且这种非线性关系——滴定曲线是随机变化的。这种滴定曲线的时变情况是由于废水中添加了弱酸或碱而造成的。比较图 8-12 中（a）和（b）可以看出，在添加弱酸或碱以后，将减小在 pH 等于 7 处的曲线斜率，缓和了它的非线性。

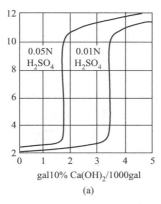 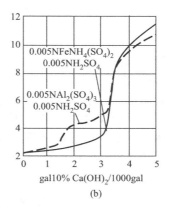

图 8-12　添加弱酸或碱能改变滴定曲线

$1gal＝3.5dm^3$

滴定曲线随机性质的畸变，给单纯使用非性控制器 pH 控制带来了困难。要克服滴定曲线畸变对系统控制质量产生的影响，需要引入自适应控制。与此同时，pH 过程的自适应控制也为非线性控制器的参数整定放宽了要求。

pH 自适应控制的基本原理是通过感测系统的响应，判别系统是处于过阻尼或是不稳定的状态，并且自动地加以补偿。具体实施方案是采用一对控制器，其中一个是非线性控制器，另一个是自适应控制器，如图 8-13 所示。

自适应控制器能够根据 pH 系统的动态响应，输出信号去设定非线性控制器的不灵敏宽度，使得非线性控制器的不灵敏区宽度自动地设定在合适的位置上。

与 pH 过程自适应控制相类似的自适应控制，在过程控制中尚有一些应用，诸如流量适应性控制、增益自整定控制等，它们的共同特点是采用模拟式仪表，通过简单地分析系统的动态响应，自动地改变控制器的整定参数。由于使用的工具简便，易于实施，且能得到良好的控制质量，所以这种自适应控制具有较大的工程意义。

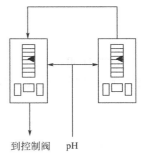

图 8-13　pH 自适应控制
系统原理图

8.2.2　反应器的非线性控制

间歇反应器当负荷变化时，过程的增益将发生变化，此时使用一般的线性控制，即使是线性串级控制，系统的控制质量也往往难以得到保证。图 8-14 为二氯乙烯的间歇反应器，以计算机作为主、副控制器组成非线性串级分程控制冷、热水控制阀。

采用的非线性串级控制控制器增益 K_i 是随偏差 e_j 的增加而增加的，是一种变增益的非线性控制器，即：

$$K_i＝K_{i0}(1＋b|e_j|)$$

（8-6）

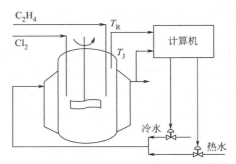

图 8-14　二氯乙烯间歇反应器控制流程图

式中　K_{i0}——零偏差时的基本增益；

　　　b——可调整系数。

由于在非线性串级控制中，既可以使主控制器为变增益，也可以使副控制器为变增益，并且式（8-6）中的 e_i 既可以是本回路的偏差值，也可是另一回路的偏差值，因此能组成多种形式的非线性串级系统。经分析比较，以图 8-15 所示形式较为理想。在这种形式的非线性串级控制中，副控制器采用非线性控制器，它的增益 K_s 随着主回路的偏差 e_M 而变化，即：

$$K_s = 2.5(1 + b|e_M|) \tag{8-7}$$

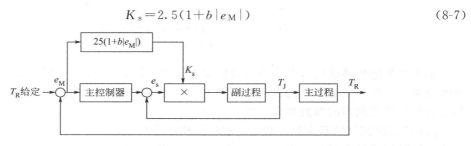

图 8-15　非线性串级控制系统方块图

试验证明，采用图 8-15 所示非线性串级控制，能适应于不同负荷下运行，系统质量始终能满足要求。这充分说明使用变增益控制器具有极好的补偿过程非线性的能力。

本章思考题及习题

8-1　什么是非线性控制系统？

8-2　何谓带不灵敏区非线性控制？何谓可变增益非线性控制器？它们主要用于什么地方？

8-3　什么是可变结构控制器？

第 9 章 新型控制系统

随着科学技术的发展，生产过程呈现出高速度、大负荷的变化趋势，因此，对过程控制提出了更高的要求。随着控制理论与控制技术的不断发展和进步，出现了许多适应新的生产要求的控制系统。这里把它们归结为一类，称之为新型控制系统。

9.1 纯滞后补偿控制系统

控制通道的纯滞后是控制系统的大敌，对控制质量产生严重影响，会使控制质量迅速下降。这里介绍的纯滞后补偿控制方法能比较有效地克服纯滞后的影响，改善控制系统的品质。

9.1.1 纯滞后补偿原理

纯滞后现象通常是传输问题所引起的。如果纯滞后环节处在控制系统内，则控制质量会急剧变差。如果能够采取某些方法，将纯滞后环节排除在控制系统之外，则会提高控制系统的控制质量。

假定广义对象的传递函数为：

$$G_o(s) = G_p(s)e^{-\tau s} \tag{9-1}$$

式中，$G_p(s)$为对象传递函数中不包含纯滞后的那一部分。这种补偿办法是在这个广义对象上并联一个分路，设这一分路的传递函数为$G_\tau(s)$，如图 9-1 所示。

令并联后的等效传递函数为$G_p(s)$，即

$$G(s) = G_p(s)e^{-\tau s} + G_\tau(s) = G_p(s) \tag{9-2}$$

因此，由式(9-2)可得到：

$$G_\tau(s) = G_p(s)(1 - e^{-\tau s}) \tag{9-3}$$

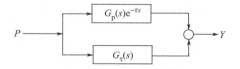

图 9-1 纯滞后的补偿原理图

式(9-3)即是为了消除纯滞后的影响所应采用的补偿器模型。由于这一方法首先是由史密斯(Smith)提出来的，因此，这种方法称之为史密斯补偿法，这种补偿器则称之为史密斯补偿器。

9.1.2 纯滞后补偿控制的效果

如果对象有纯滞后，其传递函数为$G_p(s)e^{-\tau s}$，对其构成单回路系统，其方块图如图 9-2 所示。如果补偿之后能够将纯滞后环节排除在系统环路之外，就达到了改善控制系统质量的目的，补偿之后的方块图如图 9-3 所示。

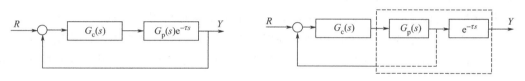

图 9-2 有纯滞后系统方块图　　　图 9-3 有纯滞后系统补偿后等效方块图

现在给具有纯滞后的对象加上史密斯补偿器，并构成单回路系统，其方块图如图 9-4 所

示。图中史密斯补偿器的传递函数前已导出为：

$$G_\tau(s) = G_p(s)(1 - e^{-\tau s})$$

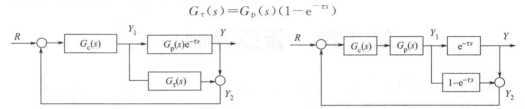

图 9-4　具有补偿器的单回路系统　　　　　图 9-5　史密斯补偿方块图

将史密斯补偿器传递函数代入后，方块图 9-4 可画成图 9-5 形式，而图 9-5 又可进一步转化为图 9-6 形式。显然在图 9-6 中 $Y_2 \equiv 0$，因此，图 9-6 可简化为图 9-7 的形式。

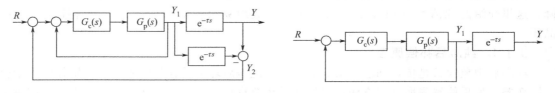

图 9-6　史密斯补偿转化方块图　　　　　图 9-7　史密斯补偿等效方块图（一）

图 9-7 是具有纯滞后对象加上史密斯补偿后构成的单回路系统的等效方块图。从图 9-7 中不难看出 Y 与 Y_1 的变化相同，只是在时间上相差一个时间 τ，因此，在给定值 R 做阶跃变化时，Y_1 与 Y 在过渡过程形状和系统品质指标方面都完全相同。再从图 9-7 所示系统本身来考虑，Y 对系统响应的过渡过程与 Y_1 也是完全相同的，所不同的只是响应时间比 Y_1 向后推迟了一个纯滞后时间 τ。

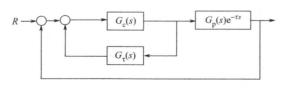

图 9-8　史密斯补偿等效方块图（二）

由控制原理可知，系统中没有纯滞后的 Y 变化比系统中有纯滞后的 Y 的变化要小，控制质量要高。而图 9-7 中 Y 的变化与系统中没有纯滞后的 Y 变化相同，只是在响应时间上向后推迟了一个时间 τ，因此，图 9-7 系统与图 9-3 系统相比，控制质量要高。这就是说，在具有纯滞后对象上加入史密斯补偿环节后，控制质量会获得提高。

需要指出的是，在实际应用中，为了便于实施，史密斯补偿器 $G_\tau(s)$ 是被反向并联于控制器 $G_c(s)$ 上的，如图 9-8 所示。显然它与图 9-4 是等效的。

9.1.3　史密斯补偿的实现

对纯滞后系统进行史密斯补偿控制，关键在于史密斯补偿器的实现。由式（9-3）可以看出，只要知道了对象的数学模型，史密斯补偿器就可计算出来。然而史密斯补偿器包含有纯滞后环节，而纯滞后环节又难以用模拟式仪表直接实现，这就给史密斯补偿控制的实现增加了难度。

为了实现史密斯补偿，一般可用近似的数学模型来模拟纯滞后环节。常用的有帕德一阶和二阶近似式。

帕德一阶近似式为：

$$e^{-\tau s} = \frac{1 - \dfrac{\tau}{2}s}{1 + \dfrac{\tau}{2}s} = \frac{2}{1 + \dfrac{\tau}{2}s} - 1 \tag{9-4}$$

这样

$$1 - e^{-\tau s} = 2\left(1 - \frac{1}{1 + \dfrac{\tau}{2}s}\right) \tag{9-5}$$

帕德二阶近似式为：

$$e^{-\tau s} = \frac{1 - \dfrac{\tau}{2}s + \dfrac{\tau^2}{12}s^2}{1 + \dfrac{\tau}{2}s + \dfrac{\tau^2}{12}s^2} = 1 - \frac{\tau s}{1 + \dfrac{\tau}{2}s + \dfrac{\tau^2}{12}s^2} \tag{9-6}$$

这样

$$1 - e^{-\tau s} = \frac{\tau s}{1 + \dfrac{\tau}{2}s + \dfrac{\tau^2}{12}s^2} \tag{9-7}$$

对于式(9-5)和式(9-7)可分别用图 9-9 及图 9-10 来实现。

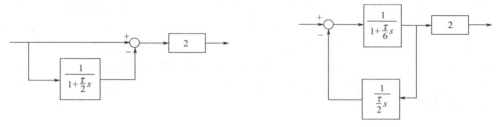

图 9-9　$1 - e^{-\tau s}$ 一阶近似方块图　　　　　图 9-10　$1 - e^{-\tau s}$ 二阶近似方块图

显然图 9-9 及图 9-10 是可通过一些物理装置来实现的，因此史密斯控制的实现就成为可能了。利用帕德二阶近似式所构成的史密斯补偿控制系统如图 9-11 所示。

图 9-11 中 $G_p(s)e^{-\tau s}$ 为广义对象控制通道传递函数，$G_f(s)$ 为干扰通道传递函数。

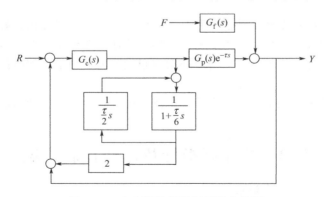

图 9-11　史密斯补偿控制系统方块图

由图 9-11 可以求得该系统在给定作用下闭环传递函数为：

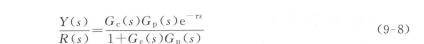

$$\frac{Y(s)}{R(s)}=\frac{G_c(s)G_p(s)e^{-\tau s}}{1+G_c(s)G_p(s)} \tag{9-8}$$

在干扰作用下闭环传递函数为：

$$\frac{Y(s)}{F(s)}=\frac{G_f(s)[1+G_c(s)G_p(s)(1-e^{-\tau s})]}{1+G_c(s)G_p(s)} \tag{9-9}$$

由式(9-8)及式(9-9)可以看出，无论是定值系统还是随动系统，它们的特征方程是相同的，而且都不包含纯滞后环节，这样可以提高控制器的比例放大倍数，从而提高系统的品质。

为了进一步理解纯滞后补偿的作用，令 $G_o(s)=G_p(s)e^{-\tau s}$，并由此可得：

$$G_p(s)=G_o(s)e^{\tau s}$$

将 $G_o(s)$ 及 $G_p(s)$ 代入式(9-8)，于是可得：

$$\frac{Y(s)}{R(s)}=\frac{G_c(s)G_o(s)}{1+G_c(s)G_o(s)e^{\tau s}} \tag{9-8a}$$

由式(9-8a)可以看出，纯滞后补偿控制系统可视为一个控制器为 $G_c(s)$、被控对象为 $G_o(s)$、反馈回路有一个 $e^{\tau s}$ 环节的单回路反馈控制系统。

$e^{\tau s}$ 是一个在反馈回路上的超前环节，这就意味着被控变量 $Y(s)$ 经检测之后要经过一个超前环节 $e^{\tau s}$ 才被送到控制器。而这个送往控制器的信号 $y_\tau(t)$ 要比实测的被控信号 $y(t)$ 提早一个时间 τ［因为 $y_\tau(t)=y(t+\tau)$］。这就是说经过 $e^{\tau s}$ 这样一个环节，可以提前预知被控变量的信号。因此，史密斯补偿器又称之为预估补偿器（简称 Smith 预估器）就是这个道理。应该指出，这里所指的超前作用同一般 PID 中的微分作用的超前概念是不同的。因为 PID 中的微分是一阶微分超前，而且在纯滞后时间 τ 内是不起作用的，而纯滞后补偿超前是多阶微分超前，这只要将 $e^{\tau s}$ 进行展开就可以看出：

$$e^{\tau s}=1+\tau s+\frac{(\tau s)^2}{2!}+\frac{(\tau s)^3}{3!}+\cdots$$

上式表明，纯滞后补偿器的相位超前角是随纯滞后时间 τ 的增加而增加的，而且恰好补偿由纯滞后时间 τ 所产生的相位滞后。因此，从理论上讲，它可以完全克服纯滞后时间所产生的影响。

需要指出的是：尽管史密斯补偿控制对于大纯滞后过程可以提供很好的控制质量，但前提是必须提供精确的数学模型。因为史密斯补偿器的性能对模型误差很敏感，所以对非线性严重或时变增益的过程，这种线性史密斯补偿控制就不大适用了。解决的办法是采用增益自适应纯滞后补偿器。

纯滞后用计算机来实现是件非常容易的事情，因此，计算机为纯滞后补偿控制提供了一个广阔的天地。

9.2　按计算指标及推断控制系统

9.2.1　按计算指标的控制系统

在工业生产过程中，有一些特殊的生产工艺，采用通常能直接测量的变量作为操作指标不能满足工艺要求，而可以作为操作指标的一些变量，由于种种原因又不能直接测量出来，这时可以通过测量与此控制指标有关的某些变量，按一定的物料或能量衡算关系，由计算来获得控制指标，进行控制。这一类由测量变量经计算得到控制指标作为被控变量的控制系统即称之为按计算指标的控制系统。

常见的按计算指标控制系统有精馏塔内回流控制系统和汽液混相进料时的热焓控制系统等。

（1）内回流控制系统

①内回流及其对精馏操作的影响　内回流是使精馏塔平稳操作的一个重要因素。内回流量是指精馏塔的精馏段内上一层塔盘向下一层塔盘流下的液体流量，它与精馏操作一般所说的回流量（即外回流量）是有关系又相区别的两个概念。

从精馏操作的原理看，当塔的进料流量、温度和成分都比较稳定时，内回流稳定是保证塔良好操作的一个重要因素。内回流的变化将会影响塔盘上汽液平衡状况，当变化幅度较大时，将破坏精馏塔的原有平衡工况，使塔顶、塔底产品因此而可能不合格。所以，要使工况稳定，需保持内回流量的恒定。

如果进料流量不能保证恒定时，从精馏操作可知，要保证产品合格，应使内回流量随塔的进料量按一定比例变化；同时，再沸器的汽化量也做相应的增减。因此，根据精馏塔的工艺情况，希望塔的内回流量稳定或按某一规律（如与进料量成比例）而变化。

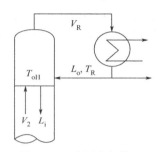

图 9-12　内回流与外回流之间的关系

②内回流与外回流的关系　内回流与外回流之间的关系如图 9-12 所示。外回流是塔顶蒸汽经冷凝器冷凝后，从塔外再送回精馏塔的回流液量 L_o。因为外回流往往处于过冷状态，所以外回流液的温度 T_R 通常要比回流层塔盘的温度 T_{oH} 低。这样在这一层塔盘上，除了正常精馏过程的汽化和冷凝外，尚需把外回流液加热到 T_{oH}，而这部分热能只能由这一层塔盘的上升蒸汽中的一部分冷凝所释放的汽化热来提供。因此，从这一层塔盘向下流的内回流量应等于外回流量与这部分冷凝液量之和，即：

$$L_i = L_o + \Delta L \tag{9-10}$$

式中　L_i——内回流量；

　　　L_o——外回流量；

　　　ΔL——冷凝液量。

由式（9-10）可看出内回流与外回流的关系：

若 $T_R = T_{oM}$，则 $\Delta L = 0$，$L_i = L_o$；

若 $T_R \neq T_{oM}$（一般 $T_R < T_{oM}$），则 $\Delta L \neq 0$，$L > L_o$；

当 $T_{oH} - T_R =$ 恒值，L_o 增大，则 ΔL 增大，L_i 也随之增大，而 $L_i/L_o =$ 固定比值。

所以，当 $T_R \approx T_{oH}$ 或（$T_{oH} - T_R$）变化不大时，可以由 L_o 代替 L_i；当 $T_{oH} - T_R$ 变化较大时，如塔顶蒸汽采用风冷式冷凝器时，则受外界环境的影响很大，昼夜或暴风雨前后，气温变化甚大，则 L_i 不能用 L_o 代替，而需采用内回流控制。

③实现内回流控制的方法　因为内回流难于测量和控制，必须通过测量与其有关的其他一些变量，经过计算得到内回流量作为被控变量，方可实现内回流控制。

a. 内回流运算的数学模型　内回流计算的数学模型可以通过列写回流层的物料平衡和能量平衡关系式得到。物料平衡关系式如式（9-10）所示：

$$L_i = L_o + \Delta L$$

热量平衡关系式为：

$$\Delta L \lambda = L_o c_p (T_{oH} - T_R) \tag{9-11}$$

式中　λ——冷凝液的汽化潜热；

c_p——外回流液的比热容；

T_{oH}——回流层塔板温度；

T_R——外回流液温度。

将式(9-11)代入式(9-10)可得：

$$L_i = L_o\left[1 + \frac{c_p}{\lambda}(T_{oH} - T_R)\right] = L_o(1 + K\Delta T) \tag{9-12}$$

式中，$K = c_p/\lambda$，$\Delta T = T_{oH} - T_R$。

式(9-12)即内回流的计算式。因为 c_p 和 λ 值可查有关物性数据图表得到，外回流量 L_o 及温差 ΔT 可以直接测量得到，这样通过式(9-12)即可间接算得内回流量 L_i。

b. 实现内回流控制的示意图　内回流控制系统的原理图如图 9-13 所示。由图可知，内回流计算装置（图中以虚线框表示）可以由开方器、乘法器和加法器组成，通过它们完成式 (9-12) 的运算。由于内回流控制在石油、化工等生产过程中应用较为广泛，因此，人们已设计出内回流计算的专用仪表，以利于方便地使用。

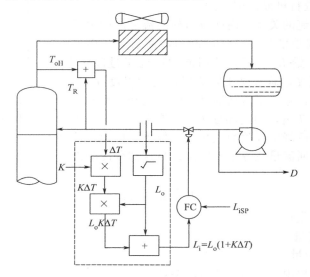

图 9-13　内回流控制系统原理图

图 9-13 所示方案是通过改变外回流量 L_o 来保证内回流量 L_i 的，从理论上讲也可以通过改变外回流液的温度 T_R 来实现。此外，如果精馏工艺中需要内回流按其他变量如进料量做一定比例变化时，只要把上述方案中的流量控制器的给定值由其他变量来决定就可以了。

c. 仪表的信号匹配问题　用计算指标进行控制的一类方案，总是由若干具有加、减、乘、除等的运算装置及环节所组成，因此，与比值系统相似，存在一个信号匹配的问题。应当参照比值控制系统信号匹配的原则，通过合理调整有关仪表的量程，或设置必要的系数，使各环节的输入、输出信号既能限制在规定的信号范围之内，又要尽可能在达到最大量程情况下进行运算。

在设计内回流控制系统和其他按计算指标控制的系统，以及一切具有模拟信号运算的控制系统时，均需考虑在实施中的信号匹配问题。

(2) 热焓控制系统

①热熔控制 热熔是指单位重量（或单位体积）的物料所积存的热量。有时在精馏操作中需要对进料做热熔控制。因为从精馏操作的机理来看，进料状态即进料流量、组成及热熔为精馏过程的主要干扰，其中进料热熔是个重要因素，故要求进料热熔应该恒定。对于单相（纯液相或纯汽相）进料，由于此时热熔与温度是单值对应关系，故常用图 9-14 所示温度控制来代替热熔控制。但当汽、液混相进料时，热熔与温度之间就不再是单值对应关系。例如对于纯组分的液体或组分的汽化热相近的介质，在汽液平衡的情况下，液体的汽化率越大，其热熔也越大，而温度却是不变或基本不变。此时，采用温度控制就没有多大意义，而需要对进料进行热熔控制。

进行热熔控制需要将热熔测出来作为被控变量，但目前尚无直接测量热熔的仪表，只能通过计算的方法间接求得。

②热熔运算的数学模型及实施原理图 进料热熔是根据热交换器中载热体所放出的热量等于进料所取得热量这一热平衡关系间接计算获得的。载热体进出换热器的情况是多样的，因此，需要根据载热体的情况，正确计算载热体与被加热物料之间的热交换量。载热体进出热交换器的情况基本上有三种：

a. 载热体进、出换热器都是液相，无相变；

b. 载热体进、出换热器都是汽相，无相变；

c. 载热体进换热器前是汽相，释放热量后冷凝成液相。

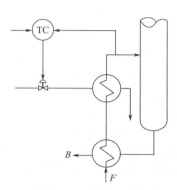

图 9-14 单相进料时
进料温度调节

这三种情况以第 c 种较为复杂，它包括载热体释放潜热与显热两项。常用的蒸汽加热器蒸汽释热后全部冷凝成水就属于这一类情况。现以这一类情况为例说明热熔计算式的建立及热熔控制的实现。

图 9-15 是精馏塔进料热熔控制系统。被加热物料在经过废热回收后仍然为液相，但经加热器后则变成汽液两相进料。而蒸汽进入蒸汽加热器释热后被完全冷凝成液相，并又降温释放出一定的显热。

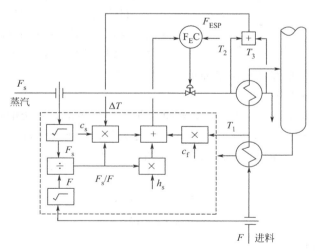

图 9-15 汽液混相进料时的热熔控制系统

如图所示，加热器的热平衡关系为：

$$FE_F = Fc_fT_1 + F_s[h_s + c_s(T_2 - T_3)] \tag{9-13}$$

或

$$E_F = c_fT_1 + F_s[h_s + c_s(T_2 - T_3)]/F \tag{9-14}$$

式中　E_F——单位进料入塔时带入的热焓；

　　　　F——进料流量；

　　　　F_s——蒸汽流量；

　　　　c_f——进料比热容；

　　　　c_s——冷凝水比热容；

　　　　h_s——蒸汽的汽化潜热；

　　　　T_1——进料进加热器前的温度；

　　　　T_2——蒸汽进加热器前的温度；

　　　　T_3——出加热器冷凝水的温度。

式（9-14）即为热焓计算式，其中 F、F_s、T_1、T_2、T_3 均可通过仪表直接测得，而 c_f、c_s 为物性常数，可查有关图表得到。由式（9-14）计算所得 E_F 值即代表测得的热焓值，若要改变进料热焓，只需改变热焓控制器的给定值就可以了。由图 9-15 可知，热焓控制系统是由若干个加法器、乘法器及开方器所组成的（图中虚线框所示），因此，使用常规模拟式仪表就可方便地组成。

9.2.2　推断控制系统

对于一个被控过程来说，其输出变量可分为两类：一类是可测输出；一类则是不可测输出。同样被控过程的外部扰动也可分为两类：一类是可测扰动；一类则是不可测扰动。如图 9-16 所示。

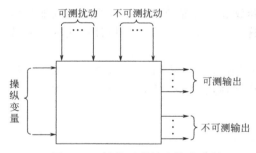

图 9-16　被控过程输入输出变量

对可测输出可组成反馈控制，同样，对于可测扰动也可组成前馈控制。如果过程被控变量和扰动变量都不可测，那么就无法组成反馈或前馈控制，这时只能采用推断控制。

利用可测信号将不可测的被控变量推算出来，即可组成反馈推断控制；同样，利用可测信息将不可测的扰动推算出来，即可组成前馈推断控制。显然推断控制离不开过程的数学模型。

按计算指标的控制系统实际上也是一种推断控制系统，不过它只是推断控制中最简单的情况罢了。

（1）反馈推断控制系统

假定一被控过程被控变量 y 不可测，辅助变量 z 是可测的，系统的扰动 d 不可测，控制通道及扰动通道的数学模型 G_{p1}、G_{p2} 及 G_{d1}、G_{d2} 是已知的。下面分析如何组成反馈推断控制。

首先分析过程输入与输出之间的关系，如图 9-17 所示。

由图可得：

$$y = G_{p1}u + G_{d1}d \tag{9-15}$$

$$z = G_{p2}u + G_{d2}d \tag{9-16}$$

由式（9-16）可得：

$$d = \frac{1}{G_{d2}}z - \frac{G_{p2}}{G_{d2}}u \tag{9-17}$$

将式（9-17）代入式（9-15）则得：

$$y = \left(G_{p1} - \frac{G_{d1}}{G_{d2}} G_{p2} \right) u + \frac{G_{d1}}{G_{d2}} z \tag{9-18}$$

按式（9-18）即可构成如图 9-18 所示的反馈推断控制系统。图中虚线部分表示被控变量 y 的推断计算模型。

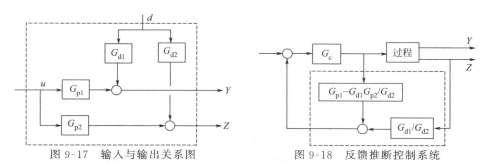

图 9-17　输入与输出关系图　　　　图 9-18　反馈推断控制系统

从前面的推导过程可以知道，要构成反馈推断控制的前提条件是过程的数学模型已知，而且控制效果与模型的精度以及所构筑的推断模型的误差都有着密切的关系。

（2）前馈性质的推断控制

下面研究如图 9-19 所示推断控制系统的框图，从而找出推断控制的数学模型。图中，Y 为被控变量，不可测；Z 为辅助变量，可测；D 为扰动，不可测；U 为操纵变量。$G_{p1}(s)$、$G_{p2}(s)$ 及 $G_{d1}(s)$、$G_{d2}(s)$ 分别为操纵变量 U 及扰动 D 影响被控变量 Y 及辅助变量 Z 的通道传递函数。由于被控变量 Y 及扰动 D 均不可测，只能借助于对可测的辅助变量 Z 的测量组成推断控制。图中 $G(s)$ 则是推断控制待定的推断控制模型。

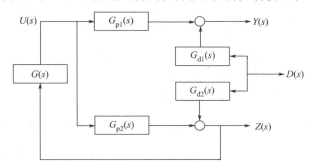

图 9-19　推断控制系统框图

由图可知：

$$Y(s) = G_{d1}(s) D(s) + G_{p1}(s) G(s) Z(s) \tag{9-19}$$

$$Z(s) = G_{d2}(s) D(s) + G_{p2}(s) G(s) Z(s) \tag{9-20}$$

由式（9-20）可解出：

$$Z(s) = \frac{G_{d2}(s)}{1 - G_{p2}(s) G(s)} D(s) \tag{9-21}$$

将式（9-21）代入式（9-19）则得：

$$Y(s) = G_{d1}(s) D(s) + \frac{G_{p1}(s) G_{d2}(s) G(s)}{1 - G_{p2}(s) G(s)} D(s)$$

$$= \left[G_{d1}(s) + \frac{G_{p1}(s)G_{d2}(s)G(s)}{1-G_{p2}(s)G(s)} \right] D(s) \tag{9-22}$$

这里令

$$E(s) = \frac{-G_{p1}(s)G(s)}{1-G_{p2}(s)G(s)} \tag{9-23}$$

式(9-22) 即可写成：

$$Y(s) = [G_{d1}(s) + G_{d2}(s)E(s)]D(s) \tag{9-24}$$

由式(9-24)可看出，$E(s)$取下面形式才能完全消除D对被控变量Y的影响：

$$E(s) = \frac{G_{d1}(s)}{G_{d2}(s)} \tag{9-25}$$

在$E(s)$满足式(9-25)的条件下，通过式(9-23)即可解得推断控制得控制模型$G(s)$为：

$$G(s) = \frac{E(s)}{G_{p2}(s)E(s) - G_{p1}(s)} \tag{9-26}$$

由式(9-26)及式(9-25)可以看出，推断控制模型$G(s)$是建立在各通道数学模型基础之上的。为避免混淆，过程各通道数学模型均冠以符号^以示与过程本身区别。这样式(9-25)可改写为：

$$\hat{E}(s) = \frac{\hat{G}_{d1}(s)}{\hat{G}_{d2}(s)} \tag{9-25a}$$

式(9-26)则改写为：

$$G(s) = \frac{\hat{E}(s)}{\hat{G}_{p2}(s)\hat{E}(s) - \hat{G}_{p1}(s)} \tag{9-26a}$$

推断模型$G(s)$求出后，按图9-18可知推断模型输出应为：

$$U(s) = G(s)Z(s) = \frac{\hat{E}(s)}{\hat{G}_{p2}(s)\hat{E}(s) - \hat{G}_{p1}(s)} Z(s) \tag{9-27}$$

为了研究$G(s)$的结构形式，对式(9-27)进行一下改造：

$$\hat{G}_{p2}(s)\hat{E}(s)U(s) - \hat{G}_{p1}(s)U(s) = \hat{E}(s)Z(s) - \hat{G}_{p1}(s)U(s)$$

$$= [Z(s) - \hat{G}_{p2}(s)U(s)]\hat{E}(s)$$

所以

$$U(s) = -\frac{1}{\hat{G}_{p1}(s)}[Z(s) - \hat{G}_{p2}(s)U(s)]\hat{E}(s) \tag{9-27a}$$

根据式(9-27a)关系式及图9-19的系统结构，可画出如图9-20所示的推断控制系统结构组成图。图中$G_c(s) = 1/\hat{G}_{p1}(s)$，称为推断控制器。整个推断控制系统由虚线分为两部分，虚线右侧为被控过程，虚线左侧为推断控制部分。

对推断控制系统虚线左侧的推断控制部分进行分析可以看出，推断控制由三个基本部分组成。

① 信号分离　引入了控制通道模型$\hat{G}_{p2}(s)$，当$\hat{G}_{p2}(s) = G_{p2}(s)$时，模型$\hat{E}(s)$的输入信号为：

$$Z(s) - \hat{G}_{p2}(s)U(s) = G_{d2}(s)D(s) + G_{p2}(s)U(s) - \hat{G}_{p2}(s)U(s)$$

$$= G_{d2}(s)D(s)$$

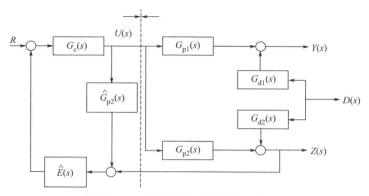

图 9-20　推断控制系统结构组成图

这就实现了将不可测扰动 D 对辅助变量 Z 的影响从 Z 中分离开来的目的。

② 估计器 $\hat{E}(s)$　由式 (9-25a) 可知 $\hat{E}(s) = \hat{G}_{d1}/\hat{G}_{d2}(s)$，当 $\hat{G}_{p2}(s) = G_{p2}(s)$，且 $\hat{G}_{d1}(s) = G_{d1}(s)$，$\hat{G}_{d2}(s) = G_{d2}(s)$ 时，估计器 $\hat{E}(s)$ 的输出即为：

$$\hat{E}(s)\left[Z(s) - \hat{G}_{p2}(s)U(s)\right] = \frac{\hat{G}_{d1}(s)}{\hat{G}_{d2}(s)}\left[G_{d2}(s)D(s) + G_{p2}(s)U(s) - \hat{G}_{p2}(s)U(s)\right]$$

$$= \frac{\hat{G}_{d1}(s)}{\hat{G}_{d2}(s)}G_{d2}(s)D(s) = G_{d1}(s)D(s)$$

这就是说估计器的输出估计了不可测扰动 D 对被控变量 Y 的影响。

需要指出的是估计器 $\hat{E}(s) = \hat{G}_{d1}/\hat{G}_{d2}(s)$ 必须是可实现的，在扰动源 $D(s)$ 确定之后，选择辅助变量时应考虑到这一点。

③ 推断控制器 $G_c(s)$　为消除不可测扰动 D 对被控变量的影响，可设计推断控制器 $G_c(s) = 1/\hat{G}_{p1}(s)$。

若所有模型都准确，则在设定值扰动下 $Y(s) = R(s)$，在不可测扰动 D 作用下 $Y(s) = 0$。

可见，在模型准确的条件下，该推断控制系统对设定值扰动有良好的跟踪性能，而对于不可测的扰动的影响则有完全补偿的功能。

由于该推断控制系统估计器输出估计了不可测扰动对被控变量的影响，再通过推断控制器，所以这种控制具有前馈性质，因此被称之为前馈性质推断控制系统。

9.3　解耦控制系统

当在同一设备或装置上设置两套以上控制系统时，就要考虑系统间关联的问题，其关联程度可通过计算各通道相对增益大小来判断。如各通道相对增益都接近于 1，则说明系统间关联较小；如相对增益与 1 差距较大，则说明系统间关联较为严重。对于系统间关联比较小的情况，可以采用控制器参数整定，将各系统工作频率拉开的办法，以削弱系统间关联的影响；如果系统间关联严重，就需要考虑用解耦的办法来加以解决。

为了便于分析，下面对 2×2 系统的关联及其解耦方法进行研究。具有关联影响的 2×2 系统的方块图如图 9-21 所示。

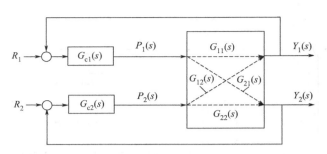

图 9-21 2×2 关联系统方块图

从图 9-21 可看出，控制器 C_1 的输出 $P_1(s)$ 不仅通过传递函数 $G_{11}(s)$ 影响 $Y_1(s)$，而且还通过交叉通道传递函数 $G_{21}(s)$ 影响 $Y_2(s)$。同样，控制器 C_2 的输出 $P_2(s)$ 不仅通过传递函数 $G_{22}(s)$ 影响 $Y_2(s)$，而且还通过交叉通道传递函数 $G_{12}(s)$ 影响 $Y_1(s)$。

上述关系可用下述数学关系式进行表达：

$$Y_1(s) = G_{11}(s)P_1(s) + G_{12}(s)P_2(s) \tag{9-28}$$

$$Y_2(s) = G_{21}(s)P_1(s) + G_{22}(s)P_2(s) \tag{9-29}$$

将上述关系式以矩阵形式表达则成：

$$\begin{bmatrix} Y_1(s) \\ Y_2(s) \end{bmatrix} = \begin{bmatrix} G_{11}(s) & G_{12}(s) \\ G_{21}(s) & G_{22}(s) \end{bmatrix} \begin{bmatrix} P_1(s) \\ P_2(s) \end{bmatrix} \tag{9-30}$$

或者表示成：

$$\boldsymbol{Y}(s) = \boldsymbol{G}(s)\boldsymbol{P}(s) \tag{9-31}$$

式中 $\boldsymbol{Y}(s)$——输出向量；

       $\boldsymbol{P}(s)$——控制向量；

       $\boldsymbol{G}(s)$——对象传递矩阵：

$$\boldsymbol{G}(s) = \begin{bmatrix} G_{11}(s) & G_{12}(s) \\ G_{21}(s) & G_{22}(s) \end{bmatrix} \tag{9-32}$$

所谓解耦控制，就是设计一个控制系统，使之能够消除系统之间的耦合关系，而使各个系统变成相互独立的控制回路。对于 2×2 系统来说，就是设计一个控制系统，能够消除两个系统之间的耦合关系，而使该两系统成为相互独立的控制系统。

9.3.1   关联系统解耦条件

由图 9-21 所示 2×2 系统方块图可以求得系统的输出为：

$$\boldsymbol{Y}(s) = \boldsymbol{G}(s)\boldsymbol{G}_c(s)\boldsymbol{E}(s) \tag{9-33}$$

而

$$\boldsymbol{E}(s) = \boldsymbol{R}(s) - \boldsymbol{Y}(s) \tag{9-34}$$

将式(9-34)代入式(9-33)并经整理可得：

$$\boldsymbol{Y}(s) = [\boldsymbol{I} + \boldsymbol{G}(s)\boldsymbol{G}_c(s)]^{-1}\boldsymbol{G}(s)\boldsymbol{G}_c(s)\boldsymbol{R}(s) \tag{9-35}$$

因为

$$\boldsymbol{G}(s)\boldsymbol{G}_c(s) = \boldsymbol{G}_o(s) \tag{9-36}$$

$\boldsymbol{G}_o(s)$ 为系统开环传递矩阵，因此式(9-35)可写成下面形式：

$$\boldsymbol{Y}(s) = [\boldsymbol{I} + \boldsymbol{G}_o(s)]^{-1}\boldsymbol{G}_o(s)\boldsymbol{R}(s) \tag{9-37}$$

设

$$[\boldsymbol{I} + \boldsymbol{G}_o(s)]^{-1}\boldsymbol{G}_o(s) = \boldsymbol{G}_s(s) \tag{9-38}$$

$G_s(s)$ 为系统闭环传递矩阵,因此式(9-37)又可写成如下形式:

$$Y(s) = G_s(s)R(s) \qquad (9-39)$$

由式(9-39)可以看出,如果系统闭环传递矩阵 $G_s(s)$ 为对角阵,那么各个系统之间没有关联而相互独立。因此,关联系统的解耦条件是系统的闭环传递矩阵必须是对角阵。

如果在式(9-38)等号两边左乘 $[I + G_o(s)]$,则得:

$$G_s(s) = G_o(s)[I - G_o(s)] \qquad (9-40)$$

再在式(9-40)等号两边右乘 $[I - G_s(s)]^{-1}$,则得:

$$G_o(s) = G_s(s)[I - G_s(s)]^{-1} \qquad (9-41)$$

由式(9-41)可以看出,如果 $G_s(s)$ 是对角阵,那么 $G_o(s)$ 也必是对角阵。同样,从式(9-38)也可以看出,只要保证系统开环传递矩阵 $G_o(s)$ 为对角阵,那么系统的闭环递矩阵 $G_s(s)$ 也必为对角阵。因此关联系统的解耦条件可以改为:系统的开环传递矩阵 $G_o(s)$ 必须是对角阵。

因为系统开环传递矩阵如式(9-36)所示为:

$$G_o(s) = G(s)G_c(s)$$

式中,$G_c(s)$ 为控制器传递矩阵;$G(s)$ 为广义对象的传递矩阵。由图 9-21 可以看出,控制器的传递矩阵 $G_c(s)$ 是对角阵,因此要使 $G_o(s)$ 为对角阵,先决条件是广义对象的传递矩阵 $G(s)$ 必须是对角阵。因此,关联系统的解耦条件最终可归结为:广义对象的传递矩阵 $G(s)$ 必须是对角阵。具体做法是:在相互关联的系统中增加一个解耦装置[通常称之解耦矩阵,用 $F(s)$ 表示],使对象的传递矩阵与解耦装置矩阵的乘积为对角阵,即可达到解耦的目的。

2×2 解耦控制系统方块图如图 9-22 所示。

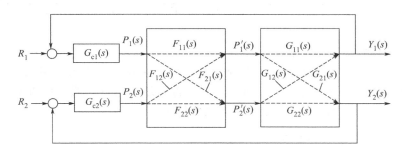

图 9-22　2×2 解耦控制系统方块图

9.3.2　解耦控制方案

(1) 理想解耦

在理想解耦中,设置解耦装置矩阵为:

$$F(s) = \begin{bmatrix} F_{11}(s) & F_{12}(s) \\ F_{21}(s) & F_{22}(s) \end{bmatrix} \qquad (9-42)$$

根据解耦条件,对象传递矩阵 $G(s)$ 与解耦装置矩阵 $F(s)$ 的乘积必须是对角阵,可以有三种不同的设计方案。

① 方案一　设置对角阵元素为原对象传递矩阵的主对角元素。这时按系统解耦条件可得:

$$\begin{bmatrix} G_{11}(s) & G_{12}(s) \\ G_{21}(s) & G_{22}(s) \end{bmatrix} \begin{bmatrix} F_{11}(s) & F_{12}(s) \\ F_{21}(s) & F_{22}(s) \end{bmatrix} = \begin{bmatrix} G_{11}(s) & 0 \\ 0 & G_{22}(s) \end{bmatrix} \qquad (9-43)$$

在式(9-43)等号两边左乘 $[G(s)]^{-1}$,并经整理可得:

$$\begin{bmatrix} F_{11}(s) & F_{12}(s) \\ F_{21}(s) & F_{22}(s) \end{bmatrix} = \begin{bmatrix} G_{11}(s) & G_{12}(s) \\ G_{21}(s) & G_{22}(s) \end{bmatrix}^{-1} \begin{bmatrix} G_{11}(s) & 0 \\ 0 & G_{22}(s) \end{bmatrix}$$

$$= \begin{bmatrix} \dfrac{G_{11}(s)G_{22}(s)}{G_{11}(s)G_{22}(s)-G_{12}(s)G_{21}(s)} & \dfrac{-G_{12}(s)G_{22}(s)}{G_{11}(s)G_{22}(s)-G_{12}(s)G_{21}(s)} \\ \dfrac{-G_{11}(s)G_{21}(s)}{G_{11}(s)G_{22}(s)-G_{12}(s)G_{21}(s)} & \dfrac{G_{11}(s)G_{22}(s)}{G_{11}(s)G_{22}(s)-G_{12}(s)G_{21}(s)} \end{bmatrix}$$

$$(9-44)$$

式(9-44)即为解耦装置模型。

② 方案二　设置对角阵为单位阵。这时按系统解耦条件可得：

$$\begin{bmatrix} G_{11}(s) & G_{12}(s) \\ G_{21}(s) & G_{22}(s) \end{bmatrix} \begin{bmatrix} F_{11}(s) & F_{12}(s) \\ F_{21}(s) & F_{22}(s) \end{bmatrix} = \begin{bmatrix} 1 & 0 \\ 0 & 1 \end{bmatrix} \qquad (9-45)$$

在式(9-45)等号两边左乘 $[\boldsymbol{G}(s)]^{-1}$，并经整理可得：

$$\begin{bmatrix} F_{11}(s) & F_{12}(s) \\ F_{21}(s) & F_{22}(s) \end{bmatrix} = \begin{bmatrix} G_{11}(s) & G_{12}(s) \\ G_{21}(s) & G_{22}(s) \end{bmatrix}^{-1} \begin{bmatrix} 1 & 0 \\ 0 & 1 \end{bmatrix}$$

$$= \begin{bmatrix} \dfrac{G_{22}(s)}{G_{11}(s)G_{22}(s)-G_{12}(s)G_{21}(s)} & \dfrac{-G_{12}(s)}{G_{11}(s)G_{22}(s)-G_{12}(s)G_{21}(s)} \\ \dfrac{-G_{21}(s)}{G_{11}(s)G_{22}(s)-G_{12}(s)G_{21}(s)} & \dfrac{G_{11}(s)}{G_{11}(s)G_{22}(s)-G_{12}(s)G_{21}(s)} \end{bmatrix}$$

$$(9-46)$$

式(9-46)也是解耦装置模型。

③ 方案三　设置对角线元素为其他某种形式，而采用这种形式的目的，一则可以使解耦装置模型更为简化，易于实现；二则是为了改善通道的特性。假定设置对角线元素均为 $[G_{11}(s)G_{22}(s)-G_{12}(s)G_{21}(s)]$，这时按系统解耦条件可得：

$$\begin{bmatrix} G_{11}(s) & G_{12}(s) \\ G_{21}(s) & G_{22}(s) \end{bmatrix} \begin{bmatrix} F_{11}(s) & F_{12}(s) \\ F_{21}(s) & F_{22}(s) \end{bmatrix}$$

$$= \begin{bmatrix} G_{11}(s)G_{22}(s)-G_{12}(s)G_{21}(s) & 0 \\ 0 & G_{11}(s)G_{22}(s)-G_{12}(s)G_{21}(s) \end{bmatrix} \qquad (9-47)$$

在式（9-45）等号两边左乘 $\left[\boldsymbol{G}\left(s\right)\right]^{-1}$，并经整理可得：

$$\begin{bmatrix} F_{11}(s) & F_{12}(s) \\ F_{21}(s) & F_{22}(s) \end{bmatrix} = \begin{bmatrix} G_{22}(s) & -G_{12}(s) \\ -G_{21}(s) & G_{22}(s) \end{bmatrix} \qquad (9-48)$$

式(9-48)也是解耦装置矩阵。显然式(9-48)所示解耦装置模型比式(9-44)及式(9-46)所示的两种解耦装置模型要简单得多，实现起来也方便。

由上面分析可以看出，对于一个具体的关联系统，其解耦装置的模型不是唯一的，可以具有多种不同的形式，关键在于对角线矩阵的设置。

当采用解耦装置后，交叉通道的相互影响被完全消除了，这时图9-22所示的系统就可以等效为如图9-23所示的两个互相独立的系统。

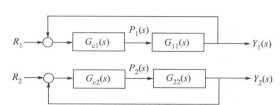

图 9-23　2×2 解耦控制系统等效方块图

由于关联系统中引入解耦装置后，完全消除了系统间关联的影响，因此，这种解耦方法称之为完全解耦，也称理想解耦。

值得指出的是，这里介绍的虽然只是 2×2 系统的解耦问题，但是这种方法是普遍适用的。如果系统是 $n \times n$ 形式，那么，对象的传递矩阵就是 $n \times n$ 阶矩阵，这时所采用的解耦装置矩阵也应该是 $n \times n$ 阶矩阵。同样，根据对象的传递矩阵与解耦装置矩阵乘积为对角阵的解耦条件，就可以找出适合于 $n \times n$ 系统的解耦装置模型。

从式(9-44)、式(9-46)及式(9-48)可以看出，解耦装置矩阵与对象的主通道及交叉通道的特性都有关。一般来说，解耦装置的模型都是比较复杂的，用常规仪表来实现是很困难的。如果只考虑静态解耦而不考虑动态解耦的问题，那么解耦装置的模型将简化得多，这也就是静态解耦比动态解耦用得多的原因之一。当然，如果用计算机来实现解耦控制，那将会方便和容易得多。

(2) 简化解耦

完全解耦的解耦装置模型比较复杂，实现起来比较困难，因此，出现了简化解耦的设想。

对于 2×2 系统来说，所谓简化解耦，就是选择一种简化解耦装置，以达到解耦的目的。而在这种简化解耦装置模型中令 $F(s)$ 的某两个元素固定为 1，条件是这两个为 1 的元素不能处于同一个控制器的输出端。显然，这样做了之后，解耦装置模型比理想解耦装置模型简单多了，因而实现起来也较为容易。

需要指出的是，对应于 2×2 系统的简化解耦装置模型也并不是唯一的，它也有多种不同的组合形式。对于图 9-22 所示解耦控制系统，如改用简化解耦，解耦装置模型可以有下面四种不同的形式。即：

a. 令 $F_{11} = F_{22} = 1$，这时，$F = \begin{bmatrix} 1 & F_{12} \\ F_{21} & 1 \end{bmatrix}$;

b. 令 $F_{11} = F_{12} = 1$，这时，$F = \begin{bmatrix} 1 & 1 \\ F_{21} & F_{22} \end{bmatrix}$;

c. 令 $F_{12} = F_{21} = 1$，这时，$F = \begin{bmatrix} F_{11} & 1 \\ 1 & F_{22} \end{bmatrix}$;

d. 令 $F_{21} = F_{22} = 1$，这时，$F = \begin{bmatrix} F_{11} & F_{12} \\ 1 & 1 \end{bmatrix}$。

假如选用上述第一种简化解耦模型形式，那么用它构成解耦控制系统方块图如图 9-24 所示。由图可求得对象传递矩阵与解耦装置矩阵的乘积为：

$$\begin{bmatrix} G_{11}(s) & G_{12}(s) \\ G_{21}(s) & G_{22}(s) \end{bmatrix} \begin{bmatrix} 1 & F_{12}(s) \\ F_{21}(s) & 1 \end{bmatrix} = \begin{bmatrix} G_{11}(s) + G_{12}(s)F_{21}(s) & G_{11}(s)F_{12}(s) + G_{12}(s) \\ G_{21}(s) + G_{22}(s)F_{21}(s) & G_{21}(s)F_{12}(s) + G_{22}(s) \end{bmatrix}$$

(9-49)

根据解耦条件，式(9-52)必须是对角阵，为此，式(9-49)必须满足下列条件：

$$G_{11}(s)F_{12}(s) + G_{12}(s) = 0 \tag{9-50}$$

$$G_{21}(s) + G_{22}(s)F_{21}(s) = 0 \tag{9-51}$$

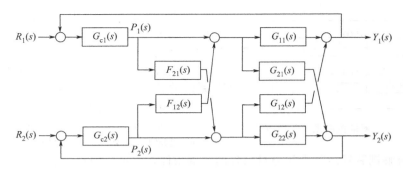

图 9-24　简化解耦控制系统方块图

由式(9-50)可得：$\qquad F_{12}(s)=-G_{12}(s)/G_{11}(s)$

由式(9-51)可得：$\qquad F_{21}(s)=-G_{21}(s)/G_{22}(s)$

因此简化解耦装置模型应为：

$$F(s)=\begin{bmatrix} 1 & -\dfrac{G_{12}(s)}{G_{11}(s)} \\ -\dfrac{G_{21}(s)}{G_{22}(s)} & 1 \end{bmatrix}$$

从图 9-24 可看出，$P_1(s)$通过交叉通道 $G_{21}(s)$ 影响 $Y_2(s)$ 的同时，又经过 $F_{21}(s)$、$G_{22}(s)$ 通道进行补偿；同理，$P_2(s)$ 通过交叉通道 $G_{12}(s)$ 影响 $Y_1(s)$ 的同时，又经过 $F_{12}(s)$、$G_{11}(s)$ 通道进行补偿。这种补偿具有前馈的性质，因此，这种解耦方式又称前馈解耦。

同样，采用第二、第三及第四种简化解耦模型也可以达到解耦的目的。

9.3.3　解耦控制应用实例

图 9-25 是一个精馏塔两端温度控制方案，通过塔顶温度控制保证顶部产品的质量，操纵变量为回流量 L，塔底产品的质量通过对塔底温度的控制来保证，操纵变量为再沸器的加热蒸气量 W，塔顶、塔底产品的质量（组分）分别以 Y_1 及 Y_2 表示。

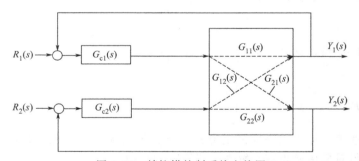

图 9-25　精馏塔控制系统方块图

显然，在这一控制方案中，系统间的关联是不容忽视的。因为对回流量 L 的控制不仅会影响塔顶温度（即影响顶部产品质量 Y_1），而且也会影响到塔底温度（即影响底部产品质量 Y_2）；同样，对再沸器加热蒸气量的控制不仅会影响 Y_2，也会影响 Y_1。因此，本方案所构成的 2×2 关联系统方块图可画成图 9-26 的形式。

对上述关联系统有人曾在计算机上分别进行过未经解耦和简化解耦的模拟实验，其简化

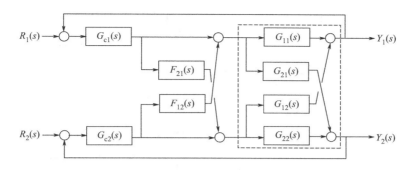

图 9-26　精馏塔简化解耦方块图

解耦系统方块图如图 9-26 所示，其解耦装置的模型如表 9-1 所示，其实验结果如图 9-27 所示。

表 9-1　解耦装置模型

解耦装置	$Y_1=0.98$，$Y_2=0.02$	$Y_1=0.95$，$Y_2=0.05$
$F_{11}=F_{22}$	1	1
F_{12}	$\dfrac{0.9547e^{-1.5s}}{0.4s+1}$	$\dfrac{0.8518e^{-1.5s}}{0.4s+1}$
F_{21}	0.9488	0.8180

9.4　预测控制系统

在前面所介绍的各类控制系统中，大都涉及被控对象的数学模型，而且模型的准确程度直接影响到控制的效果。然而对于复杂的工业过程，要建立它的准确模型十分困难。这是因为工业生产过程中往往有许多不确定的扰动，不仅会带来测量噪声，而且还会使模型漂移。20 世纪 70 年代以来，人们设想从工业过程的特点出发，寻找对模型精度要求不高而同样能实现高质量控制性能的方法。预测控制就是在这种背景下发展起来的一种新型控制算法。模型预测启发控制（MPHC）、模型算法控制（MAC）、动态矩阵控制（DMC）以及预测控制（PC）等都属于预测控制的范畴。

预测控制的基本思路是利用易于得到的工业过程的脉冲响应或阶跃响应曲线，把它们在采样时刻的一系列数值作为描述对象动态的信息，从而构成预测模型。这样就可以确定一个控制量的时间序列，使未来一段时间内被控变量与经过"柔化"后的期望轨迹之间的误差最小。上述优化过程反复在线进行，以期达到控制的目的。

预测控制具有如下明显的优点：

① 建模方便，模型可通过简单实验获得，无需深入了解过程内部机理；

② 采用了非最小化描述的离散卷积和模型，信息冗余量大，有利于提高系统的鲁棒性；

③ 采用了优化滚动策略，即在线反复进行优化计算，滚动实施，使模型失配、畸变、干扰等引起的不确定性能及时得到弥补，从而得到较好的动态控制性能；

④ 可在不增加任何理论困难的情况下，将这类算法推广到有约束条件、大滞后、非最小相位及非线性过程，并获得较好的控制效果。

下面介绍在工业过程中已得到成功应用的单输入单输出系统的模型算法控制和动态矩阵控制。

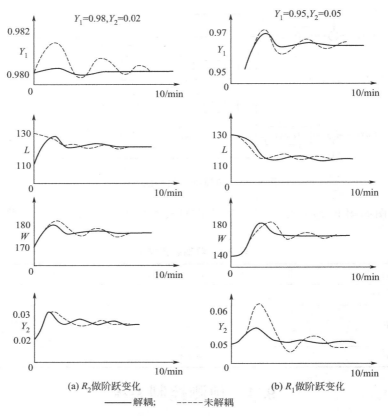

图 9-27　精馏塔简化解耦控制效果实验比较

9.4.1　模型算法控制（MAC）

MAC 是建立在脉冲响应基础上的一种时域控制技术，适用于线性渐近稳定的系统。它由三部分内容所组成，即内部模型、参考轨迹和控制算法。

（1）内部模型

MAC 采用的是脉冲响应模型。对于一个线性系统，若输入单位脉冲函数 u，其输出响应即为脉冲响应。对于采样系统，在各采样时刻 $t=T_s$，$2T_s$，$3T_s\cdots$，其对应输出为 g_1，g_2，$g_3\cdots$，如图 9-28 所示，可写成：

$$y(i)=g_i \qquad (i=1,2,3\cdots) \tag{9-52}$$

对于渐近稳定的系统，$\lim\limits_{i\to\infty}g_i=0$。实际上考虑测量误差的存在，当 N 取得足够大时，$i>N$ 后的 g_i 值与误差同级，可以忽略不计，因此可写成：

$$y(i)=q_i \qquad (i=1,2,3,\cdots,N) \tag{9-53}$$

这里 N 为模型的时域长度。

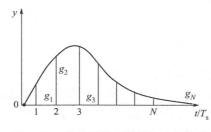

图 9-28　线性系统离散脉冲响应曲线

假定输入脉冲的幅度为 U_0，那么，根据线性系统的性质则有：

$$y(i)=g_iU_0 \qquad (i=1,2,3,\cdots,N) \tag{9-54}$$

如果输入的是一连串脉冲，那么任一时刻的输出值则等于各个输入脉冲的加权和。写成离散褶积表达式的形式为：

$$y(k+1)=\boldsymbol{g}^{\mathrm{T}}\boldsymbol{u} \qquad (9\text{-}55)$$

式中　$\boldsymbol{g}^{\mathrm{T}}=[g_1,\ g_2,\ g_3,\ \cdots,\ g_N]$

$\boldsymbol{u}^{\mathrm{T}}=[u(k),\ u(k-1),\ u(k-2),\ \cdots,\ u(k-N+1)]$

k——采样时刻。

式(9-55)也可写成下面形式：

$$y(k+1)=g_1u(k)+g_2u(k-1)+g_3u(k-2)+\cdots+g_Nu(k-N+1) \qquad (9\text{-}56)$$

式(9-56)表示相对于当前时刻 k 后的下一个采样时刻系统输出的预测值。

然而 g_i 是在一定条件下测出的，它与真实的脉冲响应还是有差别的。用 $\boldsymbol{g}^{\mathrm{T}}$ 表示真实脉冲响应，而用 $\hat{\boldsymbol{g}}^{T}$ 表示模型脉冲响应，于是就有：

$$y_m(k+1)=\hat{\boldsymbol{g}}^{\mathrm{T}}\boldsymbol{u} \qquad (9\text{-}57)$$

式中，$y_{\mathrm{m}}(k+1)$ 表示根据模型得到的预测输出。

（2）参考轨迹

MAC 要求系统的输出沿一条光滑的曲线达到给定值，这条曲线称之为参考轨迹。通常，参考轨迹采用从当前时刻实际输出值出发的一阶指数曲线，如图 9-29 所示。将其表达成离散形式则为：

$$Y_r(k+1)=\alpha^i y(k)+(1-\alpha^i)R \qquad (i=1,2,\cdots) \qquad (9\text{-}58)$$

式中，$\alpha=\exp(-T_s/T_r)$，T_s 为采样周期，T_r 为参考轨迹的时间常数。T_r 越大（α 越大），参考轨迹越平缓，系统的"柔性"越好，鲁棒性也越强，但过程却较迟钝，控制的快速性变差。因此，需要在两者兼顾的情况下预先设计和在线调整 α 值。

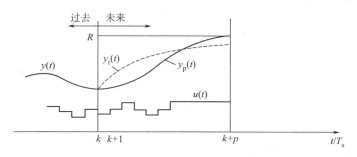

图 9-29　参考轨迹及优化图

（3）最优控制算法

MAC 的最优准则是：选择未来某一时域（p）内的控制量（u）序列，使相应的预测输出 y_p 尽可能接近期望输出（即参考轨迹）y_r，即使下式目标函数 J_p 为最小：

$$J_p=\sum_{i=1}^{p}\left[y_p(k+i)-y_r(k+i)\right]^2\omega_i \qquad (9\text{-}59)$$

式中，ω_i 为非负加权系数，它代表各采样时刻的偏差在目标函数 J_p 中所占比重。

根据式(9-57)~式(9-59)即可解出一组控制量 $[u(k),\ u(k+1),\ \cdots,\ u(k+p-1)]$，使 J_p 为最小。

这种预测控制算法的原理如图 9-30 所示。

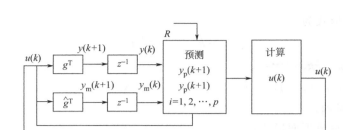

图 9-30　预测控制算法原理图

9.4.2　动态矩阵控制

动态矩阵控制（DMC）系统与差拍控制系统有些相似，所不同的是动态矩阵控制系统不用差分方程形式的数学模型，而利用对象的脉冲响应和阶跃响应数据来构筑矩阵控制的数学模型。动态矩阵控制算法是一种将离散脉冲系数模型与最小二乘法相结合的多步预测控制技术。

（1）离散脉冲系数模型

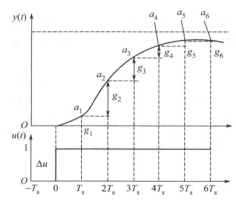

图 9-31　单位阶跃脉冲响应曲线

图 9-31 为对象的单位阶跃响应曲线，将它按采样时间 T_s 进行离散化，于是得到一组表示对象动态特性的系数：

$$y(k) = a_k \sum_{i=1}^{N} g_i \tag{9-60}$$

式中　a_k——单位阶跃响应系数；

g_i——单位脉冲响应系数。

当输入不是单位阶跃函数，而是在各采样时刻 u_i 呈阶梯形式时，则：

$$y(k) = \sum_{i=1}^{N} g_i u(k-i) \tag{9-61}$$

式中，N 是一个足够大的采样周期整倍数，以至于阶跃响应曲线得以结束，即 $g_N \approx 0$。同理，

$$y(k+1) = \sum_{i=1}^{N} g_i u(k-i+1) \tag{9-62}$$

将式（9-62）与式（9-61）相减可得：

$$\Delta y(k+1) = \sum_{i=1}^{N} g_i \Delta u(k-i+1) \tag{9-63}$$

式中

$$\Delta y(k+1) = y(k+1) - y(k) \tag{9-64}$$

$$\Delta u(k-i+1) = u(k-i+1) - u(k-i) \tag{9-65}$$

将式（9-64）代入式（9-63）可得：

$$y(k+1) - y(k) = g_1 \Delta u(k) + \sum_{i=2}^{N} g_i \Delta u(k-i+1) \tag{9-66}$$

令 $s_1 = \sum_{i=2}^{N} g_i \Delta u(k-i+1)$ 且 $g_1 = a_1$（图 9-31），式（9-66）可改写成：

$$y(k+1) = y(k) + a_1 \Delta u(k) + s_1 \tag{9-67}$$

也可导出：

$$\Delta y(k+2) = \sum_{i=1}^{N} g_i \Delta u(k-i+2) \qquad (9-68)$$

$$\because \quad \Delta y(k+2) = y(k+2) - y(k+1) \qquad (9-69)$$

$$\therefore \quad \Delta y(k+1) = y(k+1) - y(k) \qquad (9-70)$$

由式(9-70)得 $y(k+1) = \Delta y(k+1) + y(k)$，代入式(9-104)并经整理可得：

$$y(k+2) = y(k) + \Delta y(k+1) + \Delta y(k+2) \qquad (9-71)$$

由式(9-68)可得：

$$\Delta y(k+2) = g_1 \Delta u(k+1) + g_2 \Delta u(k) + \sum_{i=3}^{N} g_i \Delta u(k-i+2) \qquad (9-72)$$

令 $s_2 = \sum_{i=3}^{N} g_i \Delta u(k-i+2)$，于是式(9-72)可写成：

$$y(k+2) = g_1 \Delta u(k+1) + g_2 \Delta u(k) + s_2 \qquad (9-73)$$

前已求得

$$y(k+1) = g_1 \Delta u(k) + s_1 \qquad (9-74)$$

将式(9-73)及式(9-74)代入式(9-70)则得：

$$
\begin{aligned}
y(k+2) &= y(k) + g_2 g_1 \Delta u(k) + s_1 + g_1 \Delta u(k+1) + g_2 \Delta u(k) + s_2 \\
&= y(k) + (g_1 + g_2)\Delta u(k) + g_1 \Delta u(k+1) + (s_1 + s_2) \\
&= y(k) + a_2 \Delta u(k) + a_1 \Delta u(k+1) + \sum_{m=1}^{2} s_m
\end{aligned}
$$

由此类推：

$$y(k+3) = y(k) + a_3 \Delta u(k) + a_2 \Delta u(k+1) + a_1 \Delta u(k+2) + \sum_{m=1}^{2} s_m$$

考虑 R 组数据，则可写成下列矩阵方程：

$$
\begin{bmatrix} \hat{y}(k+1) \\ \hat{y}(k+2) \\ \vdots \\ \hat{y}(k+R) \end{bmatrix} =
\begin{bmatrix} a_1 & & & 0 \\ a_2 & a_1 & & \\ \vdots & \vdots & \ddots & \\ a_R & a_{R-1} & \cdots & a_1 \end{bmatrix}
\begin{bmatrix} \Delta u(k) \\ \Delta u(k+1) \\ \vdots \\ \Delta u(k+R-1) \end{bmatrix} +
\begin{bmatrix} y(k)+p_1 \\ y(k)+p_2 \\ \vdots \\ y(k)+p_R \end{bmatrix} \qquad (9-75)
$$

由于 $y(k+1)$，$y(k+2)$，…，$y(k+R)$ 均为预测值，因此冠以 $\hat{}$ 号。

式中

$$p_i = \sum_{m=1}^{i} s_m \quad (i=1, 2, 3, \cdots, R)$$

$$s_m = \sum_{i=m+1}^{N} g_i \Delta u_{k+m-i}$$

式(9-75)的等号右边第一部分反映 $\Delta u(k)$，…，$\Delta u(k+R-1)$ 作用的结果，第二部分是如不施加 $\Delta u(k)$ 以后的控制作用，在到达 $(k+1)$，$(k+2)$，…时的预测输出。

（2）DMC 算式的推导

设定一组设定值向量 $[y_R(k+1)，y_R(k+2)，\cdots，y_R(k+R)]^T$，并用它与式(9-75)相减则得：

$$\hat{E} = -A'\Delta u + \hat{E}_1 \qquad (9-76)$$

式中，$\hat{E}$ 及 $\hat{E}_1$ 均为预测误差向量：

$$\hat{E} = \begin{bmatrix} y_R(k+1) - \hat{y}(k+1) \\ y_R(k+2) - \hat{y}(k+2) \\ \vdots \\ y_R(k+R) - \hat{y}(k+R) \end{bmatrix} \qquad \hat{E}_1 = \begin{bmatrix} y_R(k+1) - \hat{y}(k) - p_1 \\ y_R(k+2) - \hat{y}(k) - p_2 \\ \vdots \\ y_R(k+R) - \hat{y}(k) - p_R \end{bmatrix}$$

$$A' = \begin{bmatrix} a_1 & & & 0 \\ a_2 & a_1 & & \\ \vdots & & \ddots & \\ a_R & a_{R-1} & \cdots & a_1 \end{bmatrix} \qquad \Delta u = \begin{bmatrix} \Delta u(k) \\ \Delta u(k+1) \\ \vdots \\ \Delta u(k+R-1) \end{bmatrix}$$

若要求系统的输出变量预测值等于给定值，即 $\hat{E}=0$，则由式(9-76)可解得：

$$\Delta u = A'^{-1} \hat{E}_1 \qquad (9-77)$$

式(9-77)称之为多步预测控制算法。它在一拍之后就使过渡过程的输出变量达到设定值。显然，这对大多数实际的工业过程来说是过于苛刻了。为此，DMC 算法就产生了。它是上述算法的一种改进算法，是多步预测控制算法的一个变种。

在 DMC 中，是以未来 L 步控制作用去预估未来 R 步的输出 $(L \leqslant R)$，即对 $(R-L)$ 个 $\hat{y}(k+i)$ 不提出要求，于是 A' 也成为保留相应的 $(R-L)$ 行的 A。因此得到：

$$\hat{E} = -A\Delta u + \hat{E}_1 \qquad (9-78)$$

为此，若要求 $\hat{E}=0$，按上式不能直接求 Δu（因为 A 不是方阵，不能直接求逆），必须加以处理。

$$\because \quad \hat{E} = 0$$

由式(9-78)得：
$$A\Delta u = \hat{E}_1$$

在等式两边左乘 A^{T} 得：

$$A^{\mathrm{T}}A\Delta u = A^{\mathrm{T}}\hat{E}_1$$

再在等式两边左乘 $(A^{\mathrm{T}}A)^{-1}$ 得：

$$\Delta u = (A^{\mathrm{T}}A)^{-1}A^{\mathrm{T}}\hat{E}_1 \qquad (9-79)$$

在实际运行中，要求算出的是下一步控制作用 $u(k)=u(k-1)+\Delta u(k)$。从上式可知：

$$\Delta u(k) = K^{\mathrm{T}} - \hat{E}_1 \qquad (9-80)$$

式中，K^{T} 是矩阵 $(A^{\mathrm{T}}A)^{-1}A^{\mathrm{T}}$ 的第一行。

此外，这样求出的 $\Delta u(k)$ 也许变化过于剧烈，为消除不稳定因素，可改取：

$$\Delta u = (A^{\mathrm{T}}A+Q)^{-1}A^{\mathrm{T}}\hat{E}_1 \qquad (9-81)$$

式中，$Q=fI$，f 是 $0 \sim 1$ 之间的系数。

本章思考题及习题

9-1　史密斯补偿的出发点是什么？如何实现史密斯补偿？

9-2　为什么称史密斯补偿器为预估补偿器？

9-3　什么是按计算指标控制系统？

9-4　何谓内回流控制？在什么情况下采用？

9-5　什么情况下可用外回流控制代替内回流控制？

9-6　何谓热焓控制系统？

9-7　什么情况下可用温度控制代替热焓控制？什么情况下不可以？

9-8　什么是推断控制系统？什么情况下采用？

9-9　反馈推断控制与前馈形式的推断控制有什么不同之处？

9-10　何谓系统关联？如何进行表示？

9-11　克服系统间关联的方法有哪些？

9-12　何谓解耦？关联系统解耦的条件是什么？

9-13　为什么解耦装置矩阵不是唯一的？

9-14　何谓正关联？何谓负关联？

9-15　何谓理想解耦？何谓简化解耦？何谓前馈解耦？

9-16　按 z 变换设计的控制系统前提条件是什么？

9-17　最小拍控制算法与大林控制算法有什么相同点与不同点？

9-18　采样控制与 DDC 直接数字控制有什么相同点与不同点？

9-19　采样控制主要应用在什么场合？

9-20　总结克服对象纯滞后的控制方法有哪些？说明它们为什么能克服纯滞后影响？

9-21　某工艺物料经蒸汽预热器后成为气液两相进入精馏塔，如图 9-32 所示。蒸汽作为载热剂经预热器后全部冷凝成水而释放出汽化潜热 h_s，但无温度变化。试设计一进料热焓控制系统，以保证进料热焓值的恒定，画出热焓控制系统的结构图，并选择控制阀的开闭形式及控制器的正反作用。

9-22　图 9-33 为一冷、热水混合罐，它们的流入量分别为 F_1 及 F_2。混合以后的温度为 T，槽内液位为 L。要求写出以 F_1、F_2 为操纵变量，L、T 为被控变量的混合罐对象的相对增益矩阵 A。

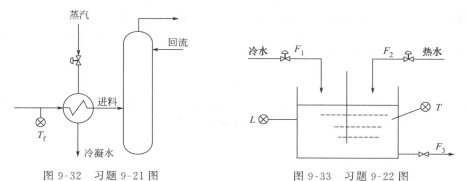

图 9-32　习题 9-21 图　　　　　图 9-33　习题 9-22 图

9-23　计算相对增益有什么作用？相对增益的大小与系统间关联有什么关系？

9-24　已知某 2×2 相关系统的传递矩阵为；

$$\begin{bmatrix} G_{11} & G_{12} \\ G_{21} & G_{22} \end{bmatrix} = \begin{bmatrix} 0.3 & -0.4 \\ 0.5 & 0.2 \end{bmatrix}$$

试计算该系统的相对增益矩阵 A。并说明原系统变量之间的配对是否合理，为什么？如不合理，应如何处理？

9-25　已知一 2×2 相关系统的传递矩阵为：

$$\begin{bmatrix} G_{11} & G_{12} \\ G_{21} & G_{22} \end{bmatrix} = \begin{bmatrix} 0.5 & -0.3 \\ 0.4 & 0.6 \end{bmatrix}$$

试计算该系统的相对增益矩阵 A，证明其变量配对的合理性，然后按前馈解耦方式进行解耦，求取前馈解耦装置的数学模型，给出前馈解耦系统方块图。

9-26　已知某 2×2 关联系统方块图及各通道静态特性如图 9-34 所示。试画出理想解耦系统方块图，并计算理想解耦装置的数学模型（设解耦装置矩阵与对象传递矩阵的乘积为单位阵）。

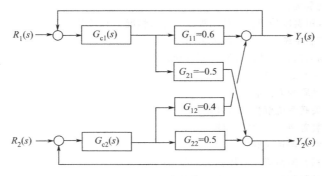

图 9-34　习题 9-26 图

9-27　如果某对象传递函数 $G(s) = \dfrac{K}{1+Ts} = \dfrac{0.5}{1+2s}$，选用的采样保持器 $H(s) = \dfrac{1}{s}(1-\mathrm{e}^{Tss}) = \dfrac{1}{s}(1-\mathrm{e}^{-s})$，试求最小拍控制的控制算式。如改用大林算法，其控制算式又应如何计算？

9-28　在所有回路都开环时，某一过程的开环则增益矩阵为：

$$G(s) = \begin{bmatrix} 0.58 & -0.36 & -0.36 \\ 0.73 & -0.61 & 0 \\ 1 & 1 & 1 \end{bmatrix}$$

试推导出相对增益矩阵 A，并选出最好的控制回路。分析此过程是否需要解耦？

9-29　设有一个三种液体混合的系统，其中一种是水。混合液流量为 F，系统被控变量是混合液的密度 ρ 和黏度 μ。已知它们之间有下列关系：

$$\rho = \frac{Au_1 + Bu_2}{F}, \quad \mu = \frac{Cu_1 + Du_2}{F}$$

其中，A、B、C、D 为物理常数，u_1 和 u_2 为两个可控流量。试求出该系统的相对增益。若设 $A = B = C = 0.5$，$D = 1.0$，则相对增益是什么？并对计算结果进行分析。

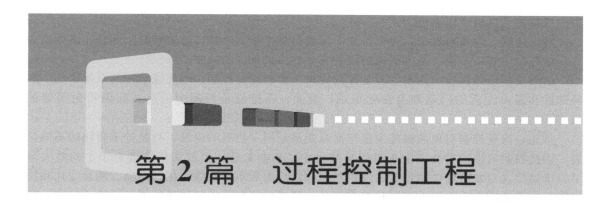

第 2 篇　过程控制工程

作为从事过程控制的专业人员来说，掌握各种控制系统并不是最终目的，控制系统是用来实现生产过程自动化这个目的的一种手段。所以，本篇分析、讨论如何来完成生产过程的自动化。

化工、石油生产过程是各类生产过程中最具有代表性，并且相对而言又是较为复杂的，若能解决化工、石油生产过程的控制，便可较容易地推广到其他工业过程。化工、石油等生产过程是由一系列基本单元操作的设备和装置组成的生产线来完成的。按照化工、石油生产过程中的物理和化学变化来分，这些单元操作主要有流体输送过程、传热过程、传质过程和化学反应过程等。本篇将以上述基本单元操作中的若干代表性装置为例，探讨其基本的控制方案，为实现生产过程自动化的最终目标奠定基础。

在讨论各典型单元操作的控制时，应对各典型单元操作的工艺机制有概要的了解，然后从控制的需要，对它的动静特性做必要的分析，最后结合过程控制系统的知识，视各单元操作的控制要求，确定整体控制方案。

单元操作中的控制方案设置，一般来说，主要从四个方面考虑：

① 物料平衡控制；

② 能量平衡控制；

③ 质量控制；

④ 约束条件控制。

其中，①、②两个方面的控制主要是为了保证单元操作能平稳地进行，而③是满足单元操作的规定质量要求，④是从确保单元操作的生产安全出发的。

第 10 章　流体输送设备的控制

在石油、化工等生产过程中，各个生产装置之间都以输送物料或能量的管道将其连接在一起，物料在各装置中进行化学反应及其他物理、化学过程，按预定的工艺设计要求，生产出所需的产品。因工艺的需要，常需将流体由低处送至高处，由低压设备送到高压设备，或克服管道阻力由某一车间水平地送往其他车间。为了达到这些目的，必须对流体做功，以提高流体的能量，完成输送的任务。输送的物料流和能量流统称为流体。流体通常有液体和气体之分，有时固体物料也通过流态化在管道中输送。用于输送流体和提高流体压头的机械设备通称为流体输送设备，其中输送液体和提高其压力的机械称为泵，而输送气体并提高其压力的机械称为风机和压缩机。

对流体输送设备的控制，主要是为了实现物料平衡的流量、压力控制。此外，诸如离心式压缩机的防喘振控制，是为了保护设备安全的约束条件的控制。

由于流体输送设备的控制主要是保证物料平衡的流量控制，因此流量控制系统中的一些特殊性和需要注意的问题都会在此出现。为此，需把流量控制中的有关问题再做简要的叙述。

首先，流量控制对象的被控变量与操纵变量是同一物料的流量，只是处于管路的不同位置，因此控制通道的特性，由于时间常数很小，基本上是一个放大倍数接近于 1 的放大环节，于是广义对象特性中测量变送及控制阀的惯性滞后不能忽略，使得对象、测量变送和控制阀的时间常数在数量级上相同且数值不大，组成的控制系统可控性较差，且频率较高，所以控制器的比例度必须放得大些。为了消除余差，有引入积分作用的必要。通常，积分时间在 0.1min 到数分钟的数量级。同时，基于流量控制系统的这个特点，控制阀一般不装阀门定位器，以免因阀门定位器引入串级副环，其振荡频率与主环频率相当，而造成强烈振荡的可能。

其次，流量信号的测量常用节流装置，由于流体通过节流装置时喘动加大，使被控变量的信号常有脉动情况出现，并伴有高频噪声。为此在测量时应考虑对信号的滤波，而在控制系统中则不必引入微分作用，避免对高频噪声的放大而影响系统的平稳工作。在工程上，有时还在变送器与控制器之间引入反微分作用，以提高系统的控制质量。

此外，还需注意的是流量系统的广义对象静态特性呈现非线性，尤其是采用节流装置而不加开方器进行流量的测量变送，此时更为严重。因此，常通过控制阀的流量特性正确选择，对非线性特性进行补偿。

至于对流量信号的测量精度要求，一般除直接作为经济核算用外，无需过高，只要稳定，变差小就行。有时为防止上游压力造成的干扰，需采用适当的稳压措施。

10.1　泵的常规控制

泵按作用原理可分为往复泵（如活塞泵、柱塞泵、隔膜泵、计量泵和比例泵等）、旋转泵（如齿轮泵、螺杆泵、转子泵和叶片泵等）和离心泵三种。

根据泵的特性通常又可分为离心泵和容积泵两大类，往复泵和旋转泵均属于容积泵。在石油、化工等生产过程中，离心泵的使用最为广泛，因此下面侧重介绍离心泵的特性及其控制方案。对其他类型泵的控制，将在此基础上，就其特殊的方面进行简要的讨论。

10.1.1　离心泵的控制方案

离心泵主要由叶轮和机壳组成，叶轮在原动机带动下做高速旋转运动。离心泵的出口压头由旋转叶轮作用于液体而产生离心力，转速越高，离心力越大，压头也越高；因离心泵的叶轮与机壳之间存有空隙，所以当泵的出口阀完全关闭时，液体将在泵体内循环，泵的排量为零，压头接近最高值。此时对泵所做的功被转化为热能向外散发，同时泵内液体也发热升温，故离心泵的出口阀可以关闭，但不宜处于长时间关闭的运转状态。随着出口阀的逐步开启，排出量也随之增大，而出口压力将慢慢下降。泵的压头 H、排量 Q 和转速 n 之间的函数关系，称为泵的特性，可用图 10-1 来表示。

离心泵的特性也可用下列经验公式来表示：

$$H = R_1 n^2 - R_2 Q^2 \tag{10-1}$$

式中，R_1、R_2 为比例常数。

泵是安装在工艺系统的管路上运行的，因此要分析泵的实际排量与出口压头，除了与泵本身的特性有关外，也需考虑到与其相连接的管路特性，所以有必要对管路特性做一些分析。管路特性就是管路系统中流体流量与管路系统阻力之间的关系。通常，管路系统的阻力包含四项内容，如图 10-2 所示。

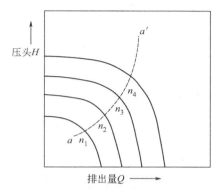

图 10-1　离心泵特性曲线

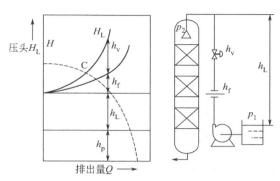

图 10-2　管路特性

四项阻力分别如下。

①管路两端的静压差引起的压头 h_p：

$$h_p = \frac{p_2 - p_1}{\rho g}$$

式中，p_1、p_2 分别是管路系统的入口与出口处的压力；ρ 为流体的密度；g 为重力加速度。由于工艺系统在正常操作时 p_1、p_2 基本稳定，所以这项也是比较平稳的。

②管路两端的静液柱高度 h_L，即升扬高度。在实际工艺系统中，管路和设备安装就绪后，这项将是恒定的。

③管路中的摩擦损失压头 h_f。h_f 与流量的平方值近似成比例关系。

④控制阀两端节流损失压头 h_v。在阀门开度一定时，h_v 也与流量的平方值成正比关系，当阀门的开度变化时，h_v 也跟着变化。

管路总阻力为 H_L，则：

$$H_L = h_p + h_L + h_v + h_f \tag{10-2}$$

式（10-2）即为管路特性的表达式，图 10-2 中画出了它的特性曲线。

当系统达到稳定工作状态时，泵的压头 H 必然等于 H_L，这是建立平衡的条件。图 10-2 中泵的特性曲线与管路特性曲线的交点 C，即是泵的一个平衡工作点。

工作点 C 的流量应符合工艺预定的要求，可以通过改变 h_v 或其他的手段来满足这一要求，这也是离心泵的压力（流量）控制方案的主要依据。

（1）直接节流法

直接改变节流阀的开度，即改变了管路特性，从而改变了平衡工作点 C 的位置，达到控制的目的。图 10-3 表示了系统工作点的移动情况及控制方案的实施。需要注意的是，这种直接节流法的节流阀应安装在泵的出口管线上，而不能装在泵的吸入管道上，否则由于 h_v 的存在，会出现"气缚"及"汽蚀"现象，对泵的正常运行和使用寿命都有影响。

气缚是指由于 h_v 的存在，使泵的入口压力下降，从而可能使液体部分汽化，造成泵的出口压力下降，排量降低甚至到零，离心泵的正常运行遭到破坏。汽蚀是指由于 h_v 的存在，造成部分汽化的气体到达排出端时，因受到压缩而重新凝聚成液体，对泵内的机件会产

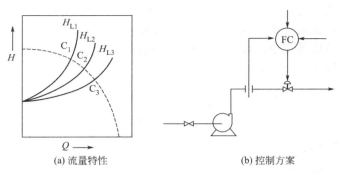

(a) 流量特性 (b) 控制方案

图 10-3 直接节流以控制流量

生冲击，将损伤泵壳与叶轮，犹如高压差控制阀所受到的那种汽蚀，因此汽蚀将会引起泵的损坏。基于以上的原因，直接节流阀必须安装在离心泵的出口管线上。

直接节流法控制方案的优点是简便而易行。但在小流量运行时，能量部分消耗在节流阀上，使总的机械效率较低。所以这种方案在离心泵的控制中是较为常用的，但当流量低于正常排量 30％时，不宜采用本方案。

（2）改变泵的转速 n

这种控制方案以改变泵的特性曲线，移动工作点，来达到控制流量的目的。图 10-4 表示这种控制方案及泵特性变化改变工作点的情况。

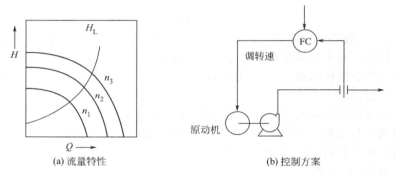

(a) 流量特性 (b) 控制方案

图 10-4 调节转速式控制

改变泵的转速常用的方法有两类。一类是调节原动机的转速，例如以汽轮机作原动机时，可调节蒸汽流量或导向叶片角度，若以电动机作原动机时，采用变频调速等装置进行调速。另一类是在原动机与泵之间的联轴调速机构上改变转速比来控制转速。

改变泵的转速来控制离心泵的排量或压头，具有很大的优越性。主要是在管路上无需安装控制阀，因此管路系统总阻力 H_L 中 h_v 等于零，减少了管路阻力的损耗，泵的机械效率高，从节能角度是极为有利的。但这种控制方案实施起来，无论是电动机或是汽轮机，调速设备费用较高，所以这种方案只在大功率的离心泵以及重要的泵装置中得到了应用。

（3）改变旁路回流量

图 10-5 所示为改变旁路回流量的控制方案。它是在泵的出口与入口之间加一旁路管道，让一部分排出量重新回到泵的入口。这种控制方式实质也是改变管路特性来达到控制流量的目的。当旁路控制阀开度增大时，离心泵的整个出口阻力下降，排量增加，但与此同时，回流量也随之加大，最终导致送往管路系统的实际排量减少。

显然，采用这种控制方式必然有一部分能量损耗在旁路管路和阀上，所以机械效率是较低的。但它具有可采用小口径控制阀的优点，因此在实际生产过程中还有一定的应用。

10.1.2　容积式泵的控制方案

容积式泵有两类：一类是往复泵，包括活塞式、柱塞式等；另一类是直接位移式旋转泵，包括椭圆齿轮式、螺杆式等。由于这些类型的泵均有一个共同的结构特点，即泵的运动部件与机壳之间的空隙很小，液体不能在缝隙中流动，所以泵的排量大小与管路系统基本无关。如往复泵只取决于单位时间内的往复次数及冲程的大小，而旋转泵仅取决于转速。它们的特性曲线大体如图 10-6 所示。

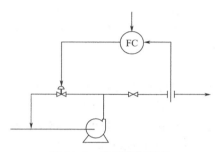

图 10-5　旁路控制流量

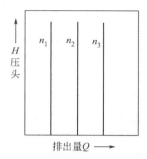

图 10-6　容积式泵的特性曲线

基于这类泵的排量与管路阻力基本无关，故绝不能采用出口处直接节流的方法来控制排量，一旦出口阀关死，将造成泵损、机毁的危险。

容积式泵常用的控制方式如下。

①改变原动机的转速。此法同离心泵的调速法。

②改变往复泵的冲程。在多数情况下，这种方法调节冲程机构较复杂，且有一定难度，只有在一些计量泵等特殊往复泵上才考虑采用。

③调节回流量。其方案构成与离心泵的相同。这是此类泵最简单易行而常用的控制方式。

在生产过程中，有时采用如图 10-7 所示的利用旁路阀控制压力，用节流阀来控制流量。这种方案因同时控制压力和流量两个参数，两个控制系统之间相互关联。要达到正常运行，必须在两个系统的参数整定上加以考虑。通常把压力控制系统整定成

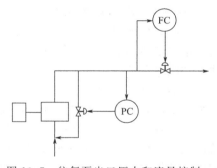

图 10-7　往复泵出口压力和流量控制

非周期的调节过程，从而把两个系统之间的工作周期拉开，达到削弱关联的目的。

10.2　压缩机的常规控制方案

气体输送设备按照所提高的压头可分为送风机（出口压力小于 0.01MPa）、鼓风机（出口压力在 0.01～0.13MPa 之间）和压缩机（出口压力大于 0.3MPa）。它们的流量（压力）控制方案基本相似，因此以压缩机为代表，分析它们的控制方案。压缩机与泵一样，也有往复式与离心式之分。压缩机的流量（压力）控制与泵极为相似，即调速、旁路与节流。但由于压缩机输送的是气相介质，所以往复式压缩机也可采用节流（吸入管节流）的控制方案。

往复式压缩机主要用于流量小、压缩比较高的场合。离心式压缩机自 20 世纪 60 年代以来，随着石油化工向大型化发展，它也迅速地向着高压、高速、大容量和高度自动化方向发

展。与往复式压缩机相比较，它具有如下优点：

① 体积小，重量轻，流量大；

② 运行率高，易损件少，维修简单；

③ 供气均匀，运转平稳，气量控制的变化范围广；

④ 压缩机的润滑油不会污染被输送的气体；

⑤ 有较好的经济性能。

离心式压缩机虽然有很多优点，但受其本身结构特性制约，也有一些固有的缺点，例如喘振大、轴向推力大等，而且在生产过程中，它常常是处于大功率、高速运转，又是单机运行，因而确保它的安全运行是极为重要的。通常一台大型离心式压缩机需要设立以下自控系统。

① 气量控制系统。即排量或出口压力控制，也就是负荷控制系统。控制方式与离心泵的控制类似，如直接节流法、改变转速和改变旁路回流量等。在使用时，需结合实际工况，正确选择。

② 防喘振控制系统。喘振现象是由离心式压缩机结构特性所引起的，而且对压缩机的正常运行危害极大。为此，必须专门设置防喘振控制系统，确保压缩机的安全运行。

③ 压缩机的油路控制系统。离心式压缩机的运行系统中需用密封油、润滑油及控制油等，这些油的油压、油温需有联锁报警控制系统。有关这方面的控制系统不属于过程控制的范畴，因此不做专门讨论。

④ 压缩机主轴的轴向推力、轴向位移及振动的指示与联锁保护系统。同样，这部分内容非过程控制的讨论范畴。

10.3　离心式压缩机的防喘振控制

10.3.1　喘振现象及原因

离心式压缩机在运行过程中可能会出现这样一种现象，即当负荷低于某一定值时，气体的正常输送遭到破坏，气体的排出量时多时少，忽进忽出，发生强烈振荡，并发出如同哮喘病人"喘气"的噪声。此时可看到气体出口压力表、流量表的指示大幅度波动。随之，机身也会剧烈振动，并带动出口管道、厂房振动，压缩机将会发出周期性间断的吼响声。如不及时采取措施，将使压缩机遭到严重破坏，这种现象就是离心式压缩机的喘振，或称飞动。

喘振现象是离心式压缩机，尤其是大型离心式压缩机安全运行的最大威胁。为防止喘振的产生，需讨论分析喘振现象的内在原因，才能采取针对性的措施。喘振是由离心式压缩机的固有特性（它的特性曲线呈驼峰型）而引起的。图 10-8 所示为在某一转速下离心式压缩机的特性曲线，它是压缩机的出口绝压 p_2 与入口绝压 p_1 之比（或称压缩比）和入口体积流量 Q 的关系曲线。由图中可看出，这种驼峰型的特性曲线具有极值点 T。在极值点两侧压缩比与 Q 之间的关系是相反的，工作点建立在极值点右侧是稳定的，而在极值点左侧则为不稳定的。工作点的稳定与否是指流体输送系统在经受一个较小的干扰而偏离该工作点后，系统能否自动返回到原来的工作点。现分析图 10-8 中极值点右侧的工作点 M_1。当由于某种原因使系统压力 p_2 下降时，工作点沿特性曲线下滑，随之压缩机的排量 Q 增大。因为整个管网系统是定容积的，所以 Q 的增大必将使系统压力 p_2 回升，也就自动地把工作点拉回到原来的 M_1 点上。而对 M 点来讲，它是 T 点左侧的工作点。

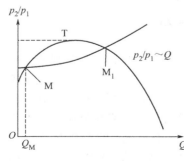

图 10-8　离心式压缩机工作点

由于某种原因使系统压力 p_2 下降，工作点同样沿特性曲线下滑，随后压缩机的排量 Q 也下降，对于定容系统来说，将进一步导致压力下降，工作点继续沿特性曲线下滑而不能返回 M 点，所以是不稳定的工作点。

工作点的稳定性也可从压缩机内部的能量平衡观点来分析。通常，把压缩比 p_2/p_1 作为衡量位能的一个指标，而排量 Q 可作为表征动能的一个指标。从能量平衡的观点来看，系统的位能和动能可互相转化，但总量应保持一恒值。这样，对离心式压缩机来说，对于稳定的工作点 M_1 来讲，一旦在外扰作用下发生漂移，随着 p_2/p_1 的下降，Q 就增大，或者随着 p_2/p_1 的上升，Q 减少，也就是位能和动能在互相转化时总量是不变化的，能达到平衡，因而 M_1 是一个稳定的工作点。反之，对于工作点 M 来讲，同样在外扰作用下发生漂移，p_2/p_1 的下降，Q 也下降，或者 p_2/p_1 的上升，Q 也上升，也就是位能和动能在互相转化时，总量不是减少了就是增大了，不能保持总量的平衡，因而这样的工作点就不可能是稳定的。

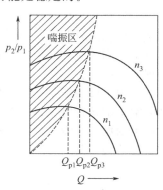

正由于特性曲线极值点的存在，一旦工艺负荷下降，使工作点移入极值点左侧，就成为不稳定的工作点。此时，系统稍有扰动，就不能稳定下来，出现气体排量强烈振荡而引起喘振现象。离心式压缩机在不同转速 n 下，极值点对应的极限流量 Q_p 是不一样的，转速 n 越高，极限流量 Q_p 也越大。把不同转速 n 下特性曲线的极值点连接起来，所得曲线称为喘振极限线，其左侧部分为不稳定的喘振区，即图 10-9 中的阴影部分。图中也表示出，因 $n_3 > n_2 > n_1$，所以 $Q_{p3} > Q_{p2} > Q_{p1}$。

图 10-9　离心式压缩机
喘振极限线

引起离心式压缩机喘振的直接原因是负荷的下降，使工作流量 Q_1 小于极限流量 Q_p，从而工作点进入到喘振区内。这是造成喘振的最常见的原因。除此以外，还有一些工艺上的原因，也容易使工作点靠近或进入喘振区，引起压缩机的喘振。下面分析两种工艺原因所带来的影响。

①压缩机气体的吸入状态的变化，使特性曲线发生变化，从而工作点有可能靠近或进入喘振区。吸入状态主要是指吸入口气体的压力、温度和分子量等参数。在实际工作状态中，由于工艺上的一些原因，会引起吸入气体的这些物性参数变化。在相同的管路特性下，因吸入口气体的压力 p_1 下降，分子量 M_1 下降，温度 T_1 上升，都将使特性曲线下移，两者相交的工作点将如图 10-10 所示的那样，接近或进入到喘振区，导致压缩机的喘振。

②管网阻力的变化使管路特性发生变化，工作点也有可能进入喘振区。如图 10-11 所示，因管路中出现物料或杂质的堵塞、结焦等原因，有可能使管网阻力增大，管路特性发生变化，使相交的工作点接近或进入喘振区。

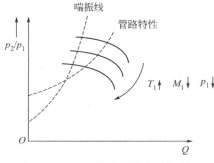

图 10-10　吸入状态变化与喘振关系

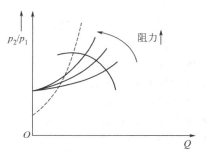

图 10-11　管网阻力变化与喘振关系

10.3.2　防喘振控制系统

由上述可知，在一般情况下，负荷的减少是压缩机喘振的主要原因。因此，要确保压缩机不出现喘振，必须在任何转速下，通过压缩机的实际流量都不小于喘振极限线所对应的极限流量 Q_p。根据这个基本思路，可采取压缩机的循环流量法。即当负荷减小时，采取部分回流的方法，既满足工艺负荷要求，又使 $Q > Q_p$。

常用的控制方案有固定极限流量法和可变极限流量法两种防喘振控制系统。

对于某些具有驼峰型特性的离心泵，有时也会出现类似的喘振现象，因此在离心泵选用时需注意到这一点。

（1）固定极限流量防喘振控制

让压缩机通过的流量总是大于某一定值流量，当不能满足工艺负荷需要时，采取部分回流，从而防止进入喘振区运行，这种防喘振控制称为固定极限流量法。图 10-12 所示为固定极限流量防喘振控制的实施方案。在压缩机的吸入气量 $Q_1 > Q_p$ 时，旁路阀关死；当 $Q_1 < Q_p$ 时，旁路阀打开，压缩机出口气体部分经旁路返回到入口处。这样，使通过压缩机的气量增大到大于 Q_p 值，实际向管网系统的供气量减少了，既满足工艺的要求，又防止了喘振现象的出现。

固定极限流量防喘振控制方案设定的极限流量值 Q_p 是一定值。正确选定 Q_p 值，是该方案正常运行的关键。对于压缩机处于变转速的情况下，为保证在各种转速下压缩机均不会产生喘振，则需选最大转速时的喘振极限流量作为流量控制器 FC 的给定值，如图 10-13 中选定的 Q_p 值。

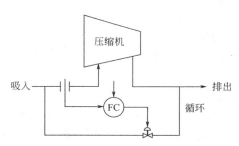

图 10-12　固定极限流量防喘振控制方案

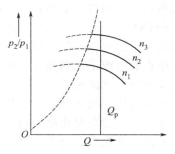

图 10-13　喘振极限值

固定极限流量防喘振控制具有实现简单、使用仪表少、可靠性高的优点。但当压缩机低速运行时，虽然压缩机并未进入喘振区，而吸入气量也有可能小于设置的固定极限值（按最大转速极限流量值设定），旁路阀打开，部分气体回流，造成能量的浪费。因此，这种防喘振控制适用于固定转速的场合或负荷不经常变化的生产装置。

（2）可变极限流量防喘振控制

可变极限流量防喘振控制是在整个压缩机负荷变化范围内，设置极限流量跟随转速而变的一种防喘振控制。

实现可变极限流量防喘振控制，关键是确定压缩机喘振极限线方程。通过理论推导可获得喘振极限线的数学表达式。在工程上，为了安全的原因，在喘振极限线右边建立了一条"安全操作线"，对应的流量要比喘振极限流量大 5%～10%。为此，要完成压缩机的变极限流量防喘振控制，需解决以下两个问题：

①　安全操作线的数学方程的建立；

②　用仪表等技术工具实现上述数学方程的运算。

安全操作线可用一个抛物线方程来近似，如图 10-14 所示。操作线方程一般由厂家给出，常用的有下列几种形式：

$$\frac{p_2}{p_1} = a + b\frac{Q_1^2}{T_1} \tag{10-3}$$

$$\frac{p_2}{p_1} = a_0 + a_1 Q_1 + a_2 Q_1^2 \tag{10-4}$$

$$H_{多变} = \varphi Q_1^2 \tag{10-5}$$

式中　p_1、p_2——分别为吸入口、排出口的绝对压力；

　　　Q_1——吸入口气体的体积流量；

　　　T_1——吸入口气体的绝对温度；

　　　$H_{多变}$——反映压缩比的一个指标，称为压缩机的多变压头；

　　　a、b、a_0、a_1、a_2、φ——均为常数，一般由制造厂提供。

下面以式（10-3）所示的操作线方程，说明如何组成一个可变极限流量防喘振控制系统。式（10-3）中 a、b 两个常数由制造厂供给，其中对于常数 a，有三种不同的情况，可分为 a 大于零、等于零和小于零，所对应的安全操作线如图 10-15 所示。

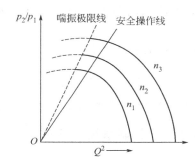

图 10-14　喘振极限线及安全操作线

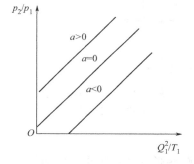

图 10-15　式（10-3）安全操作线

通常气量的测量用差压法，因此可把式（10-3）做进一步的推导。把式中流量 Q_1 以差压法测得的 Δp_1 来代替：

$$Q_1 = K\sqrt{\frac{\Delta p_1}{\rho_1}} \tag{10-6}$$

式中　K——流量系数；

　　　ρ_1——入口处气体的密度。

根据气体方程：

$$\rho_1 = \frac{M p_1 T_0}{Z R T_1 p_0} \tag{10-7}$$

式中　M——气体分子量；

　　　Z——气体压缩修正系数；

　　　R——气体常数；

　　　p_1、T_1——入口处气体的绝对压力和绝对温度；

　　　p_0、T_0——标准状态下的绝对压力和绝对温度。

把式（10-7）代入式（10-6）并化简后得：

$$Q_1^2 = \frac{K^2}{r} \times \frac{\Delta p_1 T_1}{p_1} \tag{10-8}$$

式中
$$r = \frac{MT_0}{ZRp_0}$$

把式（10-8）代入式（10-3）可得：

$$\frac{p_2}{p_1} = a + b\frac{K^2}{r} \times \frac{\Delta p_1}{p_1} \qquad (10\text{-}9)$$

式（10-9）即为用差压法测量入口处气体流量时，喘振安全操作线方程的表达式。

根据式（10-9），可以演化出多种表达形式，从而组成不同形式的可变极限流量防喘振控制系统。例如将式（10-9）改写为：

$$\Delta p_1 = \frac{r}{bK^2}(p_2 - ap_1) \qquad (10\text{-}10)$$

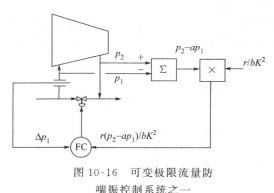

图 10-16　可变极限流量防喘振控制系统之一

则按式（10-10）组成图 10-16 所示的可变极限流量防喘振控制系统。

图 10-16 所示系统，当 $\Delta p_1 < \frac{r}{bK^2}(p_2 - ap_1)$ 时，旁路阀将打开，防止了压缩机的喘振出现。

式（10-9）也可改写成：

$$\frac{\Delta p_1}{p_2 - ap_1} = \frac{r}{bK^2} \qquad (10\text{-}11)$$

则按式（10-11）可组成如图 10-17 所示的可变极限流量防喘振控制系统。当 $\frac{\Delta p_1}{p_2 - ap_1} < \frac{r}{bK^2}$ 时，旁路阀将打开，防止了压缩机的喘振。

比较图 10-16 和图 10-17 两种可变极限流量防喘振控制系统，可以看出图 10-16 所示系统运算部分在闭环控制回路之外，因此系统能按单回路流量系统进行整定，比较简单。

在某些引进装置中，有时也对式（10-10）采用简化形式，如合成氨装置，令 $a = 0$，此时安全操作线方程简化为：

$$\Delta p_1 = \frac{r}{bK^2}p_2 \qquad (10\text{-}12)$$

此时的可变极限流量防喘振控制系统如图 10-18 所示。

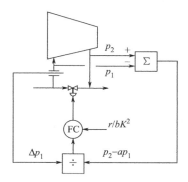

图 10-17　可变极限流量防喘振控制系统之二

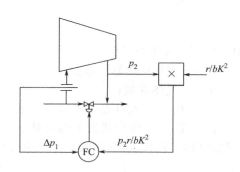

图 10-18　可变极限流量防喘振控制系统之三

同样，也可令 $a=1$，操作线方程为：

$$\Delta p_1 = \frac{r}{bK^2}(p_2 - p_1) \tag{10-13}$$

此时也能组成相应的系统，在此不再一一列举了。

组成防喘振控制系统时，有时还需要注意一点，在某些工业设备上，往往不能在压缩机入口管线上测量流量。例如当压缩机入口压力较低，压缩比又较大时，在入口管线上安装节流装置会造成压力降，为达到相同的排出压力，可能需增加压缩级，这是不经济的。此时，将在出口管线上安装节流装置，并根据进出口质量流量相同的情况，列出 Δp_1 与出口流量的差压值 Δp_2 之间的关系式，然后把安全操作线方程中 Δp_1 替换掉，再用此方程组成防喘振控制系统。例如对安全操作线方程为式（10-10）的情况，在压缩机的出口端测流量时，其质量流量 G_{m2} 与入口管线上的质量流量 G_{m1} 应相等，即

$$G_{m1} = G_{m2}$$

或为

$$\rho_1 Q_1 = \rho_2 Q_2 \tag{10-14}$$

式（10-14）也可改写成：

$$K_1 \sqrt{\frac{\Delta p_1 p_1 M}{ZRT_1}} = K_2 \sqrt{\frac{\Delta p_2 p_2 M}{ZRT_2}} \tag{10-15}$$

如果两个节流装置的流量系数 $K_1 = K_2$，则式（10-15）可化为：

$$\Delta p_1 = \frac{\Delta p_2 p_2 T_1}{p_1 T_2} \tag{10-16}$$

把式（10-16）代入式（10-10）可得：

$$\Delta p_1 = \frac{\Delta p_2 p_2 T_1}{p_1 T_2} = \frac{r}{bK^2}(p_2 - a p_1)$$

则有：

$$\Delta p_2 = \frac{r}{bK^2} \times \frac{p_1 T_2}{p_2 T_1}(p_2 - a p_1) \tag{10-17}$$

按照式（10-17）可组成在压缩机的出口端测流量时的防喘振控制系统。

对式（10-17）也可以简化，如 $a=0$ 时：

$$\Delta p_2 = \frac{r}{bK^2} \times \frac{T_2}{T_1} p_1 \tag{10-18}$$

式中，进出口温度比 T_2/T_1 一般情况下也是一个恒值。

根据式（10-18）可构成节流装置安装在出口管线上的可变极限流量防喘振控制系统，如图 10-19 所示。

当图 10-19 中的 $\Delta p_2 < \dfrac{r}{bK^2} \times \dfrac{T_2}{T_1} p_1$ 时，旁路阀被打开，防止压缩机喘振现象的出现。

（3）应用实例

图 10-20 为某催化裂化装置上输送催化气的离心式压缩机的防喘振控制方案。这台压缩机是由蒸汽透平机来带动的。图中所示共有两套控制系统。

① 压缩机入口压力控制系统　这个系统是由压力控制器（PC）去控制蒸汽透平的进汽量，从而改变压缩机的转速，调整负荷，使入口压力保持工艺要求的定值。

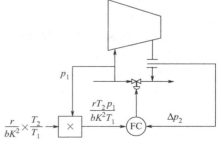

图 10-19　节流装置在出口管线上
的防喘振控制系统

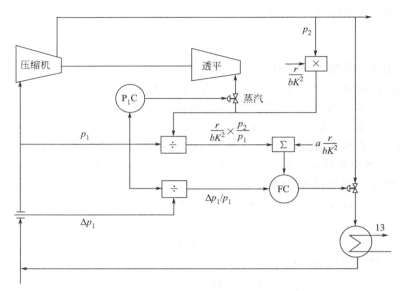

图 10-20　催化气压缩机防喘振控制方案

② 压缩机可变极限防喘振控制系统　这个防喘振系统是按操作线方程为式（10-10）组成的。由式（10-10）可知：

$$\Delta p_1 = \frac{r}{bK^2}(p_2 - a p_1)$$

对上式两边除以 p_1 得：

$$\frac{\Delta p_1}{p_1} = \frac{r}{bK^2} \times \frac{p_2}{p_1} - a\frac{r}{bK^2} \tag{10-19}$$

防喘振控制的控制器（FC）以 $\dfrac{r}{bK^2} \times \dfrac{p_2}{p_1} - a\dfrac{r}{bK^2}$ 为给定值，以 $\dfrac{\Delta p_1}{p_1}$ 作为测量值，当出现 $\dfrac{\Delta p_1}{p_1} < \dfrac{r}{bK^2} \times \dfrac{p_2}{p_1} - a\dfrac{r}{bK^2}$ 时，旁路阀被打开，对压缩机进行防喘振的保护。

在这个防喘振控制系统中，还需注意以下几点：首先，为确保控制有效，应使入口气温保持稳定，为此在旁路回流管路上设置了换热装置；其次，旁路控制阀采用了分程阀，其目的是为了扩大控制阀的可调范围；第三，两个压力测量变送器应当采用绝压变送器，以满足安全操作线方程中的要求，如果不是绝压变送器，则还需进行表压与绝压的转换。

10.3.3　压缩机串联、并联运行及防喘振控制

一些生产过程中，有时需两台或两台以上的离心压缩机串联、并联运行。通常，当一台离心式压缩机的压头不能满足生产要求时，就需将两台或两台以上离心式压缩机串联运行；而当一台离心式压缩机的流量不能满足负荷要求时，就需要两台或两台以上的离心式压缩机并联运行。

压缩机串联运行时，其防喘振控制对每台压缩机而言与单机运行时是一样的。但如果串联运行的两台压缩机只有一个旁路阀时，防喘振控制方案就需另行考虑了。图 10-21 所示为串联运行时，只有一个旁路阀的情况下组成的防喘振控制系统。

在这个防喘振控制系统中，每台压缩机均设置有一个防喘振控制器，它们的输出信号送到一个低选器 LS，LS 从 F_1C 和 F_2C 的输出信号中选取低信号作为其输出送到旁路阀，

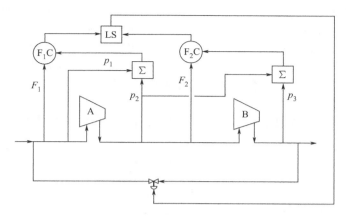

图 10-21　压缩机串联运行时防喘振控制方案

不论哪个压缩机要出现喘振，都将打开旁路阀，以防止喘振的发生。考虑到 F_1C 和 F_2C 均有积分饱和的可能，需采取必要的防积分饱和的措施。

处于并联运行的压缩机，如果各台压缩机分别装有旁路阀，则防喘振控制方案也与单台压缩机时一样。若两台压缩机共同使用一个旁路阀时，同样需另行设置其防喘振控制方案。

图 10-22 为两台压缩机并联运行时的防喘振控制方案。在图 10-22 所示的方案中，两台压缩机的入口管线上各设置流量变送器，流量变送信号送到低选器 LS，经 LS 比较后送至防喘振控制器 FC，若出现喘振就打开旁路阀，防止喘振的发生。图中的切换开关是用于生产过程在减负荷时，如只需单机运行，通过切换选择工作的那台压缩机的入口流量直接送到防喘振控制器，实现单台压缩机的防喘振控制。采用本方案实现并联运行防喘振，必须是两台压缩机的特性相同或十分接近。

离心式压缩机的串、并联运行，从效率这一角度来看，都是不被推荐使用的方法，它也给防喘振控制系统带来了复杂性。所以在实际生产过程中，除了工艺上单机性能实难满足要求外，应当尽量少采用串、并联运行。

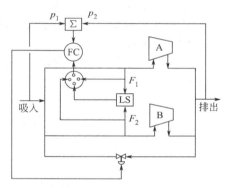

图 10-22　压缩机并联运行时
防喘振控制方案

10.4　压缩机紧急停车系统

当今化工、石油等工业高度发展，整个生产过程是在一种高强度、高度自控的环境下进行，受企业生产的性质所决定，所处的生产环境是具有爆炸危险性的。这样，设备、人身及生产过程的安全可靠性就变得非常重要。为此，紧急停车系统❶，即 ESD 系统（Emergency Shut Down System）应运而生。

ESD 是对石油化工生产装置可能发生的危险或不采取措施将继续恶化的状态进行及时响应和保护，使生产装置进入一个预定义的安全停车工况，从而使危险降低到可以接受的最低程度，以保证人员、设备、生产和装置的安全。

❶　安全仪表系统（Safety Instrument System，SIS）、安全联锁系统（Safety Interlock System，SIS），也叫做紧急停车系统（Emergency Shut Down system，ESD）。石油化工安全仪表系统设计规范（SH/T3018－2003）即采用 SIS 这个名词。

随着现代计算机技术的发展，ESD 系统的设备配置也在不断地更新换代，由开始简单的继电器系统到以微处理器为主的 ESD 系统，由单回路联锁系统到三重模块冗余系统（Triple Modular Redundancy，TMR）。ESD 系统应当有高度的容错性和高可靠性，生产过程发生异常后，应当将工业过程置于安全状态。ESD 系统必须具有故障自动保险功能，不能有导致不利于停车的误动作。容错系统的几种形式如下。

（1）双重冗余系统

容错系统最简单的形式便是提供第二条信号线路，并在两套系统间提供某种表决格式，如图 10-23 所示。

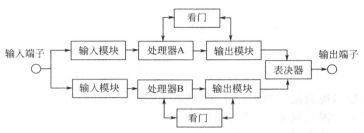

图 10-23　双重冗余系统框图

虽然双重冗余系统提供了一定程度的容错功能，但由于任何系统上的变更（包括增加输入和输出、应用逻辑更改等）均会导致对系统测试硬件的更改、增加及分析测试程序的修改，从而使得双重逻辑控制系统显得不够灵活。

（2）三重冗余系统

三重冗余系统提供 3 条独立的信号通道，并对输出进行 3 选 2 表决，如图 10-24 所示。

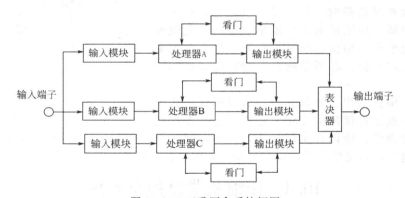

图 10-24　三重冗余系统框图

三重冗余系统提供了较大程度上的容错性能，但它同样对任何系统的变化相对显得不够灵活。

（3）三重模块冗余系统

三重模块冗余系统（TMR）使用 3 个相互隔离的、并行主处理器控制系统，并带有扩展的诊断作用综合而成的一套硬件。每扫描一次，3 个主处理器通过三重化总线与其相邻的 2 个主处理器进行通信，达到同步；同时三重化总线可对其数据进行比较，并表决有效数据。瞬态的数据错误和单元的失效不会对控制系统造成影响。在系统内的表决器选举原则为 3 取 2，这样，单点的错误就不会影响控制系统的操作，如图 10-25 所示。

ESD 系统设计时，必须考虑以下要求。

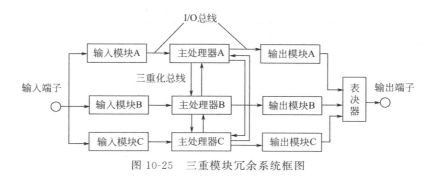

图 10-25　三重模块冗余系统框图

（1）需具有独立性

ESD 系统不单是实现联锁逻辑关系，其动作优先级要高于生产过程控制系统之上，具有独立性。参与 ESD 系统的信号主要有模拟量与开关量信号（输出信号一般是开关量信号）。如模拟信号仅参与联锁，不参与控制、监测时，要尽可能以中控室仪表接线端子排为界，取出来自现场的模拟信号直接进入 ESD 系统，采用其自带的信号转换模块进行处理；如该点模拟量信号既要参与联锁，又要参与 DCS 控制时，来自现场的该点模拟量信号要经过一个多路输出的信号分配器，经信号分配后，一路信号进入 DCS，一路信号进入 ESD 系统，而不主张取经过常规仪表或 DCS 转换来的联锁接点信号进入 ESD 系统，因为 ESD 系统的安全级别远高于 DCS，是独立于过程控制系统之外的。

对于安全级别较高的 ESD 系统，可考虑单独设置（独立于过程控制系统）现场检测装置，单独设置 ESD 系统的执行机构，必要时 ESD 现场检测装置还可考虑冗余设置。

（2）具有"静态"特性

过程控制系统是对生产过程参数进行连续的动态调整，而在正常生产情况下 ESD 系统是处于静态的，不干涉生产过程，只有在紧急情况下（生产过程失控，即将发生人身或设备事故），它才发出停车保护信号。"该动则动，不该动则必不动"是 ESD 系统的一个显著特征。这就要求控制系统不要介入 ESD 系统，ESD 系统尽可能不参与连续调节，以保证其能够"静态"地监护生产过程。

（3）具有快速响应性

为确保 ESD 的快速响应，必须充分考虑系统扫描时间，有的 ESD 系统每毫秒可运行 1000 个梯形逻辑，按这个速度可估算出系统的配置。对于大型动设备而言，ESD 系统响应得越快越好，有利于保护设备或避免事态进一步扩大。另外，系统响应速度快也有利于分辨事故序列记录和第一事故信号。

（4）确保本质安全的要求

在选用配置 ESD 系统时，要求 ESD 系统的关键技术是基于冗余容错结构的控制器，如 TMR 的结构从输入模件经主处理器到输出模件完全是三重化配置。另外，关键的联锁信号（如联锁条件、紧急停车按钮、工艺联锁旁路开关等）输入模块应三重化配置，对一些开车条件（如阀位回讯信号）、联锁复位按钮、轻事故报警信号输入、灯回路等，可以采用单重化配置，这样可以保证在系统出现单点故障或单个模块故障时不会影响到整个系统，并可以在线更换故障模块，且配置的 ESD 系统较经济合理。

现以某厂往复式压缩机为例，说明压缩机 ESD 系统的设计。该厂使用型号为 2D20-35/13-21-BX 的往复式压缩机，根据压缩机的特点、性能，表 10-1 所列参数需进操作室进行监控、报警和联锁。

表 10-1　压缩机进行监控、报警和联锁参数

监测项目	工作条件		备　注
	温度/℃	压力/MPa	
一级排气温度	85	2.1	≥100℃报警
供油温度	<45	0.4	≥55℃报警
注油器油池温度	30	常压	≤27℃启动电加热器；≥35℃停电加热器
压缩机主轴承温度	60	常压	≥65℃报警；≥70℃报警
电机轴承温度	50	常压	≥85℃报警；≥90℃报警
电机定子温度	100	常压	≥120℃报警；≥125℃停车
一级进气压力	40	1.3	≤1.2MPa报警
一级排气压力	85	2.1	
填料冷却水过滤器压差大	32	0.4	≥0.1MPa报警
润滑油总管压力	45	0.4	≤0.2MPa报警启动辅助油泵；≤0.25MPa主电机不允许启动；≥0.4MPa停辅助油泵
润滑油总管压力	45	0.4	≤0.15MPa停主电机
油过滤器压差大	45	0.4	≥0.1MPa报警

本次 ESD 系统共涉及 7 个逻辑：

①压缩机的开机条件达到后，ESD 给出信号，操作人员到现场确认后，再手动开机；

②润滑油压力低，ESD 直接启动辅助泵；

③润滑油压力低，经 3 选 2 后，ESD 给出信号直接停压缩机；

④压缩机机身油池温度低，ESD 给出信号直接开机身油池电加热器；

⑤压缩机机身油池温度高，ESD 给出信号直接停机身油池电加热器；

⑥压缩机注油器温度低，ESD 给出信号直接开注油器电加热器；

⑦压缩机注油器温度高，ESD 给出信号直接停注油器电加热器。

设计的 ESD 报警联锁逻辑如图 10-26～图 10-30 所示。

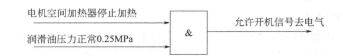

图 10-26　压缩机启动条件

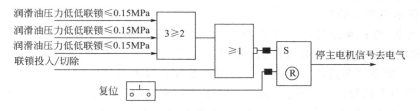

图 10-27　压缩机联锁停机逻辑

压缩机系统的操作过程如下。

机组所有手动启动、停止控制，如机组手动紧急停车，辅助油泵手动启动、停止，机身油电加热器手动启动、停止，注油器电加热器手动启动、停止，均由电气专业在现场实现。

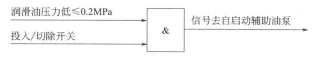

图 10-28　辅助油泵自启动逻辑

图 10-29　机身油池电加热器自启、停逻辑

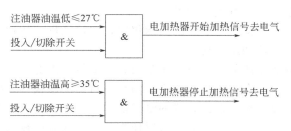

图 10-30　注油器电加热器自启、停逻辑

在电机预热完停止加热，润滑油压力≥0.25MPa，无联锁条件存在或将联锁切除后，压缩机具备开机条件。机组开车正常后，根据机组操作规程要求将以下投入/切除开关打到投入位置：

- 润滑油压力低低联锁投入/切除；
- 润滑油泵自启动投入/切除；
- 机身油池温度高联锁投入/切除；
- 注油器油池温度低联锁投入/切除；
- 注油器油池温度高联锁投入/切除。

考虑到润滑油的压力开关有可能出现故障，因此机组保护设置了润滑油压力低低3取2联锁保护，联锁逻辑为故障安全型。但当联锁发生故障原因消除后，必须经过人工复位（按复位按钮）才能将压缩机重新开机。

对于离心式压缩机而言，它常常是处于大功率、高速运转，又是单机运行的状态，因而在生产过程中确保它的安全运行是极为重要的，除了防喘振控制外，也需设立联锁保护系统。常需考虑的有压缩机的油路保护控制系统，离心式压缩机的运行系统中需用密封油、润滑油及控制油等，这些油的油压、油温需有联锁报警控制系统。另外，压缩机主轴的轴向推力、轴向位移及振动的指示与联锁保护系统也是十分重要的。有关离心式压缩机的 ESD 系统设计，可根据上述 ESD 设计原则并结合往复式压缩机的应用实例加以考虑，此处不再展开。

10.5　长输管线的控制

近几十年来，随着天然气和石油用量的增加，出现了数十千米乃至几千千米长的输气、输油管线，称之为长输管线，从而也带来了长输管线的控制问题。长输管线流体输送过程中，通常每隔 $50 \sim 70$ km 要设置一个增压站，用泵或压缩机对原油或天然气加压，克服管线压力的损失。

在长管线的控制中，由于传输距离长，首要考虑的是集中控制的要求。随着通信和网络技术的不断进步，数据采集与监控系统（SCADA）得到了广泛的应用。SCADA系统能完成对全线监控、调度、管理的任务。操作人员在调度控制中心通过SCADA系统可实现对管道的监控和运行管理，沿线各个站场达到无人操作的水平。SCADA系统的主要任务是通过对各站PLC系统进行数据采集及控制，来对管道系统工艺过程的压力、温度、流量、密度、设备运行状况等信息进行监控和管理。

SCADA可采用集散控制的方式，通常有三级控制方式。

第一级：调度中心遥控。接收调度中心调度人员远程控制管线系统运行工况和设备命令，自动完成有关控制操作。

第二级：站控。各输油站操作人员可以在控制台上监视和控制本站的系统运行工况和输油设备，自动或半自动地完成有关控制操作。

第三级：就地操作。根据就地安装的显示仪表，在现场操作按钮，可以控制泵站的有关设备，并禁止调度中心遥控和站控功能。

长输管线中用于输送流体的主要设备还是泵和压缩机，因此基本控制方案与前面所述的并无多大区别，只是原动机有所不同。由于长输管线负荷波动较大，要求原动机能适应高峰功率的特性。在工艺上要求充分发挥管线的输送能力，需要原动机能与大流量情况下的增压设备相匹配。燃气轮机以其较好的性能，可以作为长输管线流体输送的首选原动机。燃气轮机具有体积小、重量轻、结构紧凑、启动快、造价较低的特点，而且能直接从输送液体中获得燃料，可做到少用水或不用水，并能无电源启动。

工业用的燃气轮机按其热循环形式可分为回热循环和无热循环两种，按其结构来分有单轴和分轴两种。

单轴式燃气轮机具有结构简单的优点，但是它只有在最高转速下才能有最大的有效功率，因而只能适用于驱动转速不变的泵和压缩机，在长输管线中往往用作驱动担负基本负荷的泵和压缩机。图10-31、图10-32分别为两种单轴式燃气轮机的工作原理图，其中前者为无热循环的，后者为回热循环的，由于它充分利用了余热，提高了燃机的热效率。

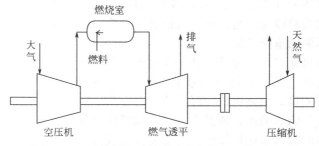

图 10-31 无热循环的单轴式燃气轮机工作原理图

图10-33为无热循环的分轴式燃气轮机的工作原理图。分轴式燃气轮机有两个透平，第一个透平与空气压缩机连接，第二个独立的动力透平与负载连接。这样燃气发生器是独立的设备，它能在最佳速度下运行，产生所需的功率。而动力透平可与负载的特性相匹配，所以分轴式燃气轮机能适应负荷的大幅度波动。因此分轴式燃气轮机可用于驱动负担高峰负荷的泵或压缩机，依靠它来进行负荷的调节。

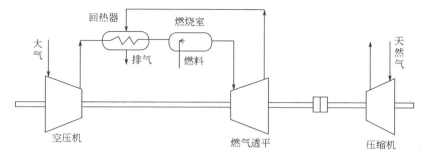

图 10-32　回热循环的单轴式燃气轮机工作原理图

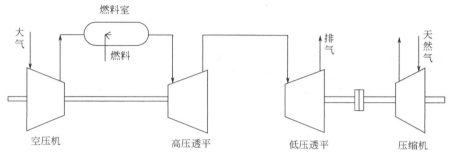

图 10-33　无热循环的分轴式燃气轮机工作原理图

作为长输管线原动机的燃气轮机控制系统的主要任务概括如下：

① 在管线负荷发生变化后，经过系统的控制，保持机组的转速基本稳定；

② 能按照增压站所要求的管网压力（或流量）控制机组的转速；

③ 在任何负荷情况下，燃气进透平的温度不超过给定的最大值；

④ 在负荷波动的过程中，确保机组不超温、不喘振、不熄火、热应力小；

⑤ 保证按一定的程序安全启动开车；

⑥ 能自动修正大气温度对燃气工况的影响；

⑦ 具有可靠的报警及安全联锁保护系统。

本章思考题及习题

10-1　离心泵流量控制方案有哪几种形式？

10-2　离心泵与往复泵流量控制方案有哪些相同点与不同点？

10-3　离心泵与离心式压缩机制方案有哪些相同点与不同点？

10-4　何谓离心式压缩机的喘振？喘振产生的原因是什么？

10-5　防喘振控制方案有哪些？

10-6　某工程所用离心式压缩机，$\Delta p_1 = p_2 r / b K^2$，其中 r、b、K 为有关参数，试按此方程组成一可变极限流量防喘振控制系统，画出该系统的原理图，并指出在什么条件下打开旁路阀。

10-7　图 10-34 所示为一压缩机吸入罐压力与压缩机入口流量选择性控制系统。为了达到既防止吸入罐压力过低导致罐子被吸瘪，又防止压缩机流量过低而产生喘振的双重目的，试确定系统中控制阀的开闭形式、控制器的正反作用及选择器的类型。

10-8　图 10-35 为丙烯压缩机四段吸入罐压力分程控制系统。正常情况下通过 A 阀控制吸入罐压力，但 A 阀又不宜关得过小（过小会导致压缩机的喘振）。为此，当 A 阀关到一定程度，而吸入罐压力仍回复不过来时，则打开旁路阀 B。试问该系统 A、B 两阀的开闭形式及控制器的正反作用如何选？为什么？

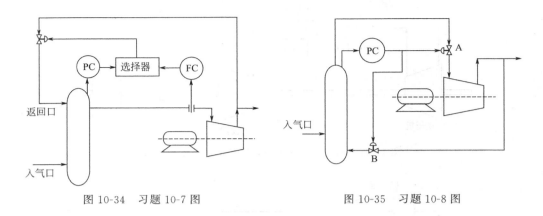

图 10-34 习题 10-7 图   图 10-35 习题 10-8 图

10-9 什么是 ESD 系统？它与传统的联锁保护系统相比较有哪些优越性？

10-10 正确设计一个 ESD 系统需要注意哪些问题？

10-11 长输管线的 SCADA 系统有哪几级控制方式？作为长输管线原动机的燃气轮机主要的控制任务有哪些？

第 11 章　传热设备的控制

11.1　传热设备概述

在工业生产过程中，经常需要根据工艺的要求，对物料进行加热或冷却来维持一定的温度。因此，传热过程是工业生产过程中重要的组成部分。要保证工艺过程正常、安全运行，必须对传热设备进行有效的控制。

11.1.1　传热设备的类型

传热设备的类型很多，从热量的传递方式看有三种：热传导、对流和热辐射。在实际进行的传热过程中，很少有以一种传热方式单独进行的，而是两种或三种方式综合而成。从进行热交换的两种流体的接触关系看有三类：直接接触式、间壁式和蓄热式。在石油、化工等工业过程中，一般以间接换热较常见。按冷热流体进行热量交换的形式看有两类：一类是在无相变情况下的加热或冷却，另一类是在相变情况下的加热或冷却。如按结构形式来分，则有列管式、蛇管式、夹套式和套管式等，如图 11-1 所示。

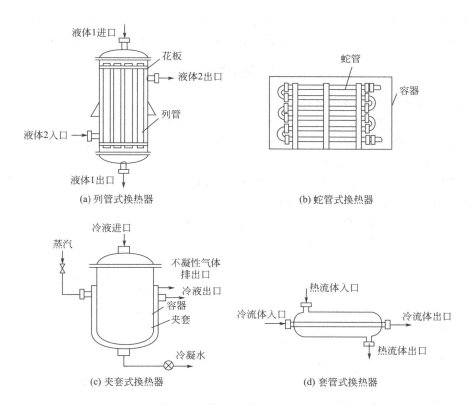

图 11-1　传热设备的结构类型

主要的传热设备可归类如表 11-1 所示。表 11-1 中的前四类传热设备以对流传热为主要传热方式，有时把它们统称为一般传热设备。加热炉、锅炉为工业生产中较为特殊的传热设备，它们有独特的结构和传热方式，在生产过程中又具有重要的用途，因而，对这些传热设备本章将重点讨论。此外，也有把蒸发器、结晶器、干燥装置等作为传热设备来考虑的。

表 11-1　主要传热设备的类型

设备类型	载热体（冷、热源）情况	工艺介质情况
换热器	不起相变化，显热变化	温度变化，不起相变化
蒸汽加热器	蒸汽冷凝放热	升温，不起相变化
再沸器	蒸汽冷凝放热	有相变化
冷凝冷却器	冷剂升温或蒸发吸热	冷却或冷凝
加热炉	燃烧放热	升温或汽化
锅炉	燃烧放热	汽化并升温

11.1.2　传热设备的控制要求

在石油、化工等工业过程中，进行传热的目的主要有下列三种。

① 使工艺介质达到规定的温度。对工艺介质进行加热或冷却，有时在工艺过程进行中加入或除去热量，使工艺过程在规定的温度范围内进行。

② 使工艺介质改变相态。根据工艺过程的需要，有时加热使工艺介质汽化，也有冷凝除热，使气相物料液化的。

③ 回收热量。

根据传热设备的传热目的，传热设备的控制主要是热量平衡的控制，取温度作为被控变量。对于某些传热设备，也需要有约束条件的控制，对生产过程和设备起保护作用。

11.2　传热设备的特性

11.2.1　传热设备的静态特性

为了简单说明传热设备静态特性建立的方法，现以图 11-2 所示的一个逆流单程的换热器为例，分析它的静态特性是如何建立的。换热器是传热设备中较为简单的一种，其两侧介质（工艺介质和载热体）在换热过程中都没有相变化。图中，G_1 为工艺介质的流量，G_2 为载热体的流量。T_{1i}、T_{2i} 分别为工艺介质及载热体的入口温度，T_{1o}、T_{2o} 分别为工艺介质及载热体的出口温度，而 c_1、c_2 各为工艺介质与载热体的比热容。

对于图 11-2 所示的换热器，其静态特性主要是输入变量 T_{1i}、T_{2i}、G_1、G_2 对输出变量 T_{1o} 的静态关系，如图 11-3 所示。

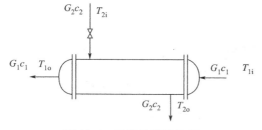

图 11-2　逆流单程换热器

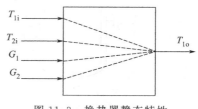

图 11-3　换热器静态特性

如果用函数形式来表示，则为

$$T_{1o} = f(T_{1i}, T_{2i}, G_1, G_2) \tag{11-1}$$

对象的静态特性就是要确定 T_{1o} 与 T_{1i}、T_{2i}、G_1、G_2 之间的函数关系 f。静态特性的求得，可以作为控制方案设计时系统的扰动分析。静态放大系数也能作为系统整定分析以及控制流量特性选择的依据。

静态特性推导的两个基本方程式——热量平衡关系式及传热速率方程式分别如下。

① 热量平衡关系式　在忽略热损失的情况下，冷流体所吸收的热量应等于热流体放出的热量：

$$q = G_1 c_1 (T_{1o} - T_{1i}) = G_2 c_2 (T_{1i} - T_{2o}) \tag{11-2}$$

式中　q——传热速率，J/s；

G——质量流量，kg/h；

c——比热容，J/(kg·℃)；

T——温度，℃。

② 传热速率方程式　由传热定理可知，热流体向冷流体的传热速率应为：

$$q = KF\Delta T \tag{11-3}$$

式中　K——传热系数，kcal[1]/(℃·m²·h)；

F——传热面积，m²；

ΔT——平均温差，℃。

其中，平均温差 ΔT 对于逆流、单程的情况为对数平均值：

$$\Delta T = \frac{(T_{2i} - T_{1o}) - (T_{2o} - T_{1i})}{\ln \dfrac{T_{2i} - T_{1o}}{T_{2o} - T_{1i}}} = \frac{\Delta t_1 - \Delta t_2}{\ln \dfrac{\Delta t_1}{\Delta t_2}} \tag{11-4}$$

式中　$\Delta t_1 = T_{2i} - T_{1o}$；

$\Delta t_2 = T_{2o} - T_{1i}$。

$\dfrac{\Delta t_1}{\Delta t_2} \leqslant 2$ 或在 1/3～3 之间时，可采用算术平均值代替对数平均值，其误差在 5% 以内。算术平均值为：

$$\Delta T = \frac{\Delta t_1 + \Delta t_2}{2} = \frac{(T_{2i} - T_{1o}) + (T_{2o} - T_{1i})}{2} \tag{11-5}$$

采用算术平均值后，把式 (11-5) 及式 (11-2) 代入到式 (11-3) 中，经整理可得：

$$\frac{T_{1o} - T_{1i}}{T_{2i} - T_{1i}} = \frac{1}{\dfrac{G_1 c_1}{KF} + \dfrac{1}{2}\left(1 + \dfrac{G_1 c_1}{G_2 c_2}\right)} \tag{11-6}$$

式 (11-6) 为逆流、单程列管式换热器静态特性的基本表达式，其中各通道的静态放大倍数均可由此式推出。

a. 工艺介质入口温度 T_{1i} 对出口温度 T_{1o} 的影响，即 $\Delta T_{1i} \rightarrow \Delta T_{1o}$ 通道的静态放大倍数。

对式 (11-6) 进行增量化，令 $\Delta T_{2i} = 0$，则可得：

$$\frac{\Delta T_{1o} - \Delta T_{1i}}{-T_{1i}} = \frac{1}{\dfrac{G_1 c_1}{KF} + \dfrac{1}{2}\left(1 + \dfrac{G_1 c_1}{G_2 c_2}\right)} \tag{11-7}$$

由式 (11-7) 可求得 $\Delta T_{1i} \rightarrow \Delta T_{1o}$ 通道的静态放大倍数为：

$$\frac{\Delta T_{1o}}{\Delta T_{1i}} = 1 - \frac{1}{\dfrac{G_1 c_1}{KF} + \dfrac{1}{2}\left(1 + \dfrac{G_1 c_1}{G_2 c_2}\right)} \tag{11-8}$$

式 (11-8) 表明，ΔT_{1o} 与 ΔT_{1i} 之间为线性关系，其静态放大倍数为小于 1 的常数。

b. 载热体入口温度 T_{2i} 对工艺介质出口温度 T_{1o} 的影响，即 $\Delta T_{2i} \rightarrow \Delta T_{1o}$ 通道的静态放

---

[1]　1cal=4.18J。

大倍数。

同样对式（11-6）进行增量化，令 $\Delta T_{1i}=0$，可得：

$$\frac{\Delta T_{1o}}{\Delta T_{2i}}=\cfrac{1}{\cfrac{G_1 c_1}{KF}+\cfrac{1}{2}\left(1+\cfrac{G_1 c_1}{G_2 c_2}\right)} \tag{11-9}$$

式（11-9）表明，ΔT_{1o} 与 ΔT_{2i} 之间也为线性关系。

c. 载热体流量 G_2 对工艺介质出口温度 T_{1o} 的影响，即 $\Delta G_2 \rightarrow \Delta T_{1o}$ 通道的静态放大倍数。

可通过对式（11-6）进行求导 $\dfrac{\mathrm{d}T_{1o}}{\mathrm{d}G_2}$，求取静态放大倍数为：

$$\frac{\mathrm{d}T_{1o}}{\mathrm{d}G_2}=\cfrac{G_1 c_1(T_{2i}-T_{1i})}{2G_2^2 c_2\left[\cfrac{G_1 c_1}{KF}+\cfrac{1}{2}\left(1+\cfrac{G_1 c_1}{G_2 c_2}\right)\right]^2} \tag{11-10}$$

由式（11-10）可见，$\Delta G_2 \rightarrow \Delta T_{1o}$ 通道的静态特性是一个非线性关系，从式（11-10）很难分清两者之间的关系，因此，常用图来表示这个通道的静态关系。图 11-4 表示了这个关系，可以看出，当 $G_2 c_2$ 较大时，曲线呈饱和状，此时 G_2 的变化，从静态来看，对 T_{1o} 的影响很微弱了。

d. 工艺介质流量 G_1 对其出口温度 T_{1o} 的影响，即 $\Delta G \rightarrow \Delta T_{1o}$ 通道的静态放大倍数。

同样可通过对式（11-6）求导，求得 $\dfrac{\mathrm{d}T_{1o}}{\mathrm{d}G_1}$，其结果与式（11-10）相似，两者为一复杂的非线性关系。为此，也用图来表示这个通道的静态关系。图 11-5 表示了这个关系，可以看出，当 $G_1 c_1$ 较大时，曲线呈饱和状，此时 G_1 的变化对 T_{1o} 的影响已很小了。

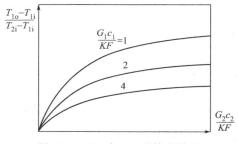

图 11-4　T_{1o} 与 G_2 的静态关系

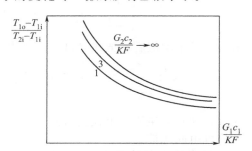

图 11-5　T_{1o} 与 G_1 的静态关系

11.2.2　传热设备的动态特性

传热设备的动态特性较为复杂，除了传热设备两侧的流体是充分混合时可近似为集中参

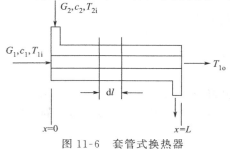

图 11-6　套管式换热器

数，否则必须按分布参数来处理。分布参数对象中的变量既是时间的函数，又是空间的函数，其变化规律需用偏微分方程来描述。现以图 11-6 所示套管式换热器为例，说明分布参数的对象，描述动态特性的偏微分方程是如何建立的。

在建立动态方程之前假设如下条件：

① 两侧流体均为液相，流动接近活塞流状态；

② 给热系数 α 和比热容 c_1、c_2 是定值；

③ 同一横截面上的各点温度相同；

④ 间壁的热容可忽略。

在此仅以列写流体 1 的动态方程为例。对流体 1 取一段微元 dl（$l = x/L$），这一微元的动态平衡方程可叙述如下：单位时间内流体 1 带入微元的热量－单位时间内流体 1 离开微元所带走的热量＋单位时间内流体 2 传给流体 1 微元的热量＝流体 1 微元蓄热量的变化率，即：

$$G_1 c_1 T_1(l,t) - G_1 c_1 \left[T_1(l,t) + \frac{\partial T_1(l,t)}{\partial l} dl \right] + \alpha F dl \left[T_2(l,t) - T_1(l,t) \right]$$

$$= M_1 c_1 dl \frac{\partial T_1(l,t)}{\partial t} \tag{11-11}$$

式中　L——套管换热器的总长度；

　　　F——单位长度的传热面积；

　　　M_1——流体 1 单位长度的流体质量。

消去式(11-11)中的 dl，并经适当的整理后可得：

$$\frac{M_1}{G_1} \times \frac{\partial T_1(l,t)}{\partial t} = -\frac{\partial T_1(l,t)}{\partial l} + a_1 \left[T_2(l,t) - T_1(l,t) \right] \tag{11-12}$$

式中，$a_1 = \dfrac{\alpha F}{G_1 c_1}$。

同理可求得流体 2 的动态方程式：

$$\frac{M_2}{G_2} \times \frac{\partial T_2(l,t)}{\partial t} = -\frac{\partial T_2(l,t)}{\partial l} + a_2 \left[T_1(l,t) - T_2(l,t) \right] \tag{11-13}$$

式中，$a_2 = \dfrac{\alpha F}{G_2 c_2}$。

时间和空间的边界条件表达式为：

$$
\begin{cases}
T_1(l,0) = T_1(l) \\
T_2(l,0) = T_2(l) \\
T_1(0,t) = T_{1i}(t) \\
T_1(L,t) = T_{1o}(t) \\
T_2(0,t) = T_{2o}(t) \\
T_2(L,t) = T_{2i}(t)
\end{cases}
\tag{11-14}
$$

式(11-12)～式(11-14)即为图 11-6 所示的套管式换热器的动态方程。要对这样的动态方程进行精确的求解是很困难的。

上面所介绍的是传热设备中情况最为简单的单管套管换热器的动态方程的列写过程，而且又做了很多的简化假设。对于复杂的传热设备，列写动态方程就要复杂得多了，所得到的动态方程进行求解将更为困难了。为此，在工程上有时为了能说明传热对象的动态特性的基本规律，可近似应用一些经验公式来加以描述。例如对于换热器的动态特性，可以用下面的近似关系式来表示。

a. 工艺介质入口温度对其出口温度的影响，即 $\Delta T_{1i} \to \Delta T_{1o}$ 通道特性。

如用传递函数来描述，可为：

$$G(s) = K_1 e^{-\frac{W_1}{G_1}s} = K_1 e^{-\tau s} \tag{11-15}$$

式中 K_1——通道的静态放大倍数；

W_1——换热器内工艺介质储存量；

G_1——工艺介质的流量；

$\tau = W_1/G$——工艺介质在换热器内的停留时间。

由式(11-15)看出，这个通道的动态特性近似为一个纯滞后环节。

b. 载热体入口温度 T_{2i}、流量 G_2 以及工艺介质流量 G_1 对工艺介质出口温度 T_{1o} 的影响，即 $T_{2i} \to T_{1o}$、$G_1 \to T_{1o}$、$G_2 \to T_{1o}$ 三个通道的特性。

如用传递函数来描述，可近似表示为：

$$G(s) = \frac{K}{(\tau_1 s + 1)(\tau_2 s + 1)} e^{-\tau_2 s} \tag{11-16}$$

式中 K——各通道的静态放大倍数；

$\tau_1 = \dfrac{W_1/G_1 + W_2/G_2}{2}$，$W_1$、$W_2$、$G_1$、$G_2$ 分别为工艺介质和载热体的储存量、流量；

$\tau_2 = \dfrac{W_1/G_1 + W_2/G_2}{8}$。

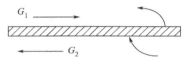

图 11-7 换热器的传热情况

由式(11-16)看出，这三个通道的动态特性均可近似为带有纯滞后的二阶惯性环节。这种近似关系可以用图 11-7 加以说明。从图中可看出，要从载热体把热量传递到工艺介质，必须先由载热体传给间壁，然后再由间壁传给工艺介质，这样就成为一个二阶惯性环节。此外，还考虑了由于停留时间所引起的纯滞后。

式(11-16)为一个近似的经验表达式，因为二阶环节的两个时间常数 τ_1、τ_2 不仅取决于两侧流体的停留时间，而且与列管的厚度、材质、结垢等情况有关，但是这个式子还是能描述换热器动态特性的内在性质。

11.3 一般传热设备的控制

一般传热设备通常指换热器、蒸汽加热器、再沸器、冷凝冷却器等。

11.3.1 换热器的控制

换热器的控制基本方案有两类：一类是以载热剂的流量为操纵变量，另一类是对工艺介质的旁路控制。现分别从控制机理、控制方案的特点以及需要注意的问题等几方面做必要的讨论。

(1) 控制载热体流量

这个方案的控制流程如图 11-8 所示。其控制机理主要是从传热速率方程来分析通过 G_2 的变化是如何改变传热量 Q 的。对于本方案来说，随着 G_2 的增大，一方面使传热系数 K 增大，同时也把温差 ΔT 增加了。这样从传热速率方程 $q = KF\Delta T$ 可以看出，K 和 ΔT 同时增大，必将使传热量 Q 增大，从而达到当 T_{1o} 下降时，通过开大控制阀增加 G_2，增大传热量，把 T_{1o} 拉回到给定值的控制要求。

这个方案的主要特点是简易，在换热器温度控制方案中最为常用。但这种方案当 G_2 已经很大，$T_{2i} - T_{2o}$ 较小时，进入饱和区控制就很迟钝，此时不宜采用本方案。另外需注意的是，如载热体流量不允许节流时，例如为废热回收，载热体本身也是一种工艺物料，为此可对载热体采用分流或合流形式,图 11-9 所示即为对载热体采用合流形式的控制方案。

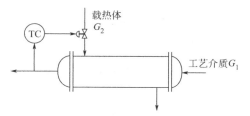

图 11-8　控制载热体流量的方案

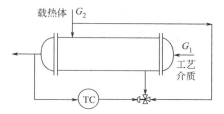

图 11-9　合流形式载热体流量控制

(2) 工艺介质的旁路控制

工艺介质的旁路同样可分为分流与合流形式。图 11-10 为分流形式的工艺介质旁路控制,其中一部分工艺介质经换热器,另一部分走旁路。这种方案从控制机理来看,实际上是一个混合过程,所以反应迅速、及时,适用于停留时间长的换热器。但需注意的是换热器必须有富裕的传热面,而且载热体流量一直处于高负荷下,这在采用专门的热剂或冷剂时是不经济的。然而对于某些热量回收系统,载热体是某种工艺介质,总量本来不好调节,这时便不成为缺点了。

上述两种是换热器的基本控制方案,在实际生产过程中可以应用一些复杂控制系统。图 11-11 即为换热器的前馈-串级控制系统,用于及时克服工艺介质的入口温度和流量两个扰动因素。

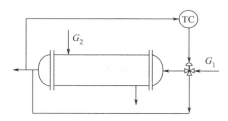

图 11-10　将工艺介质旁路控制的方案

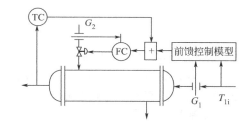

图 11-11　换热器前馈-串级控制系统

11.3.2　蒸汽加热器的控制

蒸汽加热器的载热剂是蒸汽,通过蒸汽冷凝释放热量来加热工艺介质。水蒸气是最常用的载热剂。根据加热温度不同,也可采用其他介质的蒸汽作为载热剂。

(1) 控制载热剂蒸汽的流量

图 11-12 所示为调节蒸汽流量的温度控制方案。蒸汽在传热过程中起相变化,其传热机理是同时改变传热速率方程中的 ΔT 和传热面积 F。当加热器的传热面没有富裕时,以改变 ΔT 为主;而传热面有富裕时,以改变传热面 F 为主。这种控制方案控制灵敏,但是当采用低压蒸汽作为热源时,进入加热器内的蒸汽一侧会产生负压,此时,冷凝液将不能连续排出,采用此方案就需谨慎。

(2) 控制冷凝液排量

图 11-13 所示为调节冷凝液流量的控制方案。该方案的机理是通过冷凝液排放量的控制,改变了加热器内凝液的液位,导致传热面 F 的变化,从而改变传热量,以达到对出口温度的控制。这种方案利于凝液的排放,传热变化较平缓,可防止局部过热,有利于热敏介质的控制。此外,排放阀的口径也小于蒸汽阀。但这种改变传热面的方案控制比较迟钝。

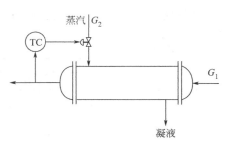

图 11-12　调节蒸汽流量的控制方案

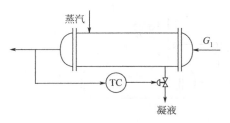

图 11-13　调节冷凝液排放的控制方案

为了改善控制冷凝液排量方案的迟钝性，可以组成图 11-14 所示的串级控制方案。在这个串级控制系统中，以工艺介质出口温度 T_{1i} 作为主参数，冷凝液液位 L 作为副参数。

有时也可采用图 11-15 所示的控制方案。这个方案看起来好似一个串级控制系统，实质上是一个前馈-反馈控制系统，使用中需按照前馈控制系统有关说明加以实施。

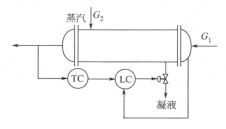

图 11-14　蒸汽加热器 $T\text{-}L$ 串级控制

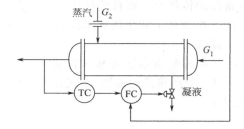

图 11-15　蒸汽加热器前馈控制系统

11.3.3　冷凝冷却器的控制

冷凝冷却器的载热剂即冷剂，常采用液氨等制冷剂，利用它们在冷凝冷却器内蒸发，吸收工艺物料的大量热量。它的控制方案常有以下几类。

（1）控制载热剂流量

图 11-16 所示为冷凝冷却器调节载热剂流量的控制方案，其机理也是通过改变传热速率方程中的传热面 F 来实现。该方案调节平稳，冷量利用充分，且对压缩机入口压力无影响。但这种方案控制不够灵活，另外，蒸发空间不能得到保证，易引起气氨带液，损坏压缩机，为此可采用图 11-17 所示的出口温度 T 与液位 L 的串级控制系统，或图 11-18 所示的选择性控制系统。

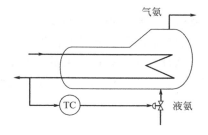

图 11-16　控制载热剂流量方案

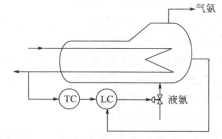

图 11-17　冷凝冷却器 $T\text{-}L$ 串级控制系统

（2）控制气氨排量

冷凝冷却器（氨冷器）控制气氨排量的方案如图 11-19 所示。该方案的机理是调节传热速率方程中的平均温差 ΔT。采用这种方案，控制灵敏、迅速，但制冷系统必须许可压缩机入口压力的波动。另外，冷量的利用不充分。为确保系统的正常运行，还需设置一个液位控制系统。

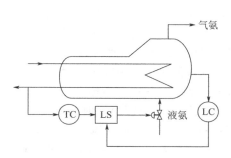

图 11-18　冷凝冷却器选择性控制系统

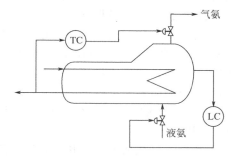

图 11-19　控制气氨排量方案

11.4　锅炉设备的控制

11.4.1　锅炉设备概述

锅炉是石油化工、发电等工业过程中必不可少的重要动力设备，它所产生的高压蒸汽既可作为驱动透平的动力源，又可作为精馏、干燥、反应、加热等过程的热源。随着工业生产规模的不断扩大，作为动力和热源的锅炉也向着大容量、高参数、高效率方向发展。如某装置中的一个废热锅炉，能产生 10.8MPa 的高压蒸汽，蒸发量为 181t/h，水在汽包的停留时间为 10min。另一个辅助锅炉能每小时产生 220t、3.8MPa 的高压蒸汽，水在汽包的停留时间只有 1min。

锅炉设备根据用途、燃料性质、压力高低等有多种类型和称呼，工艺流程多种多样。为了了解对锅炉的控制，图 11-20 列出了常见的锅炉设备的主要工艺流程，其蒸汽发生系统是由给水泵、给水控制阀、省煤器、汽包及循环管等组成。

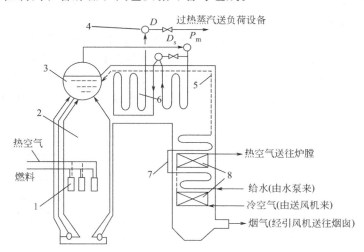

图 11-20　锅炉设备主要工艺流程图

1—燃烧嘴；2—炉膛；3—汽包；4—减温器；5—炉墙；6—过热器；7—省煤器；8—空气预热器

由图 11-20 可知，燃料与热空气按一定比例送入锅炉燃烧室燃烧，生成的热量传递给蒸汽发生系统，产生饱和蒸汽 D_s，然后经过热器，形成一定温度的过热蒸汽 D，再汇集到蒸汽母管。压力为 p_m 的过热蒸汽，经负荷设备控制，供给负荷设备用。与此同时，燃烧过程中产生的烟气，除将饱和蒸汽变成过热蒸汽外，还经省煤器预热锅炉给水和空气预热器预热空气，最后经引风机送往烟囱，排入大气。

锅炉设备的控制任务是根据生产负荷的需要，供应一定压力或温度的蒸汽，同时要使锅炉在安全、经济的条件下运行。按照这些控制要求，锅炉设备将有如下主要的控制系统。

① 锅炉汽包水位控制。被控变量是汽包水位，操纵变量是给水流量。它主要是保持汽包内部的物料平衡，使给水量适应锅炉的蒸汽量，维持汽包中水位在工艺允许的范围内。这是保证锅炉、汽轮机安全运行的必要条件，是锅炉正常运行的重要指标。

② 锅炉燃烧系统的控制。有三个被控变量：蒸汽压力（或负荷）、烟气成分（经济燃烧指标）和炉膛负压。可选用的操纵变量也有三个：燃料量、送风量和引风量。组成的燃烧系统的控制方案要满足燃烧所产生的热量，适应蒸汽负荷的需要；使燃料与空气量之间保持一定的比值，保证燃烧的经济性和锅炉的安全运行；使引风量与送风量相适应，保持炉膛负压在一定范围内。

③ 过热蒸汽系统的控制。被控变量为过热蒸汽温度，操纵变量为减温器的喷水量，使过热器出口温度保持在允许范围内，并保证管壁温度不超出工艺允许的温度。

④ 锅炉水处理过程的控制。这部分主要使锅炉给水的水性能指标达到工艺要求，一般采用离子交换树脂对水进行软化处理。通常应用程序控制，确保水处理和树脂再生正常交替运行。

11.4.2 锅炉汽包水位的控制

汽包水位是锅炉运行的重要指标，保持水位在一定范围内是保证锅炉安全运行的首要条件。首先，水位过高会影响汽包内的汽水分离，饱和水蒸气将会带水过多，导致过热器管壁结垢并损坏，使过热蒸汽的温度严重下降。如以此过热蒸汽被用户用来带动汽轮机，则将因蒸汽带液损坏汽轮机的叶片，造成运行的安全事故。然而，水位过低，则因汽包内的水量较少，而负荷很大，加快水的汽化速度，使汽包内的水量变化速度很快，若不及时加以控制，将有可能使汽包内的水全部汽化，尤其对大型锅炉，水在汽包内的停留时间极短，从而导致水冷壁烧坏，甚至引起爆炸。所以，必须对汽包水位进行严格的控制。

（1）汽包水位的动态特性

图 11-20 的锅炉汽水系统能以图 11-21 来表示其结构。决定汽包水位的除了汽包中（包括循环水管）储水量的多少外，也与水位下汽包容积有关。而水位下汽包容积与锅炉的负荷、蒸汽压力、炉膛热负荷等有关。在影响汽包水位的诸多因素中，以锅炉蒸发量（蒸汽流量 D）和给水流量 W 为主。下面侧重讨论给水流量与蒸汽流量作用下的水位变化的动态特性。

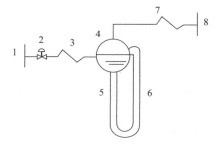

图 11-21 锅炉汽水系统

1—给水母管；2—给水控制阀；3—省煤器；4—汽包；
5—下降管；6—上升管；7—过热器；8—蒸汽母管

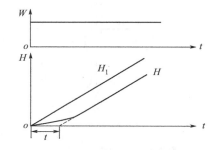

图 11-22 给水流量作用下水位的阶跃响应曲线

① 汽包水位在给水流量作用下的动态特性，即控制通道的特性。图 11-22 是在给水流量作用下水位变化的阶跃响应曲线。如果把汽包和给水看作单容量无自衡对象，水位阶跃响应曲线将如图中的 H_1 线。

由于给水温度要比汽包内饱和水的温度低，所以给水流量增加后，需从原有饱和水中吸取部分热量，使水位下汽包容积减少。当水位下汽包容积的变化过程逐渐平衡时，水位将因汽包中储水量的增加而上升。最后当水位下汽包容积不再变化时，水位变化就完全反映了因储水量的增加而直线上升。所以图中 H 线是水位的实际变化曲线。在给水量做阶跃变化后，汽包水位不马上增加，而呈现一段起始惯性段。用传递函数来描述时，它近似于一个积分环节和纯滞后环节的串联，可表示为：

$$\frac{H(s)}{W(s)} = \frac{K_0}{s} e^{-\tau s} \tag{11-17}$$

式中　K_0——飞升速度，即给水流量变化单位流量时水位的变化速度，$\dfrac{\text{mm/s}}{\text{t/h}}$；

τ——纯滞后时间。

给水温度越低，纯滞后时间 τ 越大。通常 τ 在 15～100s 之间。如采用省煤器，则由于省煤器本身的延迟，将使 τ 增加到 100～200s 之间。

② 汽包水位在蒸汽流量扰动下的动态特性，即干扰通道的动态特性。在蒸汽流量干扰作用下，水位变化的阶跃响应曲线如图 11-23 所示。

当蒸汽流量 D 突然增加，在燃料量不变的情况下，从锅炉的物料平衡关系来看，蒸汽量 D 大于给水量 W，水位变化应如图 11-23 中的曲线 H_1。但实际情况并非如此，由于蒸汽用量突然增加，瞬间必导致汽包压力的下降，汽包内水沸腾突然加剧，产生闪蒸，水中气泡迅速增加，因汽包容积增加，而使水位变化的曲线如图 11-23 中的 H_2。而实际显示的水位响应曲线 H 为 H_1 与 H_2 的叠加，即 $H = H_1 + H_2$。从图中可看出，当蒸汽量加大时，虽然锅炉的给水量小于蒸发量，但在一开始，水位不仅不下降反而迅速上升，然后再下降；反之，蒸汽流量突然减少时，则水位先下降，然后上升。这种现象称之为"虚假水位"。蒸汽流量扰动时，水位变化的动态特性可用传递函数表示为：

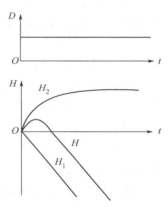

图 11-23　蒸汽流量扰动作用下的水位响应曲线

$$\frac{H(s)}{D(s)} = \frac{H_1(s)}{D(s)} + \frac{H_2(s)}{D(s)} = -\frac{K_f}{s} + \frac{K_2}{T_2 s + 1} \tag{11-18}$$

式中　K_f——飞升速度，即在蒸汽流量变化单位流量时水位的变化速度，$\dfrac{\text{mm/s}}{\text{t/h}}$；

K_2——响应曲线 H_2 的放大系数；

T_2——响应曲线 H_2 的时间常数。

虚假水位的变化大小与锅炉的工作压力和蒸发量等有关。对于一般 100～300t/h 的中高压锅炉，当负荷变化 10% 时，虚假水位可达 30～40mm。虚假水位现象属于反向特性，给控制带来一定的困难，在控制方案设计时，必须引起注意。

（2）单冲量控制系统

单冲量控制系统即汽包水位的单回路液位控制系统，图 11-24 所示是典型的单回路控制系统。这里的冲量一词指的是变量，单冲量即汽包水位。

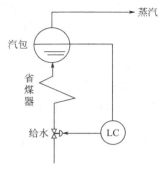

图 11-24　单冲量控制系统

这种控制系统结构简单，对于汽包内水的停留时间长、负荷变化小的小型锅炉，单冲量水位控制系统可以保证锅炉的安全运行。但是，单冲量控制系统存在三个问题。

① 当负荷变化产生虚假液位时，将使控制器反向错误动作。例如，蒸汽负荷突然大幅度增加时，虚假水位上升，此时控制器不但不能开大给水阀，增加给水量，反而关小控制阀，减少给水量。等到假水位消失时，由于蒸汽量增加，送水量反而减少，将使水位严重下降，波动厉害，严重时甚至会使汽包水位降到危险程度而发生事故。因此这种系统克服不了虚假水位带来的严重后果。

② 对负荷不灵敏。负荷变化时，需引起汽包水位变化后才起控制作用。由于控制缓慢，导致控制质量下降。

③ 对给水干扰不能及时克服。当给水系统出现扰动时，同样需等水位发生变化时才起控制作用，干扰克服不及时。

为了克服上面三个问题，除了依据汽包水位以外，也可依据蒸汽流量和给水流量的变化来控制给水阀，将能获得良好的控制效果，这就产生了双冲量和三冲量水位控制系统。

（3）双冲量控制系统

单冲量控制系统不能克服假水位的影响，如果把蒸汽流量作为校正作用，就可以纠正虚假水位引起的误动作，而且也能提前发现负荷的变化，从而大大改善了控制品质。将蒸汽流量信号引入，就构成了双冲量控制系统。图 11-25 是典型的双冲量控制系统的原理图及方块图。

图 11-25 所示双冲量控制系统实质上是一个前馈（蒸汽流量）加单回路反馈控制的前馈-反馈控制系统。这里的前馈仅为静态前馈，若要考虑两条通道在动态上的差异，还须引入动态补偿环节。

① 加法器系数的确定　图 11-25 中的加法器，其运算式为：

$$I = C_1 I_c \pm C_2 I_F \pm I_0 \qquad (11-19)$$

式中　I_c——液位控制器的输出；

　　　I_F——蒸汽流量变送器（一般经开方）的输出；

　　　I_0——初始偏置值；

C_1、C_2——加法器系数。

C_1 的设置一般取 1，也可小于 1。

C_2 的值应考虑到静态前馈补偿，可现场凑试，也可推导如下。

从静态物料平衡看，要使汽包水位不变，成为常数，应当使 $W=D$（给水流量等于蒸汽流量）。考虑锅炉排污等损失，W 需稍大于 D，即有：

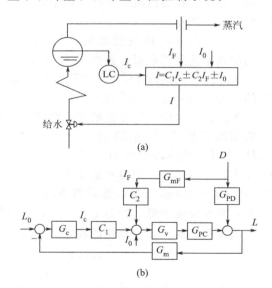

图 11-25　双冲量控制系统原理图及方块图

$$\Delta W = \alpha \Delta D \tag{11-20}$$

式中 ΔW——给水流量的变化量；

  ΔD——蒸汽流量的变化量；

  α——排污系数，$\alpha > 1$。

设给水阀的工作特性是线性的，它的放大系数 K_v 为：

$$K_v = \Delta W / \Delta I \tag{11-21}$$

式中，ΔI 为阀门输入信号变化量。

蒸汽流量的测量也作为线性来考虑：

$$\Delta I_F = \frac{\Delta D}{D_{max}}(z_{max} - z_{min}) \tag{11-22}$$

式中 ΔI_F——蒸汽流量变送器输出变化量；

  ΔD——蒸汽流量变化量；

  D_{max}——蒸汽流量变送器量程；

  $z_{max} - z_{min}$——变送器输出的最大变化范围。

在负荷变化 ΔD 时，给水量的变化是：

$$\Delta W = K_v \Delta I = K_v C_2 \Delta I_F = K_v C_2 \frac{\Delta D}{D_{max}}(z_{max} - z_{min}) \tag{11-23}$$

将式(11-23)代入式(11-20)，经整理可得：

$$C_2 = \frac{\alpha D_{max}}{K_v(z_{max} - z_{min})} \tag{11-24}$$

初始偏置值 I_0 的设置目的是在正常负荷下，使控制器和加法器的输出都有一个比较适中的数值，最好在正常负荷下，I_0 值与 $C_2 I_F$ 项互相抵消。

② 阀的开闭形式、控制器正反作用及运算器符号决定 为了确保双冲量控制系统能按照设计意图正常运行，必须正确选定控制阀的开闭形式、控制器的正反作用以及运算器的符号。决定的步骤是：首先从工艺安全出发，选定阀的开闭形式，然后再依次确定控制器正反作用与运算器符号。

a. 阀的开闭形式选定：从工艺安全角度来考虑，若以保护锅炉安全为主，选气闭式；如以保护汽轮机用户安全为主，则选气开式。

b. LC 控制器的正反作用：把控制系统视为负反馈系统，因此当气闭阀时为正作用，气开阀时则为反作用。

c. 运算器符号：首先确定 C_2 项是取正号还是负号，它取决于控制阀的开闭形式。若选用气闭阀，当蒸汽流量加大，给水量亦需加大，I 应减小，即应该取负号；若采用气开阀，I 应增加，即应取正号。而 I_0 的符号与 C_2 相反。这样，加法器的运算应该为：

气闭阀时 $\qquad\qquad I = C_1 I_c - C_2 I_F + I_0 \tag{11-25}$

气开阀时 $\qquad\qquad I = C_1 I_c + C_2 I_F - I_0 \tag{11-26}$

③ 双冲量控制系统的其他形式 双冲量控制系统除了图 11-25 所示的形式外，还可有其他几种形式。图 11-26 所示的双冲量控制系统把加法器放在控制器之前，犹如双冲量均匀控制系统的接法。

因为水位上升与蒸汽流量增加时，要求控制阀的动作方向相反，所以一定是信号相减。这种接法如果用一只双通道的控制器，就可以省去加法器，减少仪表。但如果水位控制器采用 PI 作用，则这种接法不能保证水位的无差。只有把蒸汽流量信号经过微分，且不引入固定分量，才能使水位控制实现无差，如图 11-27 所示。

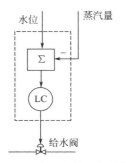

图 11-26　双冲量控制系统其他接法

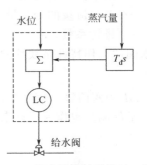

图 11-27　双冲量控制系统又一接法

（4）三冲量控制系统

双冲量控制系统对于单冲量控制系统存在的对给水干扰不能及时克服的问题同样不能解决。此外，由于控制阀的工作特性不一定完全是线性，做到静态补偿也比较困难。为此，把给水流量信号引入，构成三冲量控制系统。

图 11-28 所示的三冲量控制系统，实质上是前馈（蒸汽流量）-串级控制系统，从它的系统方块图 11-29 可明显地看出。

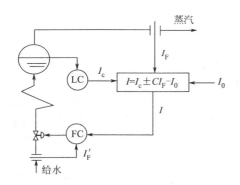

图 11-28　三冲量控制系统

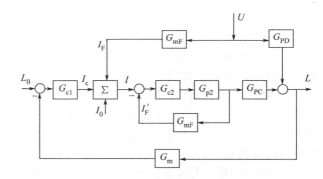

图 11-29　三冲量控制系统方块图

① 加法器系数 C 的确定　如果给水流量的测量是线性的，则有：

$$\Delta I'_F = \frac{\Delta W}{W_{max}}(z_{max} - z_{min}) \tag{11-27}$$

式中　$\Delta I'_F$——给水流量变送器输出变化量；

　　　　ΔW——给水流量变化量；

　　　　W_{max}——给水流量变送器量程；

$z_{max} - z_{min}$——变送器输出的最大变化范围。

由式（11-27）可得：

$$\Delta W = \Delta I'_F \frac{W_{max}}{z_{max} - z_{min}} \tag{11-28}$$

同样由式（11-22）可得：

$$\Delta D = \Delta I_F \frac{D_{max}}{z_{max} - z_{min}} \tag{11-29}$$

按物料平衡要求，由式(11-20)得：

$$\Delta W = \alpha \Delta D$$

则

$$\Delta I'_F \frac{W_{\max}}{z_{\max} - z_{\min}} = \alpha \Delta I_F \frac{D_{\max}}{z_{\max} - z_{\min}} \tag{11-30}$$

$$\frac{\Delta I'_F}{\Delta I_F} = \frac{\alpha D_{\max}}{W_{\max}} \tag{11-31}$$

根据静态前馈全补偿要求：

$$\Delta I'_F = C \Delta I_F \tag{11-32}$$

可求得：

$$C = \frac{\Delta I'_F}{\Delta I_F} = \frac{\alpha D_{\max}}{W_{\max}} \tag{11-33}$$

至于 I_0 的设置，与双冲量控制系统有所不同。为了在正常工况下使流量控制器 FC 的测量值 I'_F 与给定值 CI_F 相等，因此 I_0 的设置是在正常负荷下，I_0 值与 I_c 值互相抵消。

② 阀的开闭形式、控制器正反作用及运算器符号决定　阀的开闭形式选定与双冲量控制系统一样，控制器的正反作用则完全可按串级控制系统那样，分别确定主控制器 LC 与副控制器 FC 的正反作用，在此不再一一讨论。

下面对运算器的符号确定做分析。I_0 的设置是为了在正常负荷下抵消 I_c，所以 I_0 前的符号永远是负号。C 项是取正号还是负号，与双冲量控制系统不一样，它与阀的开闭形式无关，也与 FC 控制器的作用方式无关。因为 CI_F 值将作为 FC 的给定值，CI_F 的增大，即蒸汽负荷增加，应当提高 FC 的给定值，使给水量也随之提高。这样 C 项应取正号。通过以上分析可知，对于三冲量控制系统，无论给水阀是气闭还是气开，也不管 FC 控制器为正作用或反作用，它的加法器运算式总是：

$$I = I_c + CI_F - I_0 \tag{11-34}$$

③ 三冲量控制系统的其他形式　图 11-28 所示的前馈-串级控制系统形式的三冲量控制系统，是一种比较新型的接法，也是目前用得较多的汽包水位三冲量控制系统。除此之外，三冲量控制还有其他多种形式，如图 11-30～图 11-32 所示。

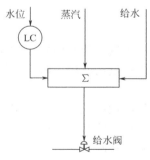

图 11-30　三冲量控制系统其他形式之一

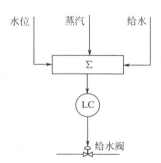

图 11-31　三冲量控制系统其他形式之二

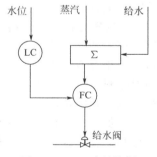

图 11-32　三冲量控制系统其他形式之三

11.4.3　蒸汽过热系统的控制

蒸汽过热系统包括一级过热器、减温器、二级过热器。控制任务是使过热器出口温度维持在允许范围内，并保护过热器使管壁温度不超过允许的工作温度。

过热蒸汽温度过高或过低，对锅炉运行及蒸汽用户设备都是不利的。过热蒸汽温度过高，过热器容易损坏，汽轮机也因内部过度的热膨胀而严重影响安全运行；过热蒸汽温度过低，一方面使设备的效率降低，同时使汽轮机后几级的蒸汽湿度增加，引起叶片磨损。所以必须把过热器出口蒸汽的温度控制在规定范围内。

过热蒸汽温度控制系统常采用减温水流量作为操纵变量，但由于控制通道的时间常数及纯滞后均较大，所以组成单回路控制系统往往不能满足生产的要求。因此，常采用图 11-33 所示的串级控制系统，以减温器出口温度为副参数，可以提高对过热蒸汽温度的控制质量。

过热蒸汽温度控制有时还采用双冲量控制系统，如图 11-34 所示。这种方案实质上是串级控制系统的变形，把减温器出口温度经微分器作为一个冲量，其作用与串级的副参数相似。

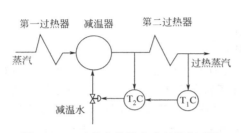

图 11-33　过热蒸汽温度串级控制系统

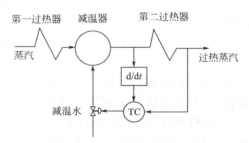

图 11-34　过热蒸汽温度双冲量控制系统

11. 4. 4　锅炉燃烧过程的控制

锅炉燃烧过程的控制与燃料种类、燃烧设备以及锅炉形式等有密切关系。现侧重以燃油锅炉来讨论燃烧过程的控制。

燃烧过程的控制基本要求有以下三个。

① 保证出口蒸汽压力稳定，能按负荷要求自动增减燃料量。

② 燃烧良好，供气适宜。既要防止由于空气不足使烟囱冒黑烟，也不要因空气过量而增加热量损失。

③ 保证锅炉安全运行。保持炉膛一定的负压，以免负压太小，甚至为正，造成炉膛内热烟气往外冒出，影响设备和工作人员的安全；如果负压过大，会使大量冷空气漏进炉内，从而使热量损失增加。此外，还需防止燃烧嘴背压（对于气相燃料）太高时脱火，燃烧嘴背压（气相燃料）太低时回火的危险。

（1）蒸汽压力控制和燃料与空气比值控制系统

蒸汽压力的主要扰动是蒸汽负荷的变化与燃料量的波动。当蒸汽负荷及燃料量波动较小时，可以采用蒸汽压力来控制燃料量的单回路控制系统；而当燃料量波动较大时，可组成蒸汽压力对燃料流量的串级控制系统。

燃料流量是随蒸汽负荷而变化的，因此作为主流量，与空气流量组成比值控制系统，使燃料与空气保持一定比例，获得良好燃烧。图 11-35 所示是燃烧过程的基本控制方案。有时为了使燃料完全燃烧，在提负荷时要求先提空气量，后提燃料量；在降负荷时，要求先降燃料量，后降空气量，即所谓具有逻辑提降量的比值控制系统。图 11-36 即在基本控制方案的基础上，通过加两个选择器组成的具有逻辑提量功能的燃烧过程控制系统。

（2）燃烧过程的烟气氧含量闭环控制

前面介绍的锅炉燃烧过程的燃料与空气比值控制存在两个不足之处。首先不能保证两者的最优比，这是由于流量测量的误差以及燃料的质量（水分、灰分等）的变化所造成的。另外，锅炉负荷不同时，两者的最优比也应有所不同。为此，要有一个检验燃料与空气适宜配比的指标，作为送风量的校正信号。通常用烟气中的氧含量作为送风量的校正信号。

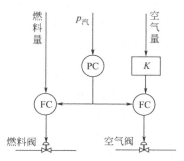

图 11-35　燃烧过程的基本控制方案

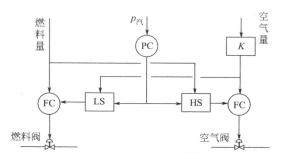

图 11-36　燃烧过程的改进控制方案

锅炉的热效率（经济燃烧）最简便的检测方法是用烟气中的氧含量来表示。根据燃烧方程式，可以计算出燃料完全燃烧时所需的氧量，从而可得出所需的空气量，称为理论空气量 Q_T。但是，实际上完全燃烧所需的空气量 Q_P 要超过理论空气量 Q_T，即需有一定的空气过剩量。当过剩空气量增多时，不仅使炉膛温度下降，而且也使最重要的烟气热损失增加。因此，对不同的燃料，过剩空气量都有一个最优值，即所谓最经济燃烧，如图 11-37 所示。

对于液体燃料，最优过剩空气量约为 $8\% \sim 15\%$。过剩空气量常用过剩空气系数 α 来表示，即实际空气量 Q_P 与理论空气量 Q_T 之比：

$$\alpha = Q_P / Q_T \tag{11-35}$$

因此，α 为衡量经济燃烧的一种指标。α 很难直接测量，但与烟气中氧含量有直接关系，可用近似式表示：

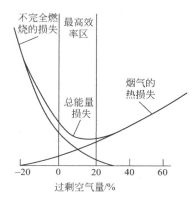

图 11-37　过剩空气量与能量
损失的关系

$$\alpha = \frac{21}{21 - A_O} \tag{11-36}$$

式中，A_O 为烟气中的氧含量。

图 11-38 示出了过剩空气量与烟气中氧含量及锅炉效率之间的关系。从图中可看出，与锅炉最高效率对应的 α 在 $1.08 \sim 1.15$，A_O 的最优值为 $(1.6\% \sim 3\%)O_2$。

根据上述可知，只要在图 11-36 的控制方案上对进风量用烟气氧含量加以校正，就可构成图 11-39 所示的烟气中氧含量的闭环控制方案。在此烟气氧含量闭环控制系统中，只要把氧含量成分控制器的给定值按正常负荷下烟气氧含量的最优值设定，就能使过剩空气系数 α 稳定在最优值，保证锅炉燃烧最经济，热效率最高。

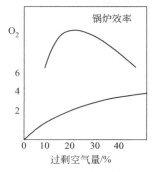

图 11-38　过剩空气量与 O_2 及
锅炉效率间的关系

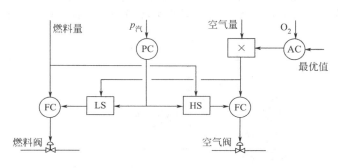

图 11-39　烟气中氧含量的闭环控制方案

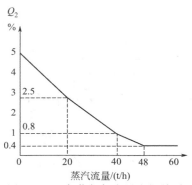

图 11-40　负荷与氧含量之间关系

在锅炉实际运行中，蒸汽负荷经常变动。要使不同负荷运行时锅炉总是处于最佳燃烧过程，则还需对图 11-39 的闭环控制系统加以进一步完善。已知蒸汽流量与烟气中最优氧含量之间是一曲线关系，可用图 11-40 所示的折线来近似，当负荷下降时，烟气中氧含量要提高，即应增加过剩空气量。根据图 11-40，可在图 11-39 闭环控制系统中加入一折线函数发生器，对空气过剩量进行修正，构成图 11-41 所示的完善的烟气氧含量闭环控制方案。在这个方案中，当负荷变化时，蒸汽负荷信号经函数发生器修正氧量成分控制器的给定值，然后再由氧量控制器校正过剩空气量，使锅炉在不同负荷时始终处于最佳过剩空气量的情况下运行。

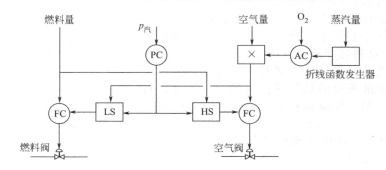

图 11-41　完善的烟气中氧含量的闭环控制方案

（3）多种燃料时过剩空气及燃料配比的控制

① 低过剩空气的控制　有些锅炉同时燃烧多种燃料，如同时燃烧燃料油、炼厂气、驰放气或高炉气、焦炉气、灯油等。过去采用总热量为基准对空气量进行控制。实际上由于不同燃料对过剩空气量的要求不同，在几种燃料的混燃比变化时不易达到对过剩空气量的最佳控制。现采用以总理论空气量为基准的控制方法，即根据各燃料的流量，分别计算出理论空气量，相加后作为确定燃料空气量的基准，以保证燃料混比发生变化时，也能使过剩空气量处于最佳状态。图 11-42 所示为一同时燃烧高炉气和焦炉气的锅炉燃烧系统采用低过剩空气的控制方案。其中根据理论空气量计算，高炉气的理论空气量为 $6.70 \mathrm{m}^3/\mathrm{m}^3$，焦炉气的理论空气量为 $4.66 \mathrm{m}^3/\mathrm{m}^3$。因此，控制方案中的 K_1、K_2 按上述数据设置。

② 燃料任意配比控制　对燃烧多种燃料的锅炉，为了能在各种不同配比下运行，在总燃料控制器的输出送到各燃料流量控制器作为给定信号时，可增设运算器，组成燃料任意配比控制系统。图 11-43 即为同时燃烧高炉气和焦炉气的燃料配比控制方案。此控制方案与图 11-42 结合一起使用，即能实现多种燃料任意配比、低过剩空气的控制。

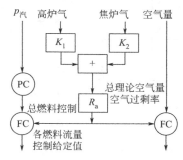

图 11-42　低过剩空气控制方案

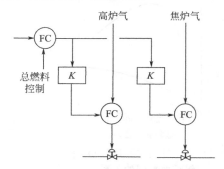

图 11-43　燃料任意配比控制系统

（4）炉膛负压控制与有关安全保护系统

图 11-44 所示是一个典型的锅炉燃烧过程的炉膛负压及有关安全保护控制系统。在这个控制方案中共有三个控制系统，分别叙述如下。

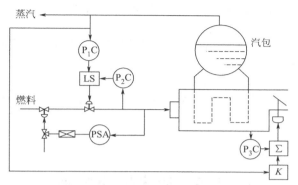

图 11-44　炉膛负压与安全保护控制系统原理图

① 炉膛负压控制系统　这是一个前馈-反馈控制系统。炉膛负压控制一般可通过控制引风量来实现，但当锅炉负荷变化较大时，单回路控制系统较难控制。因负荷变化后，燃料及送风量均将变化，但引风量只有在炉膛负压产生偏差时，才能由引风控制器去控制，这样引风量的变化落后于送风量，从而造成炉膛负压的较大波动。为此用反映负荷变化的蒸汽压力作为前馈信号，组成前馈-反馈控制系统，K 为静态前馈放大系数。通常把炉膛负压控制在 $-20Pa$ 左右。

② 防脱火系统　这是一个选择性控制系统。在燃烧嘴背压正常的情况下，由蒸汽压力控制器控制燃料阀，维持锅炉出口蒸汽压力稳定。当燃烧嘴背压过高时，为避免造成脱火危险，此时背压控制器 P_2C 通过低选器 LS 控制燃料阀，把阀关小，使背压下降，防止脱火。

③ 防回火系统　这是一个联锁保护系统。在燃烧嘴背压过低时，为防止回火的危险，由 PSA 系统带动联锁装置，把燃料的上游阀切断，以免回火现象发生。

图 11-45 是相对完整的锅炉控制方案。该方案中各个控制系统为：

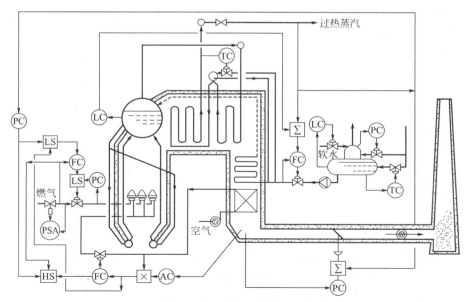

图 11-45　炉膛负压与安全保护控制系统

① 蒸汽主干管压力控制器 PC 输出，通过高选 HS 和低选 LS 送给空燃比控制器，同时检测烟道气氧含量，通过氧含量控制器 AC 修改空燃比比例，实现经济燃烧（可变空燃比的具有逻辑升降负荷能力的压力比值串级控制系统）；

② 燃气管道上的压力控制器为防脱火控制器，PSA 为防回火控制器，该控制方案为混合式选择控制系统；

③ 锅炉汽包液位控制器 LC、给水流量控制器 FC 与蒸汽主干管压力已检测信号构成三冲量锅炉汽包液位控制系统；

④ 过热蒸汽控制器 TC 为单回路过热蒸汽温度控制系统（操纵变量为减温水）；

⑤ 炉膛负压控制器 PC 与蒸汽主干管压力已检测信号构成炉膛负压与蒸汽主干管压力前馈-反馈控制系统；

⑥ 热力除氧器上，由软水流量控制除氧器液位，由一次蒸汽流量控制除氧器压力，由二次蒸汽流量控制除氧器温度。

11.5　加热炉的控制

加热炉在炼油、化工工业中是较为重要的加热设备，工艺介质在加热炉中受热升温或同时进行汽化，它的温度高低将直接影响到后工序的工艺操作。如果炉温过高，不仅会使工艺介质在炉内分解、结焦，甚至可烧坏炉。因此，炉温的控制是加热炉控制的重要内容。

加热炉是传热设备的一种，属于火力加热设备，由燃料的燃烧产生炽热的火焰和高温气流向工艺介质提供热量，因此加热炉的燃烧过程控制也是一个重要的问题。由于加热炉的燃烧过程控制方案基本与锅炉设备相似，这里不再重复讨论。

加热炉的出口温度控制在"串级控制系统"一章中已有讨论，根据工艺中的主要扰动可以组成出口温度与燃料压力串级控制或出口温度与炉膛温度串级控制等方案，在此不再一一列举。在石油化工生产中，有时还采用如下两种串级控制方案。

11.5.1　采用压力平衡式控制阀（浮动阀）的控制

当燃料是气态时，采用压力平衡式控制阀（浮动阀）的方案有其特色，如图 11-46 所示。这里用浮动阀代替了一般控制阀，节省了压力变送器，且浮动阀本身兼起压力控制器的功能，整个控制系统看似温度单回路控制系统，实质上是炉出口温度与燃料气压力的串级控制系统，关键是浮动阀的使用。

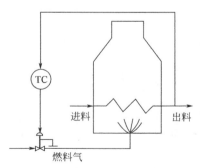

图 11-46　采用浮动阀的控制方案

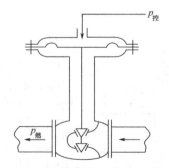

图 11-47　浮动阀结构示意图

从图 11-47 所示的浮动阀结构示意图可以清楚地看出，浮动阀与一般控制阀不同，它不用反馈弹簧，不用填料，阀杆移动自如，阀的膜片上部有来自温度控制器的输出压力 $p_{控}$，而膜片下部接入燃料气阀后压力 $p_{燃}$，只有 $p_{控} = p_{燃}$ 时，阀杆才不动，处于平衡状态。所以确定阀门的开度既与温度控制器的输出有关，也与燃料气压有关。也就是说浮动阀在此系统中，相当于串级控制系统中的压力副控制器。

采用浮动阀的控制方案，被控燃料气阀后压力一般在 0.04～0.08MPa 之间。若压力大于 0.08MPa，为了满足平衡的要求，则在温度控制器的输出端串接一个倍数继动器。

11.5.2 特殊温度-流量串级控制系统

图 11-48 所示为特殊的炉出口温度对燃料流量的串级控制系统。这个串级控制系统的特殊性在于，燃料气的流量测量采用节流装置，而节流装置安装的位置与正常情况不一样，它是把节流装置安装在控制阀后。按常理，控制阀随着开度的变化，阀后压力波动较大，影响节流装置的计量精度。但是，对于气相燃料来说，这种计量方式可以反映气体分子量的变化，也就说能反映燃料的热值变化。所以，采用这种流量副回路，不仅能反映燃料流量方面的干扰，也在一定程度上把燃料热值变化的干扰包含在内，有利于对热值扰动的克服，这就是特殊串级控制系统的设置意图。

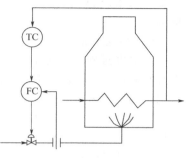

图 11-48 特殊的温度-流量
串级控制系统

11.6 蒸发器的控制

蒸发操作是用加热的方法使溶液中部分溶剂汽化后被除去，提高溶液中溶质的浓度，或使溶质析出。所以蒸发是通过传热使挥发性溶剂与不挥发性溶质分离的操作，因此有时也把蒸发器看作一种传热设备。工业生产中使用相当广泛的是具有管式加热面的蒸发器，图 11-49 所示为较为简单的单效蒸发器示意图。

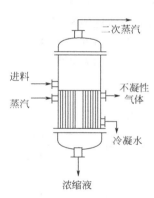

图 11-49 单效蒸发器示意图

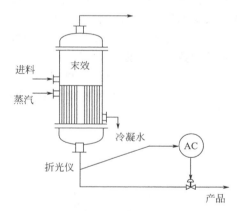

图 11-50 采用折光仪的浓度控制方案

蒸发器的主要控制指标是最终产品的浓度，因此最终产品的浓度是设置控制系统的被控变量。影响产品浓度的扰动因素有蒸发器内压力变化，进料流量、浓度、温度的影响，加热蒸汽方面的扰动，蒸发器液位的波动，以及冷凝液和不凝性气体的排除等。

为了使蒸发操作在一个较好的工况下进行，尽可能把各类扰动因素排除在进蒸发器之前。实际上尚有不少未被克服的扰动将影响产品的浓度，所以蒸发器的控制有两类控制系统的设置，一类是以产品浓度为被控变量的控制系统，另一类是稳定其他相关参数的控制系统。

11.6.1 蒸发器产品浓度的控制

蒸发器产品浓度控制系统的被控变量直接为产品浓度，也可采用产品浓度的间接指标——温度、温差等。系统的操纵变量可选择进料流量(指工艺上允许调节)、循环量、出料流量及加热蒸汽等。现介绍几个常用的产品浓度的控制方案。

（1）浓度控制

图 11-50 所示为采用折光仪的浓度控制方案，被控变量为用折光仪测定的产品浓度，操纵变量采用出料流量。产品浓度除了用折光仪来测定外，也能用比重法等其他方法进行检测。

（2）温度控制

在蒸发过程中，对于一个蒸发器来说，物料浓度是温度（指物料的沸点）和真空度（或压力）的函数。当蒸发器内真空度稳定不变时，物料沸点能反映物料的浓度。沸点上升，浓度增加。温度与浓度有一一对应的关系，温度即可作为产品浓度的间接指标。图 11-51 所示二段蒸发器出口温度控制系统，是以温度作为产品浓度间接指标的控制方案，其中操纵变量采用加热蒸汽。

（3）温差控制

用温度间接代表产品浓度的前提是蒸发器内的真空度或压力稳定，如果真空度（压力）经常变化，温度就不能作为产品浓度的间接指标。为克服真空度（压力）的影响，可采用温差法，即沸点上升法。温差法的基本原理是：真空度（压力）变化对溶液的沸点和水的沸点影响基本一样。即真空度（压力）在一定范围内变化时，一定浓度的溶液沸点和水的沸点（饱和水蒸气的温度）之差即温差基本不变的原则。采用温差来反映溶液浓度，就可以克服真空度（压力）变化对测量的影响。

为保证温差测量能较真实地反映产品的浓度，汽、液两个测温点的选择很重要，必须要让它们能真正反映在一定真空度（压力）下的饱和水蒸气温度和溶液温度，这样温差才能正确反映浓度。图 11-52 是一个温差控制的实例。根据饱和蒸汽的温度和压力之间有一定的对应关系，只要测出压力就可求得饱和蒸汽的温度，则温差便可求得。从图中可以看出，蒸发器汽相压力经压力测量变送后送到一个函数发生器 $f(x)$，$f(x)$ 描述饱和蒸汽压力与温度的关系。通过函数发生器把压力信号转换成了相应的温度信号，然后将此信号通过一个延迟单元 L/L 再送到加法器，与溶液温度进行运算。由于测压滞后小，而温度测量滞后大，延迟单元的引入可实现压力和温度测量信号的同步，保证温差运算的正确。

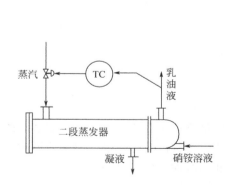

图 11-51　二段蒸发器出口温度的控制方案

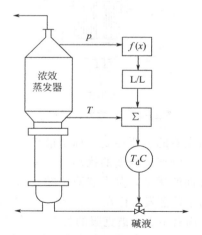

图 11-52　温差控制系统示意图

11.6.2　蒸发器其他相关参数的控制

蒸发器其他相关参数的控制主要有加热蒸汽的控制、蒸发器的液体控制、真空度（压力）的控制和冷凝液的排除等。这些参数的控制可以采用常规的一般控制方案，在此不一一加以讨论。需要注意的是蒸发器的液体控制应考虑蒸发操作的特点：首先，蒸发器是密闭容器且要保持一定的真空度(压力)；其次，蒸发过程中溶液沸腾剧烈，溶液的泡沫易造成假液位；再次，蒸发过程是一个浓缩过程，浓度随着各效增加，易使取压口不通畅，尤其对具有结晶及黏度较大的物料，甚至会堵塞取压口。所以，蒸发器液位的控制关键是依据上述特点，合理选择液位的测量方法，确保液位测量的正确性。

图 11-53 所示为一个碱液蒸发器的液位控制方案，考虑到碱液腐蚀性强，易结晶堵塞，采用一般的液位测量有困难，根据碱液导电的特性，使用了不锈钢棒制成的简易电极液位计。同时为了克服蒸发过程中碱液剧烈沸腾造成虚假液位信号，在罐外安装了一个旁通管，把检测电极用法兰连接的方式装在旁通管上。系统应用双位控制的方式，保证了蒸发器内的液位稳定在工艺允许的波动范围内。

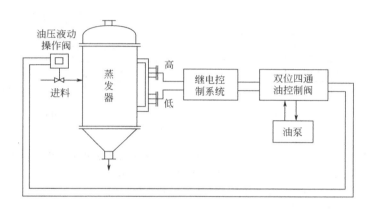

图 11-53 碱液蒸发器液位控制系统示意图

本章思考题及习题

11-1 对传热设备来说，它是通过对传热量的调节来达到控制温度的目的，那么调节传热量究竟有哪些途径？

11-2 图 11-54 所示为一提馏段温度控制系统。它通过改变进入再沸器的加热蒸汽量来控制提馏段温度。从传热的速率方程来分析，这种控制方案的实质是调节什么？说明其理由。

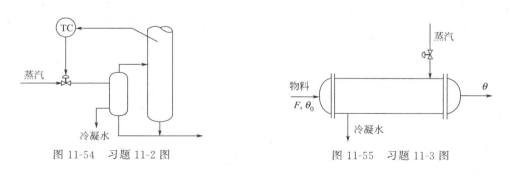

图 11-54 习题 11-2 图   图 11-55 习题 11-3 图

11-3 在图 11-55 所示的热交换器中，物料与蒸汽换热，要求出口温度达到规定的要求。试分析下述情况下应采用何种控制方案为好，画出系统的结构图与方块图：

① 物料流量 F 比较稳定，而蒸汽压力波动较大；

② 蒸汽压力比较平稳，而物料流量 F 波动较大；

③ 物料流量比较稳定，而物料入口温度 θ_0 及蒸汽压力 p 波动都比较大。

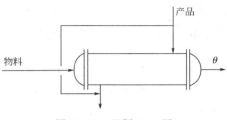

图 11-56　习题 11-4 图

11-4　某生产工序为了回收产品的热量，用它与另一需要预热的物料进行换热。为了使被预热物料的出口温度达到规定的质量指标，采用了如图 11-56 所示的工艺。根据上述情况，你认为有哪几种可供选择的控制方案，画出其结构图，并确定系统中控制阀的开闭形式及控制器的正反作用。

11-5　图 11-57 绘出的是管式加热炉原油出口温度两种不同的控制方案。其中方案(a)为原油出口温度与燃料油压力串级控制，方案(b)为原油出口温度与炉膛温度串级控制。试比较这两种控制方案的优、缺点，以及它们所适用的场合。

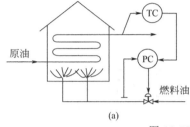

(a)

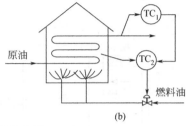

(b)

图 11-57　习题 11-5 图

11-6　以燃烧燃料气为例，管式加热炉燃烧系统的安全保护需从哪几个方面进行考虑？绘出以炉出口温度为被控变量、燃料气流量为操纵变量的加热炉安全保护控制系统。

11-7　管式加热炉主要的控制方案有哪些？各适用于什么场合？

11-8　锅炉设备主要控制系统有哪些？

11-9　汽包水位的假液位现象是怎么回事？它是在什么情况下产生的？具有什么危害性？

11-10　锅炉水位控制中，能够克服假液位影响的控制方案有哪几种？说明它们能克服假液位的道理。

11-11　试证明图 11-58 所示双冲量液位控制系统的实质是前馈-反馈系统。

11-12　图 11-59 所示为锅炉燃烧系统选择性控制。它可以根据用户对蒸汽量的要求，自动调整燃料量和助燃空气量，不仅能维持两者的比值不变，而且能使燃料量与空气量的调整满足下述逻辑关系：当蒸汽用量增加时，先增加空气量后增加燃料量；当蒸汽用量减少时，先减燃料量后减空气量。根据上述要求，试确定图中控制阀的开闭形式、控制器正反作用及选择器的类型。

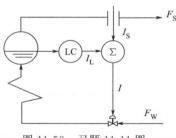

图 11-58　习题 11-11 图

11-13　图 11-60 所示为某厂辅助锅炉燃烧系统的控制方案。试分析该方案的工作原理及控制阀开闭形式、控制器正反作用以及进加法器信号的符号。

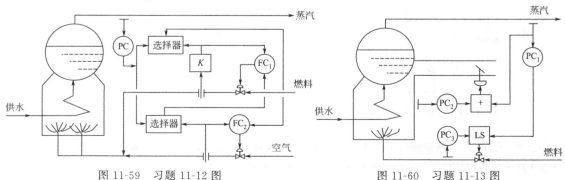

图 11-59　习题 11-12 图　　　　　图 11-60　习题 11-13 图

第12章 精馏塔的控制

12.1 精馏塔概述

12.1.1 精馏原理

精馏是在石油、化工等众多生产过程中广泛应用的一种传质过程。通过精馏过程，使混合物料中的各组分分离，分别达到规定的纯度。分离的机理是利用混合物中各组分的挥发度不同(沸点不同)，也就是在同一温度下，各组分的蒸汽分压不同这一性质，使液相中的轻组分(低沸物)和汽相中的重组分(高沸物)互相转移，从而实现分离。一般的精馏装置由精馏塔、再沸器、冷凝冷却器、回流罐及回流泵等设备所组成，如图12-1所示。

精馏塔从结构上分，有板式塔和填料塔两大类。而板式塔根据塔结构不同，又有泡罩塔、浮阀塔、筛板塔、穿流板塔、浮喷塔、浮舌塔等。各种塔板的改进趋势是提高设备的生产能力，简化结构，降低造价，同时提高分离效率。填料塔是另一类传质设备，它的主要特点是结构简单，易用耐蚀材料制作，阻力小等，一般适用于直径小的塔。

在实际生产过程中，精馏操作可分为间歇精馏和连续精馏两种。对石油化工等大型生产过程，主要是采用连续精馏。

精馏塔是一个多输入多输出的多变量过程，内在机理较复杂，动态响应迟缓，变量之间相互关

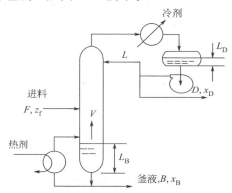

图 12-1　简单精馏控制示意图

联，不同的塔工艺结构差别很大，而工艺对控制提出的要求又较高，所以确定精馏塔的控制方案是一个极为重要的课题。而且从能耗的角度来看，精馏塔是三传一反典型单元操作中能耗最大的设备，因此，精馏塔的节能控制也是十分重要的。

12.1.2 精馏塔的主要干扰因素

精馏塔的主要干扰因素为进料状态，即进料流量 F、进料组分 z_f，进料温度 T_f 或热焓 F_E。此外，冷剂与加热剂的压力和温度及环境温度等因素，也会影响精馏塔的平衡操作。所以，在精馏塔的整体方案确定时，如果工艺允许，能把精馏塔进料量、进料温度或热焓加以定值控制，对精馏塔的操作平稳是极为有利的。

12.1.3 精馏塔的控制要求

精馏塔的控制目标是，在保证产品质量合格的前提下，使塔的总收益(利润)最大或总成本最小。具体对一个精馏塔来说，需从四个方面考虑设置必要的控制系统。

(1) 产品质量控制

塔顶或塔底产品之一合乎规定的纯度，另一端成品维持在规定的范围内。在某些特定情况下也有要求塔顶和塔底产品均保证一定的纯度要求。所谓产品的纯度，就二元精馏来说，其质量指标是指塔顶产品中轻组分(或重组分)含量和塔底产品中重组分(或轻组分)含量。对多元精馏而言，则以关键组分的含量来表示。关键组分是指对产品质量影响较大的组分。塔

顶产品的关键组分是易挥发的，称为轻关键组分；塔底产品是不易挥发的关键组分，称为重关键组分。

（2）物料平衡控制

物料平衡是保证进出物料的平衡，即塔顶、塔底采出量应和进料量相平衡，维持塔的正常平稳操作，以及上下工序的协调工作。若物料平衡被破坏，则塔内续存量发生变化，反映为冷凝液罐（回流罐）和塔釜液位发生波动。物料平衡的控制是以冷凝液罐（回流罐）与塔釜液位一定（介于规定的上、下限之间）为目标的。

（3）能量平衡控制

能量平衡即带入塔内的能量总和等于带出塔外的能量总和。能量平衡所体现的参数是温度和压力。精馏塔的输入、输出能量保持平衡，使塔内的操作温度和压力维持稳定。

（4）约束条件控制

为保证精馏塔的正常、安全操作，必须使某些操作参数限制在约束条件之内。常用的精馏塔限制条件为液泛限、漏液限、压力限及临界温差限等。所谓液泛限，也称气相速度限，即塔内气相速度过高时，雾沫夹带十分严重，实际上液将从下面塔板倒流到上面塔板，产生液泛，破坏正常操作。漏液限也称最小气相速度限，当气相速度小于某一值时，将产生塔板漏液，板效率下降。防止液泛和漏液，可以塔压降或压差来监视气相速度。压力限是指塔的操作压力的限制，一般是最大操作压力限，即塔操作压力不能过大，否则会影响塔内的气液平衡，严重越限甚至会影响安全生产。临界温差限主要是指再沸器两侧间的温差，当这一温差低于临界温差时，给热系数急剧下降，传热量也随之下降，不能保证塔的正常传热的需要。

12.2　精馏塔的特性

12.2.1　精馏塔的静态特性

精馏塔的静态特性可以通过分析塔的基本关系，即物料平衡和能量平衡关系来表述。现以图 12-1 所示二元简单精馏过程为例，说明精馏塔的基本关系。

（1）物料平衡关系

一个精馏塔，进料与出料应保持物料平衡，即总物料量以及任一组分都符合物料平衡的关系。图 12-1 所示精馏过程的物料平衡关系为：

总物料平衡 $\qquad\qquad\qquad F=D+B$ $\qquad\qquad\qquad\qquad$ (12-1)

轻组分平衡 $\qquad\qquad\qquad Fz_f=Dx_D+Bx_B$ $\qquad\qquad\qquad\qquad$ (12-2)

由式（12-1）和式（12-2）联立可得：

$$x_D=\frac{F}{D}(z_f-x_B)+x_D$$

或 $\qquad\qquad\qquad\qquad\qquad \frac{D}{F}=\frac{z_f-x_B}{x_D-x_B}$ $\qquad\qquad\qquad\qquad$ (12-3)

式中　F、D、B——分别为进料、顶馏出液和底馏出液流量；

$\qquad$ z_f、x_D、x_B——分别为进料、顶和底馏出液中轻组分含量。

同样也可写成：

$$\frac{B}{F}=\frac{x_D-z_f}{x_D-x_B}$$ $\qquad\qquad\qquad\qquad$ (12-4)

从上述关系可看出，当 D/F 增加时，将引起顶、底馏出液中轻组分含量减少，即 x_D、x_B 下降；而当 B/F 增加时，将引起顶、底馏出液中轻组分含量增大，即 x_D、x_B 上升。

然而，D/F（或 B/F）一定，且 z_f 一定的条件下不能完全决定 x_D、x_B，只能确定 x_D 与 x_B 之间的一个比例关系，也就是一个方程只能确定一个未知数。要确定 x_D 与 x_B 两个因数，必须建立另一个关系式——能量平衡关系。

（2）能量平衡关系

在建立能量平衡关系时，首先要了解一个分离度的概念。所谓分离度 s 可用下式表示：

$$s = \frac{x_D(1-x_B)}{x_B(1-x_D)} \tag{12-5}$$

从式(12-5)可见，随着 s 的增大，x_D 也增大，而 x_B 减小，说明塔系统的分离效果增大。

影响分离度 s 的因素很多，诸如平均相对挥发度、理论塔板数、塔板效率、进料组分、进料板位置，以及塔内上升蒸汽量 V 和进料量 F 的比值等。对于一个既定的塔来说：

$$s \approx f\left(\frac{V}{F}\right) \tag{12-6}$$

式(12-6)的函数关系也可用一近似式表示：

$$\frac{V}{F} = \beta \ln s \tag{12-7}$$

或可表示为：

$$\frac{V}{F} = \beta \ln \frac{x_D(1-x_B)}{x_B(1-x_D)} \tag{12-8}$$

式中，β 为塔的特性因子。

由式(12-7)和式(12-8)可以看出，随着 V/F 的增加，s 值提高，也就是 x_D 增加，x_B 下降，分离效果提高了。由于 V 是由再沸器施加热量来提高的，所以该式实际是表示塔的能量对产品成分的影响，故称为能量平衡关系式。而且由上述分析可见，V/F 的增大，塔的分离效果提高，能耗也将增加。

对于一个既定的塔，包括进料组分一定，只要 D/F 和 V/F 一定，这个塔的分离结果，即 x_B 和 x_D 将被完全确定。也就是说，由一个塔的物料平衡关系与能量平衡关系两个方程式，可以确定塔顶与塔底组分两个待定因数。

上述结论与一般工艺书中所说保持回流比 $R=L/D$ 一定，就确定了分离结果是一致的。

精馏塔的各种扰动因素都是通过物料平衡和能量平衡的形式来影响塔的操作，因此，弄清精馏塔中的物料平衡和能量平衡关系，为确定合理的控制方案奠定了基础。

12.2.2　精馏塔的动态特性

（1）动态方程的建立

精馏塔是一个多变量、时变、非线性的对象，对其动态特性的研究，人们已做了不少的工作。要建立整塔的动态方程，首先要对精馏塔的各部分：精馏段、提馏段各塔板、进料板、塔顶冷凝器、回流罐、塔釜、再沸器等，分别建立各自的动态方程。

现以图 12-2 所示二元精馏塔第 j 块塔板为例，说明单板动态方程的建立。

总物料平衡：

$$L_{j+1} - L_j + V_{j-1} - V_j = \frac{dM_j}{dt} \tag{12-9}$$

轻组分平衡：

$$L_{j+1}x_{j+1} - L_j x_j + V_{j-1}y_{j-1} - V_j y_j = \frac{d(M_j x_j)}{dt} \tag{12-10}$$

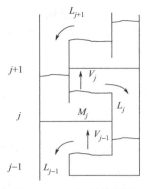

图 12-2　二元精馏塔第 j
块塔板物料流动情况

式中，L 表示回流量，下标指回流液来自哪块板；V 表示上升蒸汽量，下标指来自哪一块板的上升蒸汽；M 指液相的蓄存量；x、y 分别指液相和气相中轻组分的含量，同样下标指回流液及上升蒸汽各来自哪块塔板。

由上述各部分的动态方程，可整理得到整塔的动态方程组。对于整个精馏塔来说，是一个多容量的、相互交叉连接的复杂过程，要整理出整塔的传递函数是相当复杂的。随着现代控制理论的发展，时域分析方法在控制系统加以应用，可对全塔整理而得的状态方程组，应用矩阵函数及状态传递矩阵理论，直接解出系统的时间响应。这样得到的精馏塔的动态数学模型，如果做一些简化的假设，还是比较复杂的，阶次相当高。这些高阶动态数学模型必须进行降阶与简化，才能得到有实用价值的数学模型。有人对一个具有 18 块塔板的酒精-水二元精馏塔进行降阶简化，得到了一个较为合适的三阶模型。

（2）动态影响的分析

通过上面的讨论可知，精馏塔的动态方程的建立是复杂的，尤其建立一个精确而又实用的动态方程更是有一定的难度。因此从定性的角度来分析精馏塔的动态影响，对合理设计控制方案有积极的指导意义。

①上升蒸汽和回流的影响　在精馏塔内，由于上升蒸汽只需克服塔板上极薄覆盖的液相阻力，因此上升蒸汽量的变化几秒内就可影响到塔顶，也就是说上升蒸汽流量变化的影响是相当快的。

然而由塔板下流的液相有较大的滞后，当回流量增加时，必须先使积存在塔板上的液相蓄存量增加，然后在这增加的液体静压柱的作用下，才使离开塔板的液相速度增加，所以对回流量变化的响应存在着滞后。

由此可得出这样的结论：要使塔上任何一处（除顶部塔板外）的汽液比发生变化，用再沸器的加热量作为控制手段，要比回流量的响应快。

②组分滞后的影响　V 和 L 的变化引起 x_D 和 x_B 的变化，都是通过每块塔板上组分之间的平衡施加影响的结果。由于组分要达到静态平衡需要一定的时间，所以尽管 V 的变化可较快影响到塔顶，但要使塔顶组分浓度 x_D 变化达到一个新的平衡，仍要经过不少的时间。同样，D 的变化也是一样，且需花费更多的时间。

组分滞后的影响，是由于塔板上的组分要等到影响组分的液相或气相流量稳定较长时间后才能建立平衡。随着塔板上液相蓄存量的增加，组分的滞后增加，因此塔板数的增加及回流比的增加，均会造成塔板上液相蓄存量的增加，从而导致组分的滞后也增加。当再沸器加热量 Q 的增加而引起 V 的增加，通过改善气、液接触，可以减少组分的滞后。

③回流罐蓄液量和塔釜蓄液量引起的滞后影响　由物料平衡关系可知，在 F 一定的情况下，改变 D 和 B 均能引起 x_D 和 x_B 的变化。实际上 D 的变化是通过 L 的变化（在回流罐液位不变时）才能影响到塔内的气液平衡，从而控制产品的质量 x_D 和 x_B。然而，回流罐有一定的蓄液量，从 D 的变化到 L 的变化会产生滞后。同样，B 的变化也是通过 V 的变化（在塔釜液位不变时）才能影响到塔内的气液平衡，从而控制产品的质量 x_D 和 x_B。塔釜的蓄液量也会使得 B 的变化到 V 的变化产生滞后。通常塔釜截面积要比回流罐小得多，所以由塔釜蓄液量引起的滞后要比回流罐蓄液量引起的滞后小。

上述动态影响的分析，在设计和选择精馏塔的控制方案时，应当予以考虑。

12.3　精馏塔被控变量的选择

精馏塔被控变量的选择，主要讨论质量控制中的被控变量的确定，以及检测点的位置等问题。通常，精馏塔的质量指标选取有两类：直接的产品成分信号和间接的温度信号。

12.3.1　采用产品成分作为直接质量指标

以产品成分的检测信号直接用作质量控制的被控变量，应该说是最为理想的。过去，因成分参数在检测上的困难，难以直接对产品成分信号进行质量控制。近年来，成分检测仪表发展迅速，尤其是工业色谱的在线应用，为以成分信号直接作为质量控制的被控变量创造了现实条件。

然而，因成分分析仪表受以下三方面的制约，至今在精馏塔质量控制上成功地直接应用还是为数不多的：

① 分析仪表的可靠性差；

② 分析测量过程滞后大，反应缓慢；

③ 成分分析针对不同的产品组分，品种上较难一一满足。

因此，目前在精馏操作中，温度仍是最常用的间接质量指标。

12.3.2　采用温度作为间接质量指标

温度作为间接质量指标，是精馏塔质量控制中应用最早也是目前最常见的一种。对于一个二元组分精馏塔来说，在一定的压力下，沸点和产品的成分有单值的对应关系，因此，只要塔压恒定，塔板的温度就反映了成分。对于多元精馏过程来说，情况较复杂。然而在炼油和石油化工生产中，许多产品都是由一系列的碳氢化合物的同系物所组成，此时，在一定的压力下，温度与成分之间也有近似的对应关系，即压力一定，保持一定的温度，成分的误差可忽略不计。在其余情况下，温度参数也有可能在一定程度上反映成分的变化。

（1）温度点的位置

通常，若希望保持塔顶产品质量符合要求，也就是顶部馏出物为主要产品时，应把间接反映质量的温度检测点放在塔顶，构成所谓精馏段温控系统。同样，为了保证塔底产品符合质量要求，温度检测点则应放在塔底，实施提馏段温控。

上述温度点位置的设置依据，在一些特殊情况下也有例外。例如具有粗馏作用的切割塔，此时温度检测点的位置应视要求产品纯度的严格程度而定。有时，顶部馏出物为主要产品，但为了获得轻关键组分的最大收率，希望塔底产品中尽量把轻关键组分向上蒸出。这时，往往把温度检测点放在塔底附近。此时，在塔顶产品中带出一些重组分也是允许的，因为切割塔后面还将有进一步的精馏分离。

在某些精馏塔上，也有把温度检测点放在加料板附近的塔板上，甚至以加料板本身的温度作为间接质量指标，这种做法常称为中温控制。中温控制的目的是希望能及时发现操作线左右移动的情况，并可兼顾塔顶、塔底组分的变化。在某些精馏塔上中温控制取得了较好的效果。但当分离要求较高时，或进料浓度 z_f 变动较大时，中温控制难以正确反映塔顶塔底的成分。

（2）灵敏板问题

采用塔顶（或塔底）温度作为间接质量指标时，实际上把温度检测点放置在塔顶（底）是极为少数的。因为在分离比较纯的产品时，邻近塔两端的各板之间温差是很小的，这时塔顶（底）的温度出现稍许的变化，产品质量就可能超出允许的范围，因而必须要求温度检测装置有很高的精度与灵敏度，才能满足控制系统的要求。这一点实现起来是有较大难度的。所以，在实际使用中，是把温度检测点放在进料板与塔顶(底)之间的灵敏板上。

所谓灵敏板，是当塔受到干扰或控制作用时，塔内各板的组分都将发生变化，随之各塔板的温度也将发生变化，当达到新的稳态时，温度变化最大的那块塔板即称为灵敏板。

灵敏板的位置可以通过逐板计算，经比较后得出。但是由于塔板的效率不易估准，所以还需结合实践结果加以确定。通常先根据测算，确定灵敏板的大致位置；然后在它附近设置多个检测点，根据实际运行中的情况，从中选择最佳的测量点作为灵敏板。

12.3.3　用压力补偿的温度参数作为间接指标

用温度作为间接质量指标有一个前提，塔内压力应为定值。虽然精馏塔的塔压一般有控制，但对精密精馏等控制要求较高的场合，微小的压力变化将影响温度与组分间的关系，造成质量控制难以满足工艺的要求，为此，需对压力的波动加以补偿。

补偿的方法是多种的，现分析如下。

(1) 直接压力补偿

压力变化 Δp 引起沸点变化为 ΔT，在小范围内，此关系近似为线性关系：

$$\frac{\Delta T}{\Delta p} = K \tag{12-11}$$

式中，常数 K 的数值可从物理化学数据手册中查出或实验得出。由式(12-11)得：

$$\Delta T_{校正} = K \Delta p = K(p - p_0) \tag{12-12}$$

式中　p——塔压测量值；

　　　p_0——塔压额定值。

校正后的温度值应为：

$$z = T - \Delta T_{校正} = T - K(p - p_0)$$
$$= T - Kp + Kp_0 \tag{12-13}$$

图 12-3 所示为直接压力补偿的示意图。

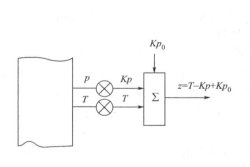

图 12-3　压力对温度的直接补偿

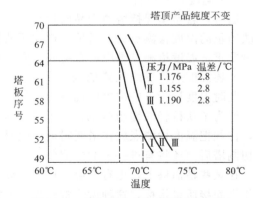

图 12-4　压力变化与各塔板温度分布

这种直接压力补偿只适用于压力 p 在小范围内波动。

(2) 温差控制

在精密精馏等对产品纯度要求较高的场合，考虑压力波动对间接指标的影响，可以采用温差控制。

图 12-4 表示了某一分离异丁烷与正丁烷的精馏塔压力改变时各塔板温度的分布变化情况，它是以保持塔顶成品的纯度不变为前提的。

由图 12-4 可见，由于压力波动而引起的各板上温度变化方向是一致的，所以当塔压波动时，虽然板上温度都会有变化，但两板之间的温差变化却非常小。如图中在三种塔压的情况下，第 52 板与第 65 板之间的温差都维持在 2.8℃，基本没发生变化。这样就保持了温差与组分的对应关系，消除了压力波动的影响。

选择温差信号作为间接质量指标时，测温点应按下述方法确定。如塔顶馏出液为主要产品时，一个测温点应放在塔顶(或稍下一些)，即温度变化较小的位置；而另一个检测点放在灵敏板附近，即成分和温度变化较大、较灵敏的位置上。然后取上述两个测温点的温度差 ΔT 作为间接质量指标，此时压力波动的影响几乎相互抵消。

在工业生产上，温差控制已成功地用于苯-甲苯、乙烯-乙烷等精密精馏系统。

在使用温差作为被控变量时，需要注意温差给定值合理(不能过大)，以及操作工况稳定。图 12-5 表明了产品浓度与温差之间的对应关系。由图可见，温差与产品浓度并非单值对应关系，曲线有个最高点 M_1，在 M_1 点两侧，温差与浓度之间的关系是反向的，所以温差选得过大，或操作不平稳，均能引起温差失控的现象。

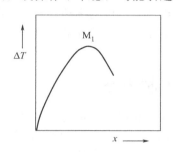

图 12-5　ΔT-x 曲线

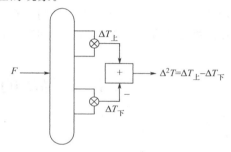

图 12-6　双温差的选取

(3)双温差控制

为了克服温差控制中的不足之处，人们提出了双温差控制，即分别在精馏段和提馏段上选取温差信号，然后把两个温差信号相减，以这个温差的差作为间接质量指标进行控制。图 12-6 表示了双温差选取的示意图。

双温差 $\Delta^2 T$ 与产品浓度的关系明显地优于温差与产品浓度的关系，图 12-7 画出了双温差 $\Delta^2 T$ 及温差 ΔT 和浓度 x 的关系。图中虚线表示的是 ΔT-x 关系曲线，实线为 $\Delta^2 T$-x 的关系曲线。可以看出，虽然 $\Delta^2 T$-x 曲线也有一个极值点 M_2，但 M_2 明显地左移，且远离了外界扰动引起工作点波动的区域。这样，在给定值较高、扰动大的情况下，双温差控制仍能进行正常的工作。

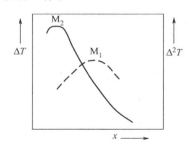

图 12-7　$\Delta^2 T$-x 曲线与 ΔT-x 曲线的比较

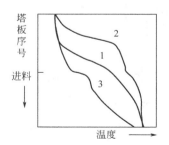

图 12-8　精馏塔温度分布曲线

下面从精馏工艺的角度剖析双温差作为质量指标的依据。双温差是一种以使精馏塔的温度分析曲线达到最佳为出发点的控制。精馏塔全塔各塔板的温度是不同的，可以画出图 12-8 所示的温度分布曲线。图中曲线 1 所示为由塔顶向下，塔板的温度变化较小，到加料板附

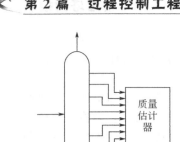

图 12-9　多点质量估计器控制示意图

近，塔板间的温度变化较大，等接近塔底时，温度变化又很小了，这种温度分布对应塔两端的分离效果都较好。曲线 2 由于塔顶产品中重组分含量较多，使全塔温度升高，尤以精馏段的温度增加更明显，因此它可得到更纯的塔底产品。曲线 3 的情况与曲线 2 刚好相反，它可获得更纯的塔顶产品。这样，以两个温差的差值作为质量控制指标，只要适当地选择给定值，把精馏塔的温度分布控制为曲线 1、2、3，就可分别使塔得到最大的分离度，或得到更纯的塔顶产品和得到更纯的塔底产品。

（4）多点质量估计器

对双温差控制做进一步的推演，出现了多点质量估计器的控制。它把精馏塔的多点温度分布的情况作为质量指标进行控制，其控制效果得到进一步的提高。图 12-9 示出了多点质量估计器的示意图，其实质是一种推断控制，对于如进料组分等不可测扰动，利用一些易测变量——多点温度来推断扰动对产品成分的影响，通过控制作用来克服扰动，使产品质量稳定在工艺指标上。

12.4　精馏塔的整体控制方案

精馏塔是一个多变量的被控过程，可供选择的被控变量和操纵变量是众多的，选定一种变量的配对，就组成一种精馏塔的控制方案。然而精馏塔因工艺、塔结构不同等多方面因素，使精馏塔的控制方案更是举不胜举，很难简单判定哪个方案是最佳的。这里介绍精馏塔常规的、基本的控制方案，作为确定方案时的参考。

12.4.1　传统的物料平衡控制

这种控制方案的主要特点是无质量反馈控制，只要保持 D/F（或 B/F）和 V/F（或回流比）一定，完全按物料及能量平衡关系进行控制。它适用于对产品质量要求不高以及扰动不多的情况。方案简单方便，但适应性不高，目前在精馏控制中应用不多。图 12-10 和图 12-11 分别为这种方案的两种类型。

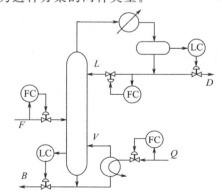

图 12-10　传统物料平衡控制方案之一

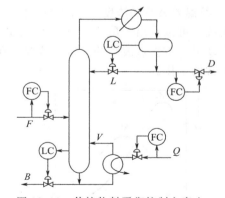

图 12-11　传统物料平衡控制方案之二

12.4.2　质量指标反馈控制

一般来说，精馏塔的质量指标只设定一个，如 12.3 节中所述，分别称为精馏段控制和提馏段控制。

在质量指标这个被控变量确定后，用以控制它的操纵变量的选择不一，可分别称之能量平衡控制(直接控制)和物料平衡控制(间接控制)。能量平衡控制的操纵变量为 L 或 $Q(V)$，而物料平衡控制的操纵变量为 D 或 B，即如图 12-12 中控制阀 V_1、V_2 及 V_3、V_4 分别指操纵变量为 L、Q 和 D、B。

　　对于质量反馈控制的基本控制方案可做如下的归纳。常用的操纵变量有四个，分别为 L、D、$Q(V)$、B。而被控变量除了质量指标一个外，尚有回流罐液位 L_D、塔釜液位 L_B。此时，用四个操纵变量与三个被控变量进行配对，将富裕出一个操纵变量，这个操纵变量往往采用本身流量恒定，即它的流量作为第四个被控变量。于是按此配对，可列出常用基本方案 24 种。表 12-1 是根据这种配对方法列出较为常用的四种方案。

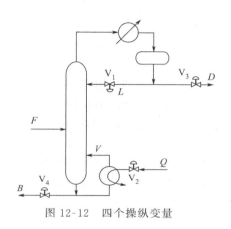

图 12-12　四个操纵变量

表 12-1　质量反馈控制方案

方案	被控变量			
	质量指标	L_D	L_B	恒定一个
1	D	L	B	Q
2	L	D	B	Q
3	Q	D	B	L
4	B	D	Q	L

　　表中所列方案 1、2 一般适用于精馏段控制，方案 3、4 适用于提馏段控制。而其中方案 1、4 属于物料平衡控制，方案 2、3 则属于能量平衡控制。

　　上述四种常用控制方案用图来表示，分别示于图 12-13～图 12-16。可以看出，这四种最常用的基本方案有一个共同特点：恒定一个的控制系统，其作为被控变量的恒定量不是 L 就是 $Q(V)$。这种考虑其意图是很清楚的，对于一个正常平稳操作的精馏塔来说，恒定 L 或 $Q(V)$，从精馏工艺来说，是极有利于平稳操作的。

　　现分别对这四种最基本的控制方案分析其优缺点和使用场合。

　　① 图 12-13 所示为精馏段温度控制的方案，采用物料平衡控制方法，即按精馏段的质量指标来控制馏出液 D，并保持 $Q(V)$ 不变。本方案的优点是物料与能量平衡之间的关联最小；同时，内回流在环境温度变化时基本保持不变。例如当环境温度下降时，将使回流温度下降，内回流短时有所增加，但因使塔顶上升蒸汽减少，冷凝液也减少，回流罐液位下降，经 LC 控制使 L 减小，结果使内回流基本保持不变，这对精馏塔的平稳操作是有利的。此外，本方案精馏段质量指标直接控制 D，一旦塔顶产品质量不合格时，由温度控制器自动关闭出料阀，切断不合格产品的排放。

　　本方案的主要缺点是质量反馈的控制回路滞后较大，从 D 的改变到精馏段温度的变化，需间接地通过液位控制回路来实现，尤其在回流罐容积大时，反应更缓慢，不利于质量控制。因此，本方案适用于馏出液很小(或回流比较大)且回流罐容积适中的精馏塔。

　　② 图 12-14 也为精馏段温度控制的方案，采用能量平衡控制方法，即按精馏段的质量指标来控制回流量 L，保持加热蒸汽 Q 为定值。本方案的优点是质量反馈回路的控制作用滞后小，反应迅速，因而对克服进入精馏段的扰动及保证塔顶产品是较为有利的。这种方案是精馏塔控制中最为常用的方案。

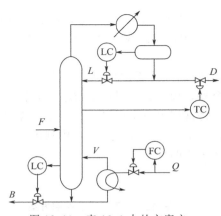

图 12-13　表 12-1 中的方案之一

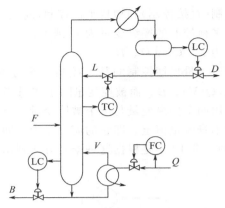

图 12-14　表 12-1 中的方案之二

本方案的缺点恰是图 12-13 所示方案的优点。首先是环境温度变化会改变内回流的量，这是由于本方案的 L 是由温度控制器来控制的；同时物料与能量之间关联较大，不利于精馏塔的平稳操作。本方案主要适用于 $L/D<0.8$ 的场合，以及要求质量控制滞后小的精馏塔。

③ 图 12-15 所示为提馏段温度控制的方案，采用能量平衡控制方法，即按提馏段的质量指标来控制加热蒸汽量 Q，而对回流量采用定值控制。本方案的优点是质量控制回路滞后小，反应迅速，有利于克服进入提馏段的扰动和保证塔底产品的质量。本方案也是精馏塔控制中应用广泛的方案，仅在 $V/F\geq0$ 时不采用。

本方案的缺点为物料平衡与能量平衡关系之间有一定的关联。

④ 图 12-16 也是提馏段温度控制的方案，采用物料平衡控制方法，即按提馏段的质量指标控制塔底产品采出量 B，并保持回流量恒定。

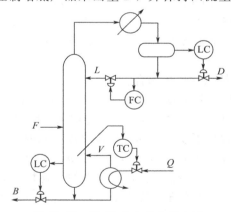

图 12-15　表 12-1 中的方案之三

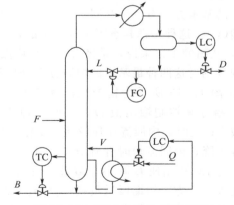

图 12-16　表 12-1 中的方案之四

本方案和图 12-13 方案一样，其优点是物料平衡与能量平衡关系之间关联小，且在塔釜产品质量不合格时，能自动切断塔釜采出阀。缺点是质量控制回路的滞后大。本方案仅适用于 B 很小且 $B<20\%V$ 的塔。

12.4.3　按两端质量指标控制

在精馏塔的质量指标反馈控制中，当塔顶和塔底产品均需达到规定的质量指标时，形成了所谓按两端质量指标的控制方案，与按一端质量指标进行控制相比，可以达到节省能量消耗的目的。

两端质量指标均用物料平衡控制的方案是不能
使用的。这是因为在这一方案中，两个液位控制回
路之间的关联相当严重。所以，可选用以下两类按
两端质量指标控制的方案。

（1）两端指标均采用能量控制

图 12-17 是这类方案的示例，精馏段指标（仍
以温度为间接质量指标）用回流量 L 控制，提馏段
指标（仍以温度为间接质量指标）用再沸器加热量 Q
来控制。

（2）一端指标用能量平衡控制，另一端指标用
物料平衡控制

图 12-18 和图 12-19 是这类方案的两个示例。

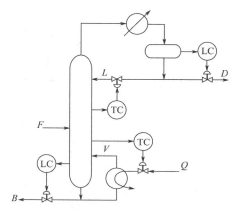

图 12-17　按两端质量指标
控制的方案之一

在图 12-18 的方案中，提馏段指标（仍以温度为间接质量指标）用塔釜产品量 B 控制，精馏
段指标（仍以温度为间接质量指标）用回流量 L 控制，其优缺点和适用范围与图 12-16 所示
的按提馏段指标的物料平衡控制方案相同。在图 12-19 的方案中，提馏段指标（仍以温度为
间接质量指标）用再沸器加热量 Q 控制，精馏段指标（仍以温度为间接质量指标）用塔顶馏出
液 D 控制，其优缺点及适用范围和图 12-13 所示的按精馏段指标的物料平衡控制方案相同。

两端质量指标同时控制时，塔顶和塔底控制系统之间必将存在关联影响。当关联不太严
重时，可以通过控制器参数整定的方法，使相关回路的工作频率拉开，减弱关联；或通过被
控变量与操纵变量间的正确匹配来减少关联。对于严重关联的时候，则必须采用解耦控制
系统。

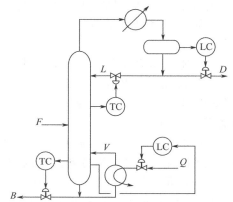

图 12-18　按两端质量指标控制的方案之二

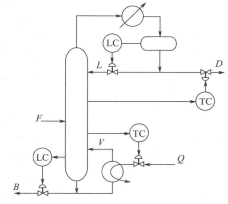

图 12-19　按两端质量指标控制的方案之三

12.4.4　串级、均匀、比值、前馈等控制系统在精馏塔中的应用

在上述讨论精馏塔的基本控制方案时，所有的系统均以单回路系统的形式表示。在实际
精馏塔的整体控制方案中，串级、均匀、比值、前馈等控制系统是经常被采用的，现做一简
要的叙述。

（1）串级控制系统

串级控制系统在精馏塔控制中经常用于质量反馈控制系统。图 12-20 所示为提馏段控制
（a）和精馏段控制（b）时串级控制系统的应用。

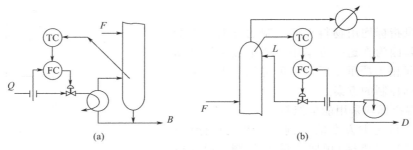

图 12-20　串级控制系统在精馏塔中的应用

这里设置串级控制系统的目的有两个：其一是保证主被控变量（质量指标）的控制质量；其二是作为操纵变量的流量（加入热量或回流量），在一般情况下稳定有利于工艺的平稳操作。

（2）均匀控制系统

在均匀控制系统一节中已提到，精馏塔操作经常是多个塔串联在一起，因此考虑前后工序的协调，经常在上一塔的出料部分和下一塔的进料部分设置均匀控制系统。

（3）比值控制系统

在精馏操作中，有时设置 D 与 F 的比值控制，或是 $Q(V)$ 与 F 的比值控制。其设置目的是从精馏塔的物料与能量平衡关系出发，使有关的流量达到一定的比值，利于在期望条件下进行操作。

（4）前馈控制系统

事实上，在精馏塔控制中采用比值控制使 V/F 一定，如图 12-21 所示，就是一种前馈控制系统。当进料量扰动进入精馏系统中，在尚未影响被控变量——塔底产品质量之前，通过比值函数部件 FY（实际上即前馈控制器）改变加热剂的流量，来克服扰动的影响，如果这种补偿适宜，就可能减少甚至免除对被控变量的影响。

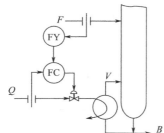

图 12-21　精馏塔中的
前馈控制系统

在精馏操作中，除了上述控制系统外，选择性控制也常用于约束条件的控制，以及完成自动开停车。此外还有其他一些复杂控制系统，诸如内回流控制、热焓控制等都有应用。

12.4.5　精馏塔塔压的控制

精馏塔的操作大多是在塔内压力维持恒定的基础上进行的。在精馏操作过程中，进料流量、进料组分和温度的变化，塔釜加热蒸汽量的变化，回流量、回流液温度及冷却剂压力的波动等，都可能引起塔压波动。塔压波动必将引起每块塔板上的气液平衡条件的改变，使整个塔正常操作被破坏，影响产品的质量。此外，塔压的波动也将影响间接质量指标温度与成分之间的对应关系。所以，在精馏操作中，整体控制方案必须考虑压力控制系统的设置。

精馏可在常压、减压及加压下操作。例如，在混合液沸点较高时，减压可以降低沸点，避免分解，炼油厂中的减压塔即为一例。在混合液沸点很低时，加压可以提高沸点，减少冷量，在石油化工中的裂解气分离即是如此。由于压力不同，压力控制方案也有所不同，但总的来说应用能量平衡来控制塔压。

（1）常压塔

常压塔的塔压控制较简单，可在回流罐或冷凝器上设置一个通大气的管道来平衡压力，以保持塔内压力接近环境压力。只有在对操作压力的稳定性要求较高时，才设置压力控制系统，使塔内压力略高于大气压力。控制方案可按下述的加压塔控制方案。

（2）加压塔

加压塔的操作压力大于大气压，其控制方案的确定与塔顶馏出物状态是气相还是液相有密切关系。此外，也与馏出物中含不凝性气体量的多少有关。

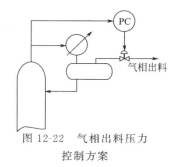

图 12-22 气相出料压力控制方案

① 气相出料 气相出料的压力控制系统可采用在出口管线上直接节流的方案，如图 12-22 所示。如果气相出料为下一工序进料，也可设计成压力-流量均匀控制系统。

② 液相出料 液相出料分为三种情况：馏出物中含有微量不凝性气体、含有大量以及少量不凝物。

a. 液相出料，馏出物中含有微量不凝物 当塔顶气体全部冷凝或只含有微量不凝性气体时，可通过改变传热量的方式来控制塔顶压力。图 12-23 所示为具体实施的三种控制方案。

图 12-23（a）改变冷却水的流量来控制塔压，这种方案冷却水量最为节省；图 12-23（b）让凝液部分地浸没冷凝器，改变传热面积来控制塔压，这种方案较迟钝；图 12-23（c）采用热旁路的方法，其实质是改变气体进入冷凝器的推动力，这种方案较为灵敏，在炼油厂中应用较多。

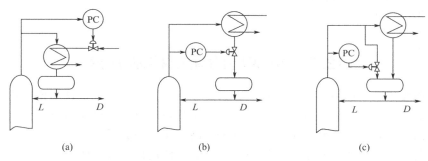

图 12-23 加压塔压力控制方案（馏出物含微量不凝物）

b. 液相出料，馏出物中含有大量不凝物 当塔顶馏出物中含不凝性气体较多时，塔压的控制是通过改变气相排出量来实现的，图 12-24（a）即表示这种控制方案。需要注意的是，图中测压点设置在回流罐上，这种方案反应较快，但必须是塔顶气体流经冷凝器的阻力变化不大，塔顶压力能以回流罐压力来间接反映。如果冷凝器阻力变化较大，回流罐压力不能代表塔内压力时，则应把取压点设置在塔顶上，此时压力控制相对迟钝一些，如图 12-24（b）所示。

c. 液相出料，馏出物中含有少量不凝物 这种情况馏出物中不凝物含量介于 a、b 两种情况之间，其气相中不凝性气体量小于塔顶气相总流量的 2%，此时控制塔压的操纵变量不能单纯采用不凝物的排放量，而需采用图 12-25 所示的控制方案，即塔压控制器同时控制两个控制阀：冷剂量阀和放空阀。通常由改变传热量来控制塔压。如传热量小于全部蒸汽冷凝所需热量，蒸汽则积聚，使塔压升高，此时打开放空阀，使塔压恢复正常。这个塔压控制系统是一个分程控制系统。

（3）减压塔

减压塔的真空度控制主要是在抽真空系统上加以控制的，其控制方案如图 12-26 所示。

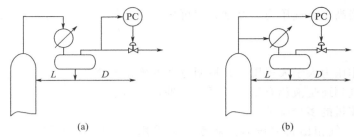

图 12-24　加压塔压力控制方案（馏出物含大量不凝物）

其中图（a）是抽气管路上控制节流，而图（b）是控制旁路吸入气量（空气或惰性气体）。

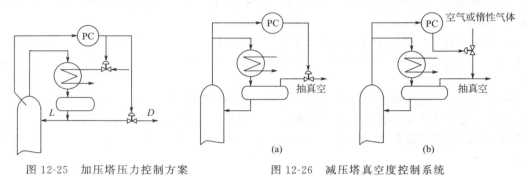

图 12-25　加压塔压力控制方案
（馏出物中含有少量不凝物）

图 12-26　减压塔真空度控制系统

12.5　精馏塔的新型控制方案

　　随着控制技术的不断发展，新型控制方案、控制算法不断出现，自动控制技术工具也有了飞速的发展，尤其是计算机在工业过程中的应用日益广泛，使得在精馏过程的控制中新的控制方案层出不穷，控制系统的品质指标越来越高，保证塔的平稳操作，以及满足工艺提出的各种新的要求。本节将对精馏塔控制中新型方案的使用做一基本的介绍。

12.5.1　内回流、热焓控制

　　第 9 章已对内回流、热焓控制的目的、实施方案等做了详细讨论，本章就无须再加分析。

12.5.2　解耦控制

　　这里对在精馏控制中解耦控制的应用做必要的分析。

　　当对精馏塔的塔顶和塔底产品的质量都有要求时，有时可设立两个产品质量控制系统，图 12-27 就是一个两端产品质量均加控制的方案。但是这类方案常常是失败的，关键是两个质量控制系统之间存在着相互关联的影响。这样，当两套系统同时运行时，互相影响，产生所谓"打架"的现象，导致两套系统均无法正常运行。

　　解决上述矛盾的方法，是对精馏操作的被控变量与操纵变量之间进行不同的配对，选取关联影响小的配对方案；或在控制器参数整定上寻找出路；或把两套系统砍掉一套。如果工艺上坚持要保留两套质量控制系统，而以上的这些方法又解决不了严重关联的影响，则可采用解耦控制。

　　根据第 9 章中关于解耦控制的介绍，精馏塔双端质量控制可采用静态解耦，如果要求较高，则可采用动态解耦。就解耦方案来说，可以有精确解耦方案和简化解耦方案。于是对于

图 12-27 中精馏塔两端产品质量控制，可设计出图 12-28 精馏塔解耦控制的方块图。即在两个控制回路中引入一个解耦控制装置，只要解耦控制矩阵按照第 9 章介绍的有关方法进行正确的设计，就能实现解耦控制。

针对图 12-28 所示解耦控制方块图，可画出精馏塔两端质量控制解耦控制原理图，如图 12-29 所示。

由于精馏塔是一个非线性、多变量过程，准确求取解耦装置的动态特性是很困难的，而静态特性的求取较为容易。因此，目前精馏塔的解耦主要是采取静态解耦。如果尚不能满足需要，可在静态解耦的基础上做适当的动态补偿。

对于有多个侧线采出的精馏塔，将有多个质量指标需加以控制。此时，为克服它们之间的相互关联，需要采用多变量解耦控制系统。

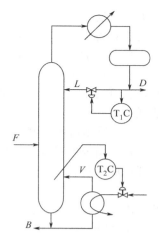

图 12-27 精馏塔两端产品质量控制

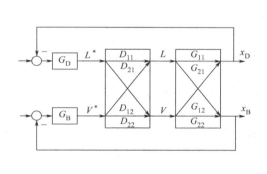

图 12-28 精馏塔解耦控制方块图

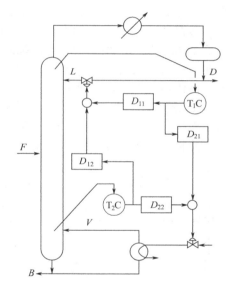

图 12-29 精馏塔两端产品质量解耦控制原理图

12.5.3 推断控制

对于不可测扰动，在无法应用前馈控制的前提下，为了提高系统的控制质量，可以采用推断控制的方案。在精馏过程中，推断控制主要以一些容易测量的变量，例如温度、流量等，推断不易测量的扰动，如进料组分对被控变量产品成分的影响，通过控制，克服这些扰动对产品质量的影响，使产品质量能进一步满足工艺要求。图 12-9 所示的多点温度来估计质量的控制就是一例。按照这个思路，曾有人在脱丁烷塔上加以应用。该塔进料为复杂的烃类混合物，塔顶产品为液相馏出液及少量的气相物料采出，控制的质量目标是塔底产品中异丁烷含量。原控制方案是以塔底温度控制再沸器加热蒸汽量的常规质量反馈控制，后来采用图 12-9 所示的推断控制，选用了五个温度检测点，质量估计器的估计模型是以生产装置的操作数据整理而成。实际结果是推断控制比原常规控制系统质量明显提高，偏差缩小了 4 倍。

12.5.4 精馏塔的节能控制

在以往工艺生产中，为了保证产品的合格，对精馏操作习惯于超高质量的过分离操作，以加大回流比，增加再沸器上升蒸汽量等消耗过多能量的手段，换取一个在较宽的操作范围内均能获得合格产品质量的保障。这意味着精馏塔的节能是大有潜力的。

精馏塔的节能控制，首要的是把过于保守的过分离操作，转变为严格控制产品质量的"卡边"生产，但这必须有合适的自控方案来保证塔的抗干扰能力，稳定塔的正常操作。同时，也可对工艺进行必要的改进，配置相应的控制系统，充分利用精馏操作中的能量，降低能耗。

（1）浮动塔压控制方案

精馏塔通常都在恒定的塔压条件下操作，其原因：一是在稳定压力条件下操作，有利于保证塔的平稳；其次当以温度为间接质量指标时，能较正确地反映成分的变化。然而，从节能或经济观点来考虑，塔压恒定未必是合理的，尤其当冷凝器采用风冷或水冷情况时更是如此。因而，有人提出把恒定塔压控制改成浮动塔压控制的设想。

① 塔压浮动的目的　所谓塔压浮动，即在可能的条件下，把塔压尽量降低，有利于能量节省。具体来说，塔压下降，从两方面分析可以降低能耗。

a. 降低操作压力，将增加组分间的相对挥发度，这样组分分离容易，使再沸器的加热量下降，节省能量。当然，此时冷凝器的负荷增大，冷剂量消耗增多，但冷剂一般比热剂成本低，尤其在采用风冷或水冷时，节能效益更大。

b. 降低操作压力，使整个精馏系统的气液平衡温度下降，提高了再沸器两侧传热温差，再沸器在消耗同样热剂的情况下，加热能力增大了。与此同时，由于平衡温度的下降，减少了在再沸器传热壁上的结垢现象，也有利于维持再沸器传热的能力。

② 塔压浮动的条件　综上所述，尽可能地降低塔的操作压力，能节省大量的能量，确是精馏塔操作节能的一个重要举措。然而，塔压的降低必须满足下列条件，才能在获得节能的同时，使精馏操作符合工艺的要求，正常而平稳地进行。

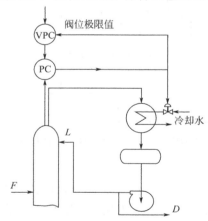

图 12-30　浮动塔压控制方案

a. 质量指标的选取必须适应塔压浮动的需要。一般情况下，以成分信号作为直接的质量指标是最合适的，其丝毫不受塔压浮动的影响。如果采用温度作为间接质量指标，则应根据工艺的要求，采取必要的压力补偿措施。

b. 塔压降低的限度受冷凝器最大冷却能力的制约。塔压的降低，增大冷凝器的负荷，允许的最低操作压力应视冷凝器是否有能力把塔顶气相物料冷凝下来。

c. 塔压浮动而不能出现突变。允许塔压浮动，但在外扰作用下，不能出现突变。因为塔压的突变有可能破坏气液平衡，而且压力的突然下降，会引起塔板上液体的闪蒸而出现液泛。这些都将影响精馏操作的正常进行。

③ 塔压浮动控制的实施　为了节能，采取精馏塔的塔压浮动操作，必须满足上述三个条件。其中 a、b 两条在方案确定时都已做了考虑，在具体方案实施时，主要侧重在防止压力的突然变动上。图 12-30 所示为一个精馏塔的浮动塔压控制方案。这个方案是在原塔压控制系统的基础上，增加了一个具有纯积分作用的阀位控制器 VPC，从而起到浮动塔压操作所需求的两个作用：

a. 不管冷凝器的冷却情况如何变化（如遇暴风雨降温），VPC 的作用可使塔压不会突变，而是缓慢地变化，一直浮动到冷剂可能提供的最低压力点；

b. 为保证冷凝器总在最大负荷下操作，控制阀应开启到最大开度，考虑到需有一定的控制余量，阀位极限值可设定在 90% 开度或更大一些的数值。

图 12-30 中的 PC 为一般的 PI 控制器，VPC 则是纯积分或大比例带的 PI 控制器。PC 控制系统应整定成操作周期短，过程反应快，一般积分时间取得较小，例如为 2min 左右。而 VPC 的操作周期长，过程反应慢，一般积分时间取得较大，如积分时间为 60min。因此在分析中可假定忽略 PC 系统和 VPC 系统之间的动态联系。即分析 PC 动作时，可以认为 VPC 系统是不动作的；而分析 VPC 系统时，又可认为 PC 系统是瞬时跟踪的。现简要分析一下该系统的动作过程。

图 12-31 所示是当冷却量突增时(如遇暴风雨)塔压和阀位的变化情况。当冷却量增加引起压力下降时，PC 控制器先动作，把控制阀关小，其开度小于 90%，使压力迅速回升到原来的给定值，塔压不发生突变。然后，阀位控制器开始工作，缓慢降低压力控制器的给定值，直到阀门开度又达到 90%，塔压降到与外界环境相应的新稳态值，从而实现了浮动塔压的操作。

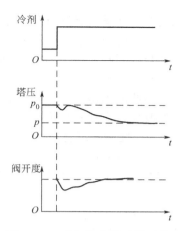

图 12-31　冷却量突增时塔压及阀门开度变化情况

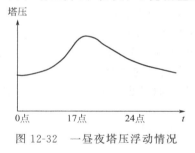

图 12-32　一昼夜塔压浮动情况

在昼夜 24h 内，环境温度变化引起塔压浮动情况如图 12-32 所示。对于空冷式冷凝器，塔压浮动操作的优点特别明显，据报道环境温度每降低 1℃，分离丙烷和异丁烷所需的能量就减少 1.26%。

(2) 从化学热力学观点选取节能方案

在用热油作为再沸器热剂的精馏系统中，可以采用图 12-33 所示的提馏段温度控制系统。在这个温度控制系统中，提馏段温度控制器通过控制再沸器热油阀来保持塔内的温度。热油循环系统是由加热炉的燃料油量调整来维持热油的一定温度。该系统与一般塔内温度控制系统不同的地方，是另设置了一个阀位控制系统 VPC 和热油温度控制系统 T_2C。由于 VPC 和 T_2C 的工作，使此塔内温度控制系统能尽量减少能量的消耗。

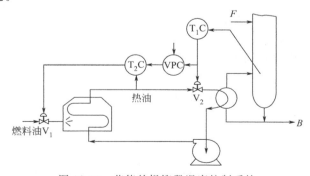

图 12-33　节能的提馏段温度控制系统

本系统依靠 VPC 和 T_2C，可以使热油控制阀 V_2 总是处于尽量打开的工作状态，如开度处于 90% 开度，有一定的控制余量。V_2 的开度大，热油流量大，从一定加热量的要求，可使热油温度尽可能减低；从化工热力学观点看，阀节流损失减少，加热燃料量下降；热油温度低，烟道气能量损失也可减少。这样，能节省不少无谓的能量损失。

系统的动作过程可简单分析如下：当塔内温度升高时，T_1C 的动作使热油阀 V_2 先被关小。与此同时，VPC 动作，其输出变化使 T_2C 的给定值降低。T_2C 动作，把燃料油阀 V_1 关小，减少燃料油量，使加热炉出口热油温度也随之下降，于是热油阀 V_2 又打开，压降减少。如此的工作过程，最终结果在使塔内温度调到工艺设定的给定值时，VPC 把 T_2C 的给定值改变，直到满足热油阀 V_2 90% 开度时的最低热油温度值。

（3）能量的综合利用控制方案

在通常的精馏过程中，塔釜再沸器需要用热剂加热，而塔顶冷凝器又要用冷剂除热，两者均需消耗能量，可否从根本上改变这一状况，从理论上来说是完全有可能的，有两种方法。

① 把塔顶的蒸汽作为本塔塔底的热源。但由于塔顶蒸汽的冷凝温度低于塔底液体的沸腾温度，热量不能由低温处直接向高温处传递，解决的办法是采用热泵技术。

② 在几个塔串联成塔组时，用上一塔的蒸汽作为下一塔的热源。但必须要求上塔塔顶温度远高于下塔塔底温度，并设置有效的控制方案，消除这种工艺流程带来的两塔间关联影响。

以上两种方法的具体实施，限于篇幅，本书不一一列举，可查阅有关书刊。

12.5.5 精馏塔的最优控制

所谓精馏塔的最优控制，是指在产品质量保证一定规格的前提下，综合某些要求，规定一种明确的指标，并使其达到最优。对于精馏过程来说，最优化等级可分为三级：单塔最优化、装置（机组）最优化、全厂（车间）最优化。一般来说，最优化级别越高，包含的环节越多，问题越复杂，达到稳定的最优状况可能性就越小。在干扰频繁的情况下，甚至永远达不到最优控制目标。因此，实现单塔或局部的最优可能性最大，而且也是高一级最优控制的基础。

实现最优化的两个关键是：确定目标函数，决定最优控制的方法。

（1）目标函数

在多数情况下，最优化的目标函数主要从经济上来考虑，一般选用利润函数、亏损函数或成本函数。例如利润函数为：

$$\$ = \sum P\nu_P - \sum F\nu_F - \sum QC \tag{12-14}$$

式中　P——单位时间成品的产量；

　　　ν_P——成品的单价；

　　　F——单位时间内原料的进料量；

　　　ν_F——原料的单价；

　　　Q——单位时间消耗的能源（热、冷剂）；

　　　C——能源的单价。

又如成本函数为：

$$\frac{\$C}{F} = (\nu_D - \nu_B)\frac{Bx_B}{F} + C\frac{Q}{F} \tag{12-15}$$

式中　F——单位时间内原料的进料量；

　　　B——塔底成品单位时间的采出量；

　　ν_D、ν_B——塔顶、塔底成品的单价；

x_B——塔底采出成品中轻组分含量;

Q——单位时间消耗的能源;

C——能源的单价。

式(12-15)所表示的成本函数,其中塔顶馏出成品 D 的单价要比塔底采出成品 B 高,也就是 $\nu_D > \nu_B$。Bx_B 即为从底部采出的、不能在顶部收回的轻组分,于是 $(\nu_D-\nu_B)\dfrac{Bx_B}{F}$ 表示了单位进料中轻组分成品的价值损失。$C\dfrac{Q}{F}$ 为单位进料的能量成本。

(2)最优控制的实现方法

一般来说,最优控制的实现方法有搜索法和模型法两类,前者采用反馈的方法,后者则是前馈的方法。

单纯的搜索法不适用于精馏塔的最优控制。首先由于精馏过程滞后大,每步搜索后必须等精馏塔变量变化后才能做出对下一步搜索的判断。这样,整个搜索过程就要花费很长的时间。同时,要保证搜索判断的正确性,每步搜索之间不允许有进一步的扰动,但精馏塔是一个多变量对象,扰动因素多且干扰是随机的,这就影响搜索判断的精确性。模型法在精馏中的应用同样受到局限,因为模型法的精确在于被控过程的数学模型的精度,这一点对于精馏过程来说也是较难得到的。

精馏塔的最优控制往往是把搜索法与模型法两者结合起来进行。先建立近似模型,在计算机上离线搜索试差,充分发挥数字模拟快速搜索的优点。然后把离线搜索的结果放到精馏塔上进行在线搜索,获得适应实际过程的最优化搜索结果。通常精馏塔的动态最优较少采用,这是由于精馏塔的动态模型十分复杂,实现动态最优误差大,而且计算工作量极大,需采用昂贵的大容量计算机。一般情况下以静态模型的最优加以必要的动态补偿。

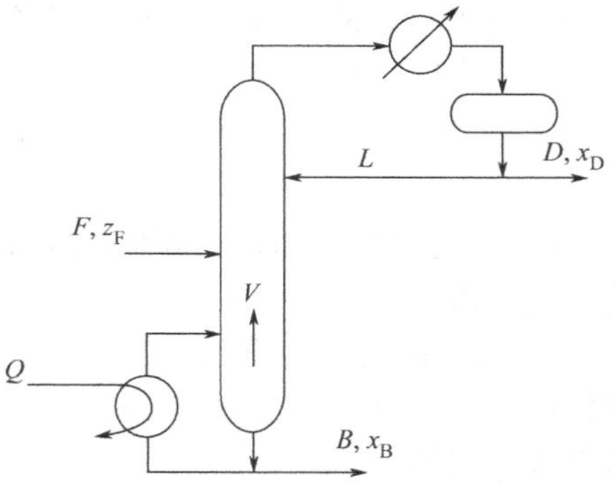

图 12-34　二元精馏过程

(3)静态最优示例

现以图 12-34 所示的二元精馏过程为例,说明静态最优是如何求得的。

① 建立静态数学模型　根据 12.1.1 节所述,由二元精馏的物料平衡、能量平衡关系可得其静态数学模型为:

$$\frac{B}{F}=\frac{x_D-z_F}{x_D-x_B} \tag{12-16}$$

$$\frac{V}{F}=\beta\ln\frac{x_D(1-x_B)}{x_B(1-x_D)} \tag{12-17}$$

② 确定目标函数　取成本函数为本例的目标函数:

$$\frac{\$C}{F}=(\nu_D-\nu_B)\frac{Bx_B}{F}+C\frac{Q}{F} \tag{12-18}$$

成本函数表达式(12-18)中的 Q 可表示成:

$$Q=VH_V \tag{12-19}$$

式中　V——单位时间上升蒸汽量;

H_V——混合物平均蒸发潜热。

把式(12-19)代入式(12-18)可得：

$$\frac{\$ C}{F}=(\nu_{\mathrm{D}}-\nu_{\mathrm{B}})\frac{Bx_{\mathrm{B}}}{F}+CH_{\mathrm{V}}\frac{V}{F} \tag{12-20}$$

③ 把静态数学模型代入目标函数中　把式(12-16)、式(12-17)代入式(12-20)中，可得此时的目标函数：

$$\frac{\$ C}{F}=(\nu_{\mathrm{D}}-\nu_{\mathrm{B}})\frac{(x_{\mathrm{D}}-z_{\mathrm{F}})x_{\mathrm{B}}}{(x_{\mathrm{D}}-x_{\mathrm{B}})}+CH_{\mathrm{V}}\beta\left(\ln\frac{x_{\mathrm{D}}}{1-x_{\mathrm{D}}}+\ln\frac{1-x_{\mathrm{B}}}{x_{\mathrm{B}}}\right) \tag{12-21}$$

④ 对目标函数求极值　在此目标函数中，x_{D} 为一定值(因塔顶成品的质量要求较高，故设置质量控制保证 x_{D} 一定)，ν_{D}、ν_{B}、C 分别为常数，β、H_{V} 在塔压一定时基本不变，则在不同的 z_{F} 下，$\$ C/F$ 仅仅是 x_{B} 的函数。所以要求目标函数的极值，可以采用求导的方法，即式(12-21)对 x_{B} 求导并化简得：

$$\frac{\mathrm{d}(\$ C/F)}{\mathrm{d}x_{\mathrm{B}}}=(\nu_{\mathrm{D}}-\nu_{\mathrm{B}})\frac{x_{\mathrm{D}}(x_{\mathrm{D}}-z_{\mathrm{F}})}{(x_{\mathrm{D}}-x_{\mathrm{B}})^{2}}-\frac{CH_{\mathrm{V}}\beta}{x_{\mathrm{B}}(1-x_{\mathrm{B}})} \tag{12-22}$$

令式(12-22)为零，求得成本函数 $\$ C/F$ 为最小时最优 x_{B0} 值的函数关系式，即求出 $\$ C/F$ 趋于最小时的 x_{B0}：

$$\frac{x_{\mathrm{B0}}(1-x_{\mathrm{B0}})}{(x_{\mathrm{D}}-x_{\mathrm{B0}})^{2}}=\frac{CH_{\mathrm{V}}\beta}{(\nu_{\mathrm{D}}-\nu_{\mathrm{B}})x_{\mathrm{D}}(x_{\mathrm{D}}-z_{\mathrm{F}})} \tag{12-23}$$

⑤ 求出 x_{B0} 的近似关系式　当塔顶、底的产品都比较纯的时候，可近似认为 $x_{\mathrm{D}}\approx1$，$x_{\mathrm{B}}\approx0$，则 $1-x_{\mathrm{B0}}\approx1$，$(x_{\mathrm{D}}-x_{\mathrm{B0}})^{2}\approx(1-0)^{2}\approx1$。于是式(12-23)可近似表述为：

$$x_{\mathrm{B0}}\approx\frac{CH_{\mathrm{V}}\beta}{(\nu_{\mathrm{D}}-\nu_{\mathrm{B}})x_{\mathrm{D}}(x_{\mathrm{D}}-z_{\mathrm{F}})} \tag{12-24}$$

由式(12-24)可知，只要把塔底成品 x_{B} 控制在 x_{B0}，就能使精馏操作的成本函数 $\$ C/F$ 趋于最小值。

⑥ 最优控制的实施原理图　图 12-35 为精馏塔静态最优控制的实施原理图，其中 x_{B0} 的优化计算按式(12-24)进行。塔釜产品的质量控制系统给定值 x_{B0} 就是根据静态最优的计算结果来设定的。

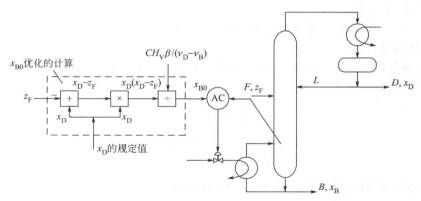

图 12-35　精馏塔静态最优控制实施原理图

本章思考题及习题

12-1　精馏塔控制的要求是什么？

12-2 影响精馏塔操作的因素有哪些？它们对精馏操作有什么影响？

12-3 什么是物料平衡参数？是哪几个？什么是能量平衡参数？又是哪几个？

12-4 什么情况下采用精馏段温控？什么情况下采用提馏段温控？

12-5 何谓精馏段？何谓提馏段？

12-6 精馏塔为什么要有回流？回流比大小对精馏过程操作有什么影响？

12-7 何谓物料平衡控制？何谓能量平衡控制？

12-8 试绘出一个主要产品在塔顶的能量平衡控制方案。

12-9 试绘出一个主要产品在塔底的物料平衡控制方案。

12-10 在乙烯工程中有一绿油吸收塔，其釜液作为脱乙烷塔的回流。正常情况下为保证脱乙烷塔的正常操作，采用流量定位控制。一旦绿油吸收塔液位低于 5% 的极限，为保证绿油塔的正常操作，需即时改为按绿油吸收塔液位来进行控制。为此设计了图 12-36 所示的选择性控制方案。试分析确定该系统中控制阀的开闭形式、控制器的正反作用以及选择器的类型。

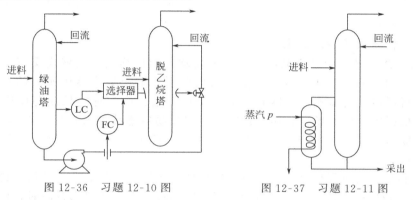

图 12-36 习题 12-10 图 　　　图 12-37 习题 12-11 图

12-11 图 12-37 所示精馏塔再沸器采用蒸汽进行加热，进料量为 F，为保证塔底产品质量指标，要求对塔底温度进行控制，但是由于受到前面工序的影响，F 经常发生波动，又不允许对其进行定值控制。在这种情况下，你认为应该采用何种控制方案为好？画出系统的结构图与方块图，选择控制阀的开闭形式及控制器的正反作用。

如果供给的蒸汽压力也经常波动，又应采取何种控制方案？画出系统的结构图与方块图。

12-12 某精馏塔进料 F 经废热回收装置后为液相，但继而经加热器后变为气、液两相进入精馏塔，如图 12-38 所示。工艺要求为保证塔的稳定操作，需恒定进料热焓。试设计一进料热焓控制系统（设载热体 F_s 进加热器前是汽相，经加热器释热后完全冷凝成同温度的液相，无显热变化）。

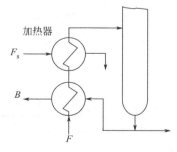

图 12-38 习题 12-12 图

第 13 章 化学反应器的控制

13.1 化学反应器概述

化学反应器在石油、化工生产中占有很重要的地位。它的重要性体现在两个方面：首先，它是整个石油、化工生产中的龙头，提高产率，减少后处理的负荷，从而降低生产成本，这一切化学反应器起着关键作用；其次，化学反应器经常处在高温、高压、易燃、易爆条件下进行反应，且许多化学反应伴有强烈的热效应，因此整个石油、化工生产的安全与化学反应器密切相关。

13.1.1 化学反应器的类型

① 按反应器的进出物料状况，可以分为间歇式和连续式。间歇式反应器是将反应物料分次或一次加入反应器中，经过一定反应时间后，取出反应器中所有的物料，然后重新加料再进行反应。间歇式反应器通常适用于小批量、反应时间长或对反应全过程的反应温度有严格程序要求的场合。连续式反应器则是物料连续加入，反应连续不断地进行，产品不断地取出，是工业生产中最常用的一种。一些大型的、基本化工产品的反应器都采用连续的形式。

② 从物料流程的排列来分，可分为单程与循环两类。按照单程的排列，物料在通过反应器后不再进行循环，如图 13-1(a)所示。当反应的转化率和产率都较高时，可采用单程的排列。如果反应速度较慢，或受化学平衡的限制，物料一次通过反应器，转化很不完全，则必须在产品进行分离之后，把没有反应的物料循环与新鲜物料混合后，再送入反应器进行反应，这种流程称为循环流程，如图 13-1(b)所示。需要指出的是，在进料中若含有惰性物质，则在多次循环后，惰性物将在系统中大量积聚，影响进一步的反应，为此需把循环物料部分放空。循环反应器有时也有溶剂的循环，或某些过于剧烈的化学反应，需在进料中并入一部分反应产物。

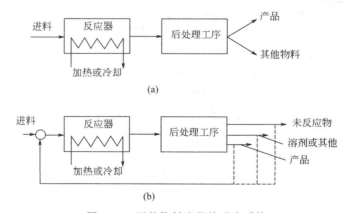

图 13-1 两种物料流程的反应系统

③ 如从反应器的结构形式来分类，可以分为釜式、管式、塔式、固定床、流化床反应器等多种形式，如图 13-2 所示。

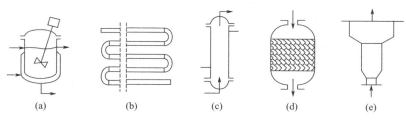

图 13-2 反应器的几种结构形式

图 13-2 中，(a)为连续聚合釜，釜式反应器也有间歇操作的；(b)为管式结构反应器，实际上就是一根管道；(c)为塔式反应器，从机理上分析，塔式反应器与管式反应器十分相似；固定床反应器是一种比较古老的反应器，如图 13-2(d)所示；为了增加反应物之间的接触，强化反应，可以将固相催化剂悬浮于流体之中，成为流化床反应器，如图 13-2(e)所示。

④ 从传热情况分，可分为绝热式反应器和非绝热式反应器。绝热式反应器与外界不进行热量交换，非绝热式反应器与外界进行交换热量。一般当反应过程的热效应大时，必须对反应器进行换热，其换热方式有夹套式、蛇管式、列管式等。

13.1.2 化学反应器的控制要求

(1) 物料平衡控制

对化学反应器来说，从稳态角度出发，流入量应等于流出量，如属可能常常对主要物料进行流量控制。另外，在有一部分物料循环系统内，应定时排放或放空系统中的惰性物料。

(2) 能量平衡控制

要保持化学反应器的热量平衡，应使进入反应器的热量与流出的热量及反应生成热之间相互平衡。能量平衡控制对化学反应器来说至关重要，它决定反应器的安全生产，也间接保证化学反应器的产品质量达到工艺的要求。

(3) 约束条件控制

要防止工艺参数进入危险区域或不正常工况，为此，应当配置一些报警、联锁和选择性控制系统，进行安全界限的保护性控制。

(4) 质量控制

通过上述三项控制，保证反应过程平稳安全进行的同时，还应使反应达到规定的转化率，或使产品达到规定的成分，因此必须对反应进行质量控制。质量指标的选取，即被控变量的选择，可分为两类：取出料的成分或反应的转化率等指标作为被控变量；取反应过程的工艺状态参数(间接质量指标)作为被控变量。

现以丙烯聚合反应釜为例，说明这些控制系统的设置情况。图 13-3 为丙烯聚合反应的流程示意图。从图 13-3 中可以看出上述四个方面的控制。

① 物料平衡控制。镇定输入物料量：聚合反应的主要原料丙烯及 H_2、乙烯、乙烷分别设置流量定值控制。另外聚合反应物浆液采出有液位控制。

② 能量平衡控制。反应釜的釜温控制冷却水量，使进、出釜及反应生成热达到平衡。

③ 质量控制。在图中画出以气相出料中 H_2 含量为质量指标，组成 H_2 含量与加入 H_2 流量的串级控制系统，通过调整 H_2 的加入量，保持反映聚合反应进行好坏的气相中 H_2 含量为某给定值。此外，尚可设置熔融指数 M_1 的质量控制系统(在图中没有画出)。

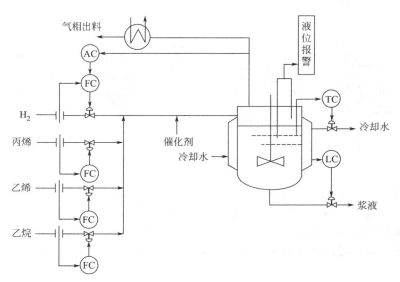

图 13-3　丙烯聚合反应工艺流程示意图

④ 约束条件控制。本工艺流程无爆炸危险，故控制较为简单。设有浆液液位报警系统，在釜内浆液液位过高、过低时发出报警信号。

13.2　反应器的特性

化学反应过程涉及物料、能量的平衡、反应动力学等，推导机理模型较为困难。本节将对一非绝热反应器的动态模型做简要介绍，目的在于了解过程模型的建立方法，并由此引申出反应器的热稳定性问题的分析。

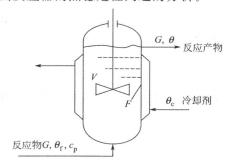

图 13-4　非绝热连续反应器

图 13-4 所示为一个非绝热连续反应器，反应器内进行的是放热反应，为了控制反应的温度，必须通过载热体（冷却剂）由夹套移去部分热量。现求取输入参数为冷却剂入口温度 θ_c，输出参数为反应物温度，即 $\theta_c \to \theta$ 通道的动态模型。

热量平衡关系（釜内的热量平衡）为：

$$\frac{\mathrm{d}Q}{\mathrm{d}t}（反应器内蓄热量的变化）$$

$$= Q_1（放出热量） - Q_2（除去热量） \qquad (13\text{-}1)$$

反应器内化学反应所产生的热量（单位时间）：

$$Q_1 = \frac{G}{\rho} x_0 y H \qquad (13\text{-}2)$$

式中　G——反应物的质量流量，kg/s；

ρ——反应物的密度，kg/m³；

x_0——反应物的浓度，mol/m³；

H——每摩尔的反应热，J/mol；

y——转化率。

在不考虑反应器热损失的前提下，由反应物和载热体冷却所带走热量的总和为：

$$Q_2 = G c_p (\theta - \theta_f) + KF(\theta - \theta_c) \qquad (13\text{-}3)$$

式中　θ_c——冷却剂入口温度；

　θ_f、θ——分别表示反应器的进料温度和出料温度（即反应器内的温度）；

　　c_p——反应物的比热容（假定随着反应进行，组分变化，而 c_p 为常数）；

　　K——载热体与反应器内物料总传热系数；

　　F——传热面积。

反应器内蓄热量的变化为：

$$\frac{\mathrm{d}Q}{\mathrm{d}t}=V\rho c_p\frac{\mathrm{d}\theta}{\mathrm{d}t} \tag{13-4}$$

式中，V 为反应器的容积。

把式(13-4)、式(13-3)、式(13-2)代入式(13-1)，即得反应器的动态方程式为：

$$V\rho c_p\frac{\mathrm{d}\theta}{\mathrm{d}t}=\frac{Gx_0H}{\rho}y-KF(\theta-\theta_c)-Gc_p(\theta-\theta_f) \tag{13-5}$$

将方程式(13-5)进行增量化，$\Delta\theta_f=0$，得：

$$V\rho c_p\frac{\mathrm{d}(\Delta\theta)}{\mathrm{d}t}=\frac{Gx_0H}{\rho}\Delta y-KF(\Delta\theta-\Delta\theta_c)-Gc_p\Delta\theta \tag{13-6}$$

对式(13-6)消去中间变量 Δy，并进行线性化处理：

$$y=(\theta,x)$$

对本系统，假定 x 变化很小，即 $x=x_0$，则 $\Delta y=\left(\dfrac{\partial y}{\partial\theta}\right)_{x_0}\Delta\theta$。由于在小范围内 $\left(\dfrac{\partial y}{\partial\theta}\right)_{x_0}$ 为常数 K_y，则把 y 与 θ 的非线性关系经线性化近似后变为：

$$\Delta y\approx K_y\Delta\theta \tag{13-7}$$

把式(13-7)代入式(13-6)可得：

$$V\rho c_p\frac{\mathrm{d}(\Delta\theta)}{\mathrm{d}t}+\left(KF+Gc_p-\frac{Gx_0H}{\rho}K_y\right)\Delta\theta=KF\Delta\theta_c \tag{13-8}$$

对微分方程式(13-8)经拉氏变换得：

$$\frac{\Theta(s)}{\Theta_c(s)}=\frac{K_p}{T_ps+1} \tag{13-9}$$

式中

$$K_p=\frac{KF}{KF+Gc_p-\dfrac{Gx_0H}{\rho}K_y}$$

$$T_p=\frac{V\rho c_p}{KF+Gc_p-\dfrac{Gx_0H}{\rho}K_y}$$

由此可见，这个非绝热反应器关于 $\theta_c\rightarrow\theta$ 通道的动态特性可以用一个一阶微分方程来描述，其传递函数是一个一阶滞后环节。在推导过程中忽略了反应器夹套间壁热容量，且假定釜内温度的分布是均匀的，因此简化为一个集中参数的对象。

13.3　反应器的热稳定性分析

绝大部分的被控工业对象都具有稳定性，是一个开环稳定的对象。然而，反应器的情况不一样，化学反应过程常伴有强烈的热效应，有的是吸热，也有的是放热。对于吸热效应的对象，如果因外扰使反应器内温度升高，则随之反应速度将加快，吸热效应加强，使反应器内温度回降。所以吸热效应的反应过程，对于温度的变化，对象本身具有负反馈性质，其开环特性是稳定的，与通常具有自衡的对象有相似的特性。但对于具有放热效应的对象，情况完全相反。同样因外扰使反应器内温度升高，随着反应速度的加快，释放的热量也迅速增多，最终导致温度不断上升。因此，对于这种具有正反馈性质的放热反应器，在外扰作用下，温度的变化将向两个极端方向发展。一种如上面所分析的，温度一直上升，最终使反应急速终了；另一种如果外扰先引起反应器温度下降，则温度不断下降，直到反应停止。不少高分子聚合过程的情况就是如此，对于这样的放热反应过程，如果没有适当的换热措施，将是一个开环不稳定的对象。

13.3.1　反应器静态工作点的热稳定性

为了进一步分析反应器的热稳定性问题，现以图 13-4 所示的非绝热连续反应器为例加以说明。

由式(13-2)可知，化学反应的生成热 Q_1 与转化率 y 成正比，因此，在某一停留时间下 Q_1-θ 曲线如图 13-5 中虚线所示，其与 y-θ 曲线有相似的形状，即曲线的下半部分是由平变陡，这是由于反应速度是随着温度的升高而加大，而且越来越大；而曲线的上半部分是由陡变平，这是由于反应已接近完成，再增高温度将不起多大作用。所以 Q_1-θ 曲线呈 S 形。

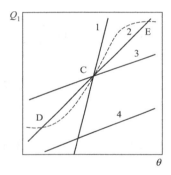

图 13-5　Q_1-θ 曲线

暂且假定反应器处于绝热状态，则由反应器流出的反应产物所带走的热量为：

$$Q'_2 = Gc_p(\theta - \theta_f) \tag{13-10}$$

方程式(13-10)在 Q-θ 平面上为一直线方程，其斜率为 Gc_p，θ 轴的初始点为 θ_f，如图 13-5 中所示。此时可有下列几种情况。

① 直线 1 的情况，反应器的操作是稳定的。Q_1-θ 与 Q'_2-θ 内线交于 C 点，热量达到平衡($Q_1 = Q'_2$)，因此，C 点是系统的静态工作点。当外扰作用使系统偏离工作点时，如使 θ 升高，Q'_2 的增大要大于 Q_1 的增大，也就是除热大于放热，则 θ 将会回落到静态工作点 C。同理，扰动使 θ 下降时，$Q_1 > Q'_2$，θ 也会回升到静态工作点 C。所以在这种情况下建立的静态工作点 C 是稳定的。

② 直线 2 的情况，它与放热曲线共有三个交点 C、D 和 E 点。对于工作点 C，当外扰使 θ 升高时，由于此时放热 Q_1 将大于除热 Q'_2，所以 θ 将继续上升；而当 θ 下降时，则因此时 $Q'_2 > Q_1$，将使 θ 不断下降，所以工作点 C 是不稳定的静态工作点，而 D、E 两个工作点，其情况与直线 1 时的 C 点一样，为稳定的静态工作点。所以在直线 2 的情况，一旦工作点 C 受到扰动，它将移动到新的稳定的静态工作点 E 或 D。

③ 直线 3 的情况，它与放热曲线只有一个交点 C，而这个静态工作点与直线 2 时的 C 点情况是相同的，为不稳定的静态工作点，当反应器在 C 点受到外扰后，不是温度不断上升，直至反应全部完成，就是温度持续下降，直到反应完全终止。

④ 直线 4 的情况，Q_1-θ 与 Q'_2-θ 两线根本不相交，不存在任何静态工作点。

如果改为非绝热状态，则由式(13-3)可知，移去的热量为：

$$Q_2 = Gc_p(\theta - \theta_f) + KF(\theta - \theta_c)$$

这样 Q_2-θ 直线的斜率变得陡些，从而能使 Q_2-θ 直线和 Q_1-θ 曲线之间的相互关系，从上述的④变成③或②的情况，直至①的情况，提高了稳定性。

13.3.2　开环不稳定、闭环稳定的条件

式(13-9)描述了一个非绝热式反应器的动态特性，其 $\theta_c-\theta$ 通道的特性为

$$C_p(s) = \frac{K_p}{T_p s + 1}$$

其中

$$K_p = \frac{KF}{KF + Gc_p - \dfrac{Gx_0 H}{\rho} K_y}$$

$$T_p = \frac{V\rho c_p}{KF + Gc_p - \dfrac{Gx_0 H}{\rho} K_y}$$

当 $KF + Gc_p < \dfrac{Gx_0 H}{\rho} K_y$ 时，上式中的 K_p、T_p 均为"－"值。此时，所组成的反应器温度控制系统如图 13-6 所示，其系统方块图为图 13-7。

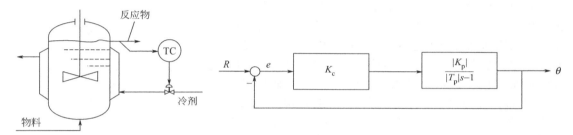

图 13-6　反应器温度控制系统　　　　图 13-7　反应器温度控制系统方块图

图 13-6 中被控过程反应器的动态特性 $G_p(s) = \dfrac{|K_p|}{|T_p| s - 1}$，其 $|K_p|$、$|T_p|$ 用绝对值形式表示，说明始终为"＋"值。

显然，$G_p(s)$ 为不稳定一阶滞后环节，其构成的开环传递函数为：

$$G_{开} = \frac{K_c |K_p|}{|T_p| s - 1}$$

同样不稳定。

对于开环不稳定的对象，构成闭环的反馈控制系统之后，由图 13-7 可见，闭环传递函数为：

$$\frac{\Theta(s)}{R(s)} = \frac{\dfrac{K_c |K_p|}{|T_p| s - 1}}{1 + \dfrac{K_c |K_p|}{|T_p| s - 1}} = \frac{K_c |K_p|}{|T_p| s - 1 + K_c |K_p|} \tag{13-11}$$

可以看出，此时闭环系统仍为一阶滞后环节。要使此一阶滞后环节为稳定环节，对式(13-11)必须满足下列条件：

$$K_c |K_p| - 1 > 0 \tag{13-12}$$

式(13-12)即为闭环系统的稳定条件。从闭环控制系统的稳定，可以导出对控制器 K_c 的要求为：

$$K_c > 1/|K_p| \tag{13-13}$$

式(13-13)是开环不稳定时闭环稳定的条件。也就是说，控制器 K_c 值有它的稳定下限，

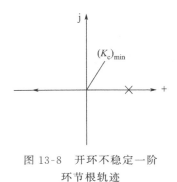

图 13-8　开环不稳定一阶
环节根轨迹

过小的 K_c 值反而会导致系统不稳定。这个结论与通常开环稳定的系统是正好相反的，这就是反应器控制中需注意到的例外情况。图 13-8 用根轨迹来论证这一结论。从图中可以看出，对于开环不稳定的一阶滞后环节，随着 K_c 的增大，根轨迹移动，逐步从不稳定的右半平面向稳定区接近，当根轨迹与虚轴相交于一点，也就是处于稳定与不稳定的边界状态这一点时，此时对应的 K_c 稳定下限为 $(K_c)_{min} = 1/|K_p|$。

需说明一点，上述结论是在假定开环特性为一阶的情况下得出的。在实际过程中，系统往往高于一阶，所以，此时要使不稳定的开环对象组成稳定的闭环控制系统，K_c 除了有稳定下限外，还将有一个稳定上限。即闭环系统的稳定条件为：

$$(K_c)_{min} < K_c < (K_c)_{max} \tag{13-14}$$

式(13-14)指出，控制器的 K_c 不仅有它稳定上限的边界 $(K_c)_{max}$，而且还有它的稳定下限 $(K_c)_{min}$。这个结论从物理意义分析是不难理解的。因为开环系统本身不稳定，是由于除热作用不够而造成的，故只有适当加强控制作用，提高除热强度，也就是适当加大 K_c，才有可能使系统在外扰作用下重新建立稳定状态。图 13-9 以一个开环三阶不稳定特性为例，从根轨迹图分析 $(K_c)_{min}$、$(K_c)_{max}$ 同时存在的情况。由图可见，随着 K_c 的增大，根轨迹变化逐步从不稳定的根平面右侧向虚轴接近，当根轨迹与虚轴相交时，对应的 K_c 为

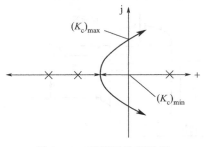

图 13-9　开环三阶不稳定
环节根轨迹

$(K_c)_{min}$。此后，根轨迹的变化是随着 K_c 增大，进入到稳定的根平面左侧，但当 K_c 增大到一定数值后，根轨迹又开始向虚轴接近，当 $K_c = (K_c)_{max}$ 时，根轨迹又一次与虚轴相交，然后随着 K_c 的增大，重新返回不稳定的根平面右侧。

像这种放大倍数只能处于一定范围内才能稳定的系统，有时也称为"条件性"稳定系统。由上面的讨论可以看出，反应器与其他典型单元操作具有不同的开环特性，因此，在设计反应器控制系统时，尤其是放热效应强的反应过程，必须考虑到热稳定性问题，采取有效的控制手段，确保系统的安全运行。

13.4　反应器的基本控制方案

化学反应器的种类很多，控制上的难易程度也相差很大。较为容易的控制与换热器相似，而对一些反应速度快、热效应强烈的反应器，控制难度就比较大。

化学反应器的控制要求，除了保证物料、热量平衡之外，还需进行质量指标的控制，以及设置必要的约束条件控制。关于反应器的质量指标控制，与精馏塔的质量指标选取类似：一种是直接的质量指标，常用出料的成分或反应的转化率等作为质量控制的被控变量；另一种以反应过程的工艺状态参数作为被控变量，其中温度是最常用的间接质量指标。

13.4.1　反应器的温度控制

反应器的基本控制方案中，温度控制是较为重要的。首先从热稳定性出发，温度的控制可以建立一个稳定的工作点，使反应器的热量平衡；同时，让反应过程工作在一个适宜的温

度上，以此温度间接反映质量指标的要求，并满足约束条件。

（1）绝热反应器的温度控制

绝热反应器由于与外界没有热量的交换，因此，要对反应器的温度进行控制，只能通过控制物料的进口状态来实现。所谓物料进口状态的控制，即控制物料的进口浓度 x_0、进料温度 θ_f 和负荷量 G。

① 进口浓度 x_0 的控制　以进口浓度 x_0 作为操纵变量来控制反应器温度，它的机理可从绝热反应器的热量平衡式中得出：

$$Gc_p(\theta-\theta_f)=\frac{Gx_0y}{\rho}H \qquad (13\text{-}15)$$

对式（13-15）整理可得：

$$\theta-\theta_f=\frac{x_0yH}{c_p\rho} \qquad (13\text{-}16)$$

由式（13-16）可知，当 θ_f 不变时，随着 x_0 的增大（放热 Q_1 增大），反应器温度 θ 也增大。

如果以图 13-5 中放热曲线和除热曲线的相对位置来说明控制机理，则 x_0 变化，除热曲线不变，而放热曲线随 x_0 的增大上移，工作点也上移，反应器的反应温度也随之升高。图 13-10所示说明了这一机理。

改变进口浓度 x_0 的常用方法有以下几种。

a. 改变主要反应物的量。如氨氧化的硝酸生产过程，常用改变主要反应物氨的量来调节进料浓度 x_0，从而控制反应温度 θ。

b. 改变已过量的反应物的量。如在一氧化碳变换的合成氨生产过程中，通过改变已过量的反应物水蒸气的量，达到控制变换炉内反应温度 θ。

c. 循环操作系统中改变循环量。如在氮氢合成的合成氨生产过程中，以改变循环气量来调节进料浓度 x_0，从而控制合成塔的反应温度 θ。

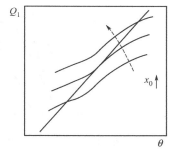

图 13-10　x_0 的变化引起
θ 的变化

d. 在均相催化反应中改变催化剂的量。如在高压聚乙烯的聚合反应中，改变催化剂量来调整进料浓度 x_0，控制聚合釜内反应温度 θ。

图 13-11 是甲烷化一段反应器温度控制系统。反应过程为一氧化碳与氢气反应，生成甲烷和水，其反应分子式为 $CO+3H_2=CH_4+H_2O$。原料气已经按 3∶1 调配好，通过三通控制阀进入甲烷化一段反应器，在触媒作用下进行甲烷化反应。该反应过程为放热化学反应过程，反应器为绝热反应器。

检测反应器内温度，与给定温度比较，根据偏差进行 PID 计算，控制器输出送给合流三通控制阀，通过增大或减小循环量改变反应器进口浓度 x_0，实现对反应器内温度的控制。

② 进料温度 θ_f 的控制　提高进料温度 θ_f，将使反应温度 θ 升高，这个控制机理由式（13-16）变形可得：

$$\theta=\theta_f+\frac{x_0yH}{c_p\rho} \qquad (13\text{-}17)$$

从式（13-17）中可以看出，在其他条件不变的情况下，随着 θ_f 升高，反应温度 θ 也升高。如果用除放热曲线的相对位置来说明，则随着 θ_f 的提高，除热曲线右移，工作点上移，

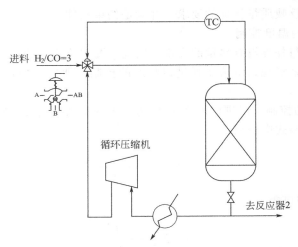

图 13-11　甲烷化一段反应器温度控制系统

反应温度 θ 升高，如图 13-12 所示。

　　改变进料温度 θ_f 的具体控制方案分别如图 13-13～图 13-15 所示。

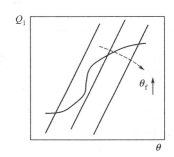

图 13-12　θ_f 的变化引起 θ 的变化

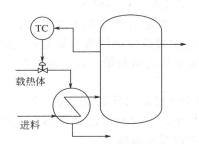

图 13-13　反应器入口温度控制方案之一

　　需要注意的是，采用图 13-14 的方案，进口物料与出口物料进行热交换，这是为了尽可能回收热量。对于这种流程，如果对进口温度不进行控制，则在过程中存在着正反馈作用。倘若反应器内温度已经偏低，那么在热交换后，进料温度亦会降低，而这又进一步使反应温度降低，可能成为恶性循环，最后使反应终止。这也是反应器的热稳定性问题。现采用进口温度的自动控制，就切断了这一正反馈通道。

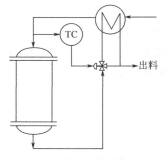

图 13-14　反应器入口温度控制方案之二

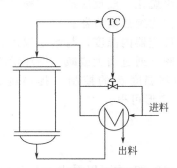

图 13-15　反应器入口温度控制方案之三

③ 改变负荷 G 负荷 G 的变化同样能用来控制反应温度 θ。它的机理是，随着负荷 G 增大，物料在反应器内的停留时间减少，导致转化率 y 下降，于是反应放热也减少，在除热不变的情况下，反应温度就降低。如果用放、除热曲线来说明，如图 13-16 所示。

在实际控制方案中，这种方法一般很少采用，其原因是负荷 G 经常变动，影响生产过程的平稳，并且用改变转化率 y 来控制 θ，经济效应较差。

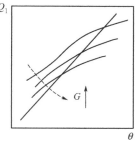

图 13-16 负荷变化改变 θ

（2）非绝热反应器的温度控制

由于非绝热反应器是在反应器上外加传热，因此，可以像传热设备那样来控制反应温度。控制方案中常应用分程控制和分段控制。

图 13-17 所示是较为典型的分程控制方案，已在分程控制系统讨论时探讨过。

图 13-18 所示为反应器的分段控制原理图。采用分段控制的主要目的是使反应沿最佳温度分布曲线进行，这样每段温度可根据工艺要求控制在相应的温度上。例如在丙烯腈生产中，丙烯进行氨氧化的沸腾床反应器就采用分段控制。

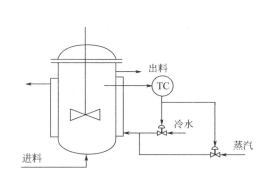

图 13-17 反应器的分程控制方案

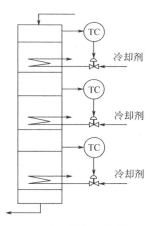

图 13-18 反应器分段控制原理图

在某些反应中，温度稍高，反应物会因局部过热造成分解、暴聚等现象。此时若为强放热效应的反应过程，热量不能及时除去，而且不能均匀地除去，上述现象就极易产生。采用分段控制对此问题也是有效的。

以上对反应器控制方案的介绍，主要是提出原则性的基本方案，因此方案中的系统均为单回路系统。在实际控制方案中，可以根据控制的要求，演化出各类复杂控制系统。例如对于采用夹套除热的釜式反应器，经常以载热体流量作为操纵变量，因其滞后时间较大，有时温度指标的控制质量难以满足工艺的要求，就引入串级控制方案。可以视扰动情况，分别采用反应温度对载热体流量的串级控制，反应温度对载热体阀后压力的串级控制，或是反应温度对夹套温度的串级控制等。图 13-19 即为反应温度对夹套温度的串级控制。

如果生产负荷（进料量）变化较大，可以采用以进料流量为前馈信号的控制系统。图 13-20 所示为反应器温度的前馈-反馈控制系统。

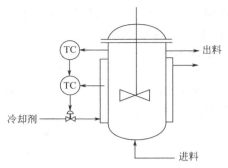

图 13-19　反应器串级控制系统

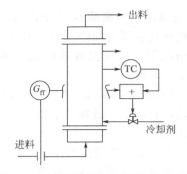

图 13-20　反应器前馈-反馈控制系统

13.4.2　反应器的进料流量控制

进料流量的控制是为了充分利用原料，保证各进料组分进入反应器的量适宜，且互相之间保持一定的比例，减小由于原料使用不充分造成经济损失。此外，进料流量尽可能稳定，有利于生产过程的平稳操作。

图 13-21 所示即为对各进料组分的流量分别进行定值控制。如其中某一物料流量不易进行控制时，可采用图 13-22 所示的定比值控制系统。

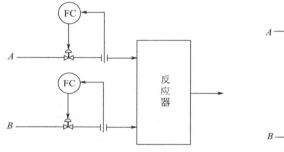

图 13-21　进料流量定值控制系统

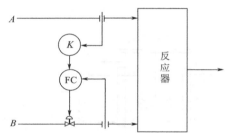

图 13-22　进料流量定比值控制系统

当进料浓度发生变化或因其他一些因素使进料组分之间的实际比例发生变化时，可采用变比值控制系统，用第三参数（成分信号或温度等间接质量指标）来校正进料组分的比率，如图 13-23 所示。

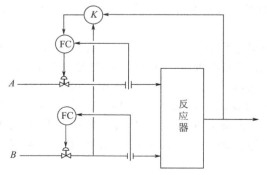

图 13-23　进料流量变比值控制系统

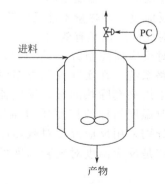

图 13-24　利用放空的压力进行控制

13.4.3　反应器的压力控制

当反应器内进行的是气相反应、氧化反应、氢化反应或高压聚合等反应过程时，经常需对反应器内的压力进行控制。此外，反应器内的压力与其温度之间有一定的关系，为得到较好的温度控制，有时也需要对反应器的压力进行控制。

反应器的压力可以通过放空来进行控制，如图 13-24 所示。但这样做一方面会浪费原料，而且也会污染环境。如果反应过程中有气相进料，则可调节这个气相进料来控制反应器的压力，如图 13-25 所示。此外，也可通过对反应气相或液相出料的调节，控制反应器内的压力，如图 13-26 所示。

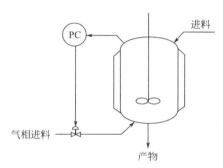

图 13-25　调节进料的压力控制

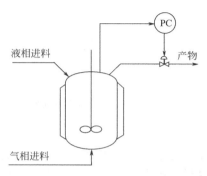

图 13-26　调节出料的压力控制

13.5　反应器的新型控制方案

13.5.1　聚合釜的温度-压力串级控制系统

对于一些聚合反应釜，由于容量大，反应放热效应强，而传热效果又较差，因此，要克服这类反应器的滞后特性，提高对其反应温度控制的精度，有时采用一般的单回路控制和串级控制尚难以满足工艺的要求。为此可采用图 13-27 所示的聚合釜温度-压力串级控制系统。

在这个聚合釜串级控制系统中，之所以采用釜内压力作为副参数，其意图是大部分聚合反应釜是一个封闭容器，压力改变实质上是温度变化的前奏，而压力的变化及其测量都要比温度来得快，这样以压力为副参数的串级控制系统能够及时感受到扰动的影响，提前产生控制作用，克服反应釜的滞后，从而提高了反应温度的控制精度。

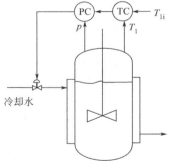

图 13-27　聚合釜温度-压力
串级控制系统

为了确保这种系统的有效性能，在系统设计前，应对反应器的日常操作数据进行分析，观察其压力与温度变化的规律。如果压力变化超前于温度的变化，则设置本控制系统有效。

13.5.2　具有压力补偿的反应釜温度控制

当对反应釜的温度测量精度要求很高时，有时可采用压力测量信号去补偿温度的测量，补偿后的控制质量可比一般串级方案更好。图 13-28 示出了具有压力补偿的温度控制系统。

图 13-28(a) 为控制系统的组成，其温度控制系统的测量信号 T_c 不是釜内的温度测量

值，而且经过釜压校正后的值。校正的计算装置如图 13-28(b)所示，由 RY_1 及 RY_2 两个运算装置组成。其中 RY_1 是计算温度的，运算式为：

$$T_c = ap + T_0 \tag{13-18}$$

而 RY_2 是校正计算值用的，其运算式为：

$$T_0 = b \int (T_1 - T_c) \mathrm{d}t \tag{13-19}$$

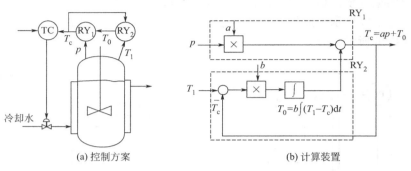

(a) 控制方案　　　　　　　(b) 计算装置

图 13-28　具有压力补偿的温度控制系统

压力补偿校正的思路是这样的：首先假定温度 T 与压力 p 具有如式(13-18)的线性关系，这样可根据压力计算出对应的温度值。实际上 T-p 之间存在非线性关系，所以再按非线性加以校正。由于压力、温度关系改变得比较缓慢，故可按式(13-19)进行逐步校正。

这种具有压力补偿的反应温度控制，对于大型的聚合釜特别有效，在使用中可把它同反应釜釜温与夹套温度串级控制相结合，组成如图 13-29 所示的控制系统。

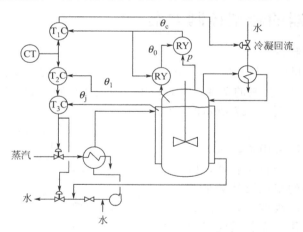

图 13-29　具有压力补偿的 θ_1-θ_j 串级控制系统

在这一控制方案中，根据反应过程的要求，由程序给定器 CT 送出温度变化规律。开始阶段，反应釜夹套中的循环水用蒸汽加热，使反应釜升温，然后在循环水中加入冷水，在釜顶部应用冷凝回流对反应釜除热，使釜内反应温度按程序要求变化。其中，T_1C 温度控制器的测量信号采用有压力补偿的温度计算值，而 T_2C 与 T_3C 两个温度控制器组成通常的釜温 θ_1 对夹套温度 θ_j 的串级控制系统，它以分程方式控制蒸汽阀与冷水阀。

图 13-30 表示了有压力补偿和无压力补偿的情况。釜温控制的结果从图中可明显看出，有压力补偿后，对程序的跟踪响应较好，图中虚线为理想时序曲线。

13.5.3　变换炉的最优控制

在合成氨生产中，变换工序是一个重要环节。在变换炉中，把合成氨原料气中的 CO 变换成有用的 H_2，这样不仅提高了原料气中的含氢量，而且除去了对后工序有害的 CO 含量。在变换炉中完成下列变换反应：

$$CO + H_2O \uparrow \longrightarrow CO_2 + H_2 + 热量$$

变换炉的工艺流程示意图如图 13-31 所示。由于变换反应是一个放热反应，所以利用废热锅炉来回收热量。变换炉反应温度的控制，在本流程中是通过对废热锅炉的旁路控制反应物料的入口温度来实现的。

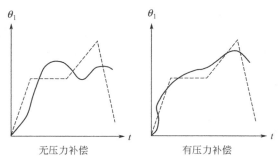

图 13-30　压力补偿的温度控制系统

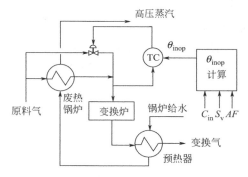

图 13-31　变换炉的最优控制系统

实现变换炉的最优控制，其控制目标为变换气中 CO 浓度 y_{CO}，操纵变量为 θ_{in}（变换炉入口气体温度），其他主要扰动因素分别是 C_{in}（入口气体的组分）、S_v（流速）、AF（触媒老化程度）等。图 13-32 表示了这三者的关系。

根据图 13-32 可建立过程的数学模型，即控制目标 y_{CO} 与 θ_{in}、C_{in}、S_v、AF 之间的函数关系：

$$y_{CO}=f_1(\theta_{in}, C_{in}, S_v, AF) \qquad (13\text{-}20)$$

最优目标为：

$$y_{CO}=(Y_{CO})_{min} \qquad (13\text{-}21)$$

式(13-21)的含义是使变换气中 CO 的含量达最小。

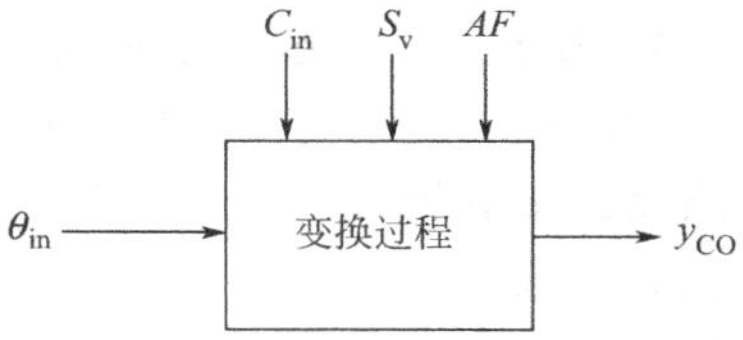

根据最优目标的要求，可从式(13-20)按最优化方法（模型法）求出最优控制作用 θ_{inop}：

$$\theta_{inop}=f_2(C_{in}, S_v, AF) \qquad (13\text{-}22)$$

图 13-32　变换过程的数学模型

式(13-22)即为控制模型，但是一个非线性的模型，为此要进行线性化处理，得到近似的线性控制模型：

$$\Delta\theta_{inop}=\frac{\partial f_2}{\partial C_{in}}\Delta C_{in}+\frac{\partial f_2}{\partial S_v}\Delta S_v+\frac{\partial f_2}{\partial AF}\Delta AF$$
$$=K_1\Delta C_{in}+K_2\Delta S_v+K_3\Delta AF \qquad (13\text{-}23)$$

按照式(13-23)的线性控制模型，可以实现计算机的 SPC 控制，即带最优目标函数的设定值控制，如图 13-31 所示。其中把 C_{in}、S_v、AF 的信息输入 θ_{inop} 计算装置，在计算装置中按式(13-23)求出 θ_{inop} 值，作为 TC 控制器的给定值，实现静态最优控制。这个系统就其实质看，是一种多变量的前馈控制系统，由三个前馈扰动量计算最优的 θ_{in} 的给定值。

13.5.4　连续搅拌槽反应器的自适应控制

图 13-33 所示的连续搅拌槽反应器，可以在一般的反馈控制系统上叠加一个自适应控制回路，构成如图 13-34 所示的模型参考型自适应控制系统。

图 13-34 所示自适应控制系统，其目的是在扰动作用下，

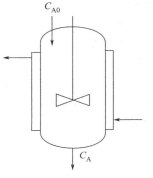

图 13-33　连续搅拌槽反应器

根据反应器的输出 C_A（反应生成物组分）和参考模型的输出 C_m，计算出偏差 $e(t)=C_A(t)-C_m(t)$，然后使性能指标 $J=\int_0^t e^2(t)\mathrm{d}t$ 尽量小，求得 K_c 的最优值。调整 K_c，使被控变量尽量接近参考模型的输出，也就是尽量接近预期的品质。

图 13-35 所示是这个自适应控制系统在反应原料组分、冷却温度及催化剂活性等扰动作用下，与未采用自适应控制时的控制质量指标 ISE 的对比，显然自适应控制的 ISE 要小得多。

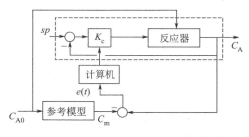

图 13-34　模型参考型自适应控制系统

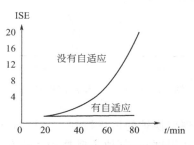

图 13-35　ISE 对比时间曲线

13.5.5　乙烯裂解炉的先进控制

裂解反应是在高温条件下进行的吸热反应，通常通过燃烧燃料来产生热量，供给反应所需热能。影响裂解反应的主要因素为反应温度、反应时间和稀释蒸汽量，因此，裂解炉的基本控制方案应包含三个控制系统：裂解气出口温度控制、原料油流量控制和稀释蒸汽流量控制。

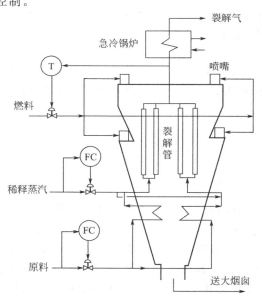

图 13-36　裂解炉基本控制方案

裂解炉的生产流程及基本控制方案如图 13-36 所示。

（1）裂解气出口温度控制

当原料油流量和稀释蒸汽流量稳定时，裂解质量主要取决于反应温度，然而裂解管的不同位置反应温度是不同的，因此通常选定裂解气出口温度作为被控变量，燃料量作为操纵变量组成裂解质量的控制系统。

（2）原料油流量控制

原料油流量的变化不仅影响反应温度，也影响反应的时间，所以在工艺允许的情况下，设置原料油流量控制是必要的。

（3）稀释蒸汽流量控制

为减少裂解管结焦以及提高乙烯的收率，需按一定比例将蒸汽混入原料油。当原料油流量已定值控制时，采用稀释蒸汽流量控制，在保证蒸汽量稳定的同时，也确保了原料油和蒸汽量的一定配比。

裂解炉的基本控制方案适用于小型的乙烯裂解炉，而且这三个控制系统也是原则性的方案，在具体实施时尚需做必要的调整。例如裂解气出口温度控制，由于燃料要通过燃烧加热炉膛，再加热裂解管后才影响到裂解气出口温度，控制通道的时间常数较大，有时就不能满足工艺的控制要求。此时可用串级控制方案，如组成裂解气出口温度与燃料流量的串级控制系统。

基本控制方案对于一些大型乙烯生产装置，很难满足控制要求。例如，大型裂解炉内有多组裂解管，由于制造、安装、结焦等情况不同，各组裂解管的加热、反应情况均不同，形成裂解管出口温度的不均匀性。裂解气出口温度是各裂解管出口温度的平均温度，光把它控制住，并不能满足工艺上要求的各组炉管的温差控制在一个允许的范围内。因此，简单的裂解气出口温度控制是难以达到工艺提出的控制要求。随着控制技术的发展，适用于大型乙烯生产装置的新型控制方案应运而生。

现以国内某乙烯生产装置中，一台年产 10 万吨乙烯的裂解炉控制方案为例，简介乙烯裂解炉的先进控制方案。

这台裂解炉的生产流程概括如下：原料烃分 6 路进入裂解炉对流段上部预热管，稀释蒸汽分 6 路进入对流段下部预热管，进入各组炉管的烃原料和稀释蒸汽均在流量控制下按比例进入裂解炉，汽/烃比在不同进料情况下不同。原料烃与稀释蒸汽在对流段下部预热管混合后进入辐射段，得到的裂解气从辐射段出口出来。裂解炉辐射段出口共有 6×4 组炉管，4 组合为一组，裂解气分 6 路，分别进入 6 台废热锅炉，从废热锅炉出来的裂解气再经冷却器用油喷淋，冷至 210℃，然后汇入总管去汽油分馏塔。生产流程如图 13-37 所示。

裂解炉总体控制方案主要包含四个方面的控制：平均炉管出口温度控制；炉管汽/烃比在线自校正控制系统；炉管出口温度均衡控制和裂解炉生产负荷控制系统；汽包液位的控制。下面结合图 13-37 介绍这四个方面的控制。

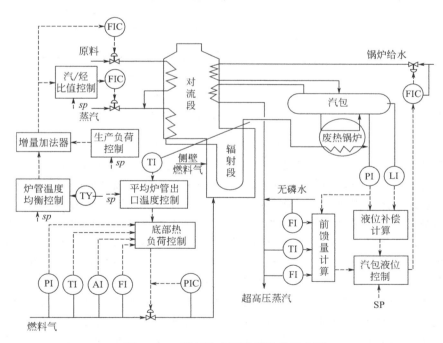

图 13-37　裂解炉主要控制流程示意图

① 平均炉管出口温度控制　选择裂解炉 6 组炉管平均温度作为关键的被控变量，即串级系统的主参数，该串级控制系统如图 13-38 所示。由于设置了燃料气流量补偿算法和热值（燃料气组分）输入，此控制系统副回路不但能迅速克服燃料气流量的干扰，且能克服燃料气

压力、温度、热值的干扰，主控制回路则抑制其他干扰，保证平均炉管出口温度的稳定。

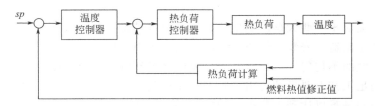

图 13-38　平均炉管出口温度控制系统示意图

由于底部燃料气供应 85％的总燃料燃烧热负荷，其余 15％则由炉膛侧壁燃烧器提供，所以温度控制器只和底部燃料气的热负荷控制器串级，而侧壁燃料气控制设定值大致固定，保证底部和侧壁热负荷的分配。

② 炉管汽/烃比在线自校正控制系统　汽/烃比值控制系统的作用是控制裂解炉原料烃和稀释蒸汽的流量比值，它直接影响裂解炉的操作周期和裂解产品收率。根据各组炉管进料流量及给定的汽/烃比，通过计算机求出各组炉管蒸汽流量控制器的设定值，调节蒸汽流量使各组炉管汽/烃比保持在设定值，以减少炉管结焦，保证安全操作和经济合理地利用稀释蒸汽。为此，每组炉管设置一套比值控制系统，其控制系统如图 13-39 所示。该比值系统的汽/烃比值可由操作人员设定，当烃进料流量设定值根据工艺(炉管温度均衡及生产负荷控制需要)变动时，稀释蒸汽流量设定值能动态跟踪变化，保持适宜的汽/烃比值。

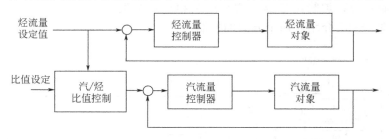

图 13-39　汽/烃比值控制系统

③ 炉管出口温度均衡控制和裂解炉生产负荷控制系统

a. 炉管出口温度均衡控制。在裂解生产过程正常运行时，要求各组炉管出口温度间的差值不得超过某个上限值，如各组炉管出口温度差值过大，则温度低的不能充分裂解，温度高的物料会容易结焦，阻塞管道，并使炉管弯曲变形。尽管裂解炉结构设计时，各组炉管和燃料气的燃烧喷嘴的位置是几何对称的，但实际上由于各喷嘴燃料气和送风量不均衡等原因而出现"偏火"，致使进入各组炉管的原料在炉内吸收热量不均衡，导致各组炉管出口温度不均衡。因此，须采用出口温度均衡控制，以 6 组炉管平均温度为基准，对每组炉管烃流量控制器的设定值进行再分配，使每组炉管的出口温度与平均炉管出口温度之差最小。

b. 裂解炉生产负荷控制。当某组炉管进料量因温度均衡控制而改变后，可通过自动调整其他几组炉管烃流量控制器的设定值，以补偿该组炉管进料量的变化。负荷控制器的被控变量为经求和模块求出的烃进料总量，通过与其设定值的比较，自动调整烃的总进料量，从而达到控制烃进料总量缓慢趋向不变的目的。系统原理图如图 13-40 所示。炉管温度均衡控制器的测量值为单根炉管出口温度与平均炉管出口温度之差(经 TY 运算)。炉管烃进料流量控制器接受炉管温度均衡控制与生产负荷控制器输出增量之和(经 FY 增量加法运算)作为其设定值。sp_1 为炉管温度均衡控制器设定值，通常设定为 0，sp_2 为总进料量设定值。

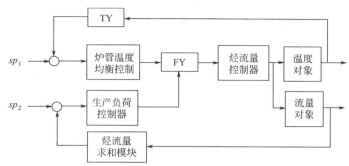

图 13-40　出口温度均衡及生产负荷控制示意

　　④ 汽包液位的控制　汽包内锅炉给水通过下降管进入到 6 台废热锅炉，以热虹吸方式汽化产生蒸汽。水和蒸汽混合物通过废热锅炉两根上升管再返回到蒸汽汽包内，在蒸汽汽包内进行汽液相分离。分离后的蒸汽经过再换热等过程产生超高压蒸汽供生产使用。汽包液位控制对锅炉及蒸汽用户(如蒸汽透平机)的平稳安全运行有极为重要的作用。从图 13-37 裂解炉主要控制流程示意图已清楚表明，汽包液位的控制采用前馈与串级控制组成的复合控制系统，能有效克服"虚假液位"、蒸汽负荷和锅炉给水的扰动，这在本书第 11 章中有详细分析。

本章思考题及习题

13-1　按结构形式来分反应器主要有哪些类型？

13-2　何谓化学反应速度？影响化学反应速度的因素有哪些？它们是如何影响的？

13-3　何谓化学平衡常数？影响化学平衡常数的因素有哪些？它们是如何影响的？

13-4　化学反应器的数学模型是在哪些基本规律的基础上推导出来的？

13-5　化学反应器控制的目标和要求是什么？

13-6　化学反应器最常用的控制方案有哪些？

13-7　化学反应器被控变量如何选择？可供选择作为操纵变量的有哪些？

13-8　化学反应器以温度作为控制指标的控制方案主要有哪几种形式？

13-9　为什么吸热化学反应对象自身是稳定的，而放热化学反应对象是不稳定的？

13-10　开环不稳定的系统闭环稳定的条件是什么？

13-11　今有一放热化学反应器，采用如图 13-41 所示的温度控制方案。如果把控制器的比例度放得很大，系统会出现什么现象？说明它的道理(假定反应器连同测量变送装置和控制阀一起被视为一广义对象，其传递函数为一阶的)。

13-12　某化学反应器，其热效应并不大，使用如图 13-42 所示控制方案是否可行？说明其理由，并从稳态工作点的建立解释其温度控制的机理(可用图来加以说明)。

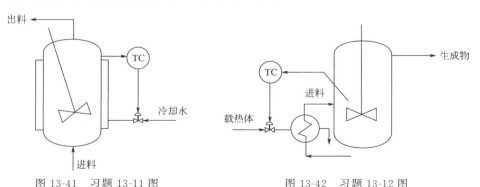

图 13-41　习题 13-11 图　　　　　图 13-42　习题 13-12 图

13-13　某反应器中进行的是放热化学反应。由于化学反应的热效应比较大，必须考虑反应过程中的除热问题。然而该化学反应又须在一定的温度下方能进行，因此，在反应前必须考虑给反应器预热。为此，给反应器配备了冷水和热水两路管线，热水是为了预热，而冷水则是为了除热，如图 13-43 所示。据上述情况要求，给该反应器设计一合适的控制系统，画出该系统的结构图、确定控制阀的开闭形式、控制器的正反作用以及各控制阀所接受的信号段。

13-14　乙炔加氢转化器(DC-401)进料温度分程控制系统如图 13-44 所示，通常情况下调进/出料换热器(EA-403)和进料加热器(EA-406)的旁路阀 A。当 A 阀全关，进料温度仍达不到规定要求时，方打开加热器(EA-406)的蒸汽阀门 B。根据上述要求，试分析该分程控制系统 A、B 两控制阀的开闭形式、各阀的分程信号大小以及控制器的正反作用。

对于该系统来说，如果乙炔进料流量经常波动，上述控制方案是否仍然有效？为什么？

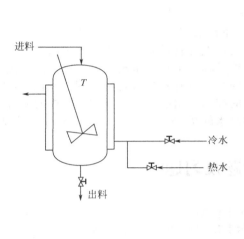

图 13-43　习题 13-13 图

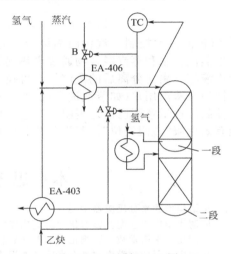

图 13-44　习题 13-14 图

第 14 章　间歇生产过程控制

工业生产过程按其输出产品是连续的产品流，还是离散的，划分为连续生产过程、间歇生产过程和离散生产过程。间歇生产过程是一种历史悠久的生产方式，早期的手工作坊多为间歇生产方式或离散生产方式。

在离散生产过程中，产品通常是分批制造的，一定数量的产品作为一个工件组，并在各个工作台之间传输，而且每个工件都有独立的个性。家用电器、汽车、服装、家具等都是用离散生产过程制造的。

在连续生产过程中，原料经过不同的专用设备加工转变为产品，每个设备都是运行在稳定的工作状态下，完成一项规定的生产操作。

在间歇生产过程中，受生产设备的物理结构或其他经济和技术上的因素的决定，使生产过程由一个或多个按一定顺序执行的操作步骤（或操作阶段）组成，完成这些操作步骤就生产出一定量的最终产品。如果需要生产更多的产品，则必须重复执行这个操作步骤顺序。所以，间歇生产过程是以顺序的操作步骤进行批量产品的生产过程。

在过程工业生产中，广泛采用间歇生产过程和连续生产过程，这两种生产方式所占的比例如表 14-1 所示。

表 14-1　过程工业中连续生产与间歇生产的比例

工业部门	生 产 方 式	
	连续生产过程	间歇生产过程
化工	55%	45%
医药	20%	80%
食品和饮料	35%	65%
冶金	65%	35%
玻璃和水泥	65%	35%
造纸	85%	15%

间歇生产过程可分为全间歇操作过程、半间歇操作过程和半连续操作过程。全间歇操作过程是整批物料一次投入设备单元，经一定时间的处理后，整批输送到下一工序的操作过程；半间歇操作过程是间歇操作过程中需逐渐加入或移除物料的间歇操作过程；半连续操作是间歇进行的连续操作过程。

生产过程中常常是连续过程与间歇过程的混合，即混杂过程（Hybrid Process）。这一类生产过程的混杂有两个含义：一是全连续过程与间歇过程的连接；二是间歇过程中某些状态会持续很长时间，这段时间可看作是连续的。食品、酿造、制药等行业中常常是混杂生产系统。

间歇生产过程也可按生产的产品分类，分为单产品、多产品和多用途三类。单产品间歇生产过程，其每批产品的生产都是按照配方规定的同一操作顺序、相同的原料配比和工艺参数进行；多产品间歇生产过程生产一组不同规格的产品，所有产品基本上按照相同的生产程序生产，即各批次的操作及顺序相同，只是原料配比和工艺参数（如温度、压力）有些改变；多用途间歇生产过程可以按不同的路径，即产品的生产流程和工艺参数都可以改变。

间歇生产过程还可按设备结构分类，基本上可以分为串联和并联两大类，而实际生产过程中大多是采用串并联结构。

14.1　间歇生产过程的特点

间歇生产过程受其生产环境及动态特性的决定，频繁地改变生产的产品和工艺操作条件成为它正常的活动方式。与连续生产过程相比，间歇生产过程有如下特点。

14.1.1　不连续性

① 间歇生产过程中，通常是以离散的批量方式加入物料，因此物料的流动和产品的输出是不连续的。

② 间歇生产的整个生产过程由按顺序执行的操作步骤进行的，因此间歇生产过程是各个单元操作在时间上的分布，而不是连续生产过程在空间上的分布。

③ 间歇生产过程的设备运行也是间断的，因此会频繁地开、停车，要求被控变量在整个工作范围内都有良好的动态性能，同时提出了抗积分饱和及报警等措施。

④ 间歇生产过程大量使用位式控制，因此如电磁阀、电机等位式控制元件被经常采用。

14.1.2　非稳态

间歇生产过程通常在一个生产设备中，例如在一个反应器中，物料和设备都处在变化状态，也就是操作状态在过程进行中不断变化，因此间歇生产过程辨识和系统建模，由于不存在进行线性化的稳定工作点，不能采用连续生产过程中常用的线性近似模型。

间歇生产过程是从一个稳定状态转化为另一个稳态，或者根本没有稳定状态，因而可能存在多种状态的组合。操作人员必须严密监控和掌握过程进行在哪一个操作，处于何种状态，判别过程处于正常工况时的正常操作还是异常工况下的非正常操作，并根据异常情况的需要，及时加以人工干预。

间歇生产过程的优化操作一般不是一种恒定的稳态值，而是随时间变化的优化轨线。

14.1.3　不确定性

任何一种产品的生产，必须具备三个要素：

① 产品市场；

② 生产任务，即生产程序和制造工艺；

③ 生产设备。

生产单一产品的连续生产过程，设计阶段就建立了三要素的牢固的联系。然而间歇生产过程中，这三个要素常常很难确定，它们之间的联系经常改变或是模糊的，这就是间歇生产过程的不确定性和柔性。因此，处理不确定性是间歇生产过程在设计、运行和控制时的一个特点。

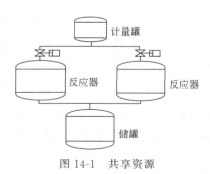

图 14-1　共享资源

14.1.4　共享资源处理

间歇生产过程中物料常常是多路并行流动的，同一时刻几种不同的产品处于不同的操作阶段，如何协调多路物料流操作，尤其是共享资源，包含水、电、汽等能源和兼用设备的调度及分配是十分复杂的。所以共享资源的处理是间歇生产过程的一个特点。

共享资源的处理方法有两种：单独使用和兼用。

（1）共享资源单独使用

如果一个共享资源规定为单独使用，则在单位时间内只有一个设备可以使用这个资源。图 14-1 中计量罐是共享资源单独使用的一个例子。

为保证单位时间内只有一个设备使用，必须设置控制系统来防止两个反应器同时使用计量罐。此时另一个反应器排队等候使用计量罐，造成共享资源单独使用设备利用率的下降。

（2）共享资源兼用

共享资源兼用，即几个设备可以同时使用，图 14-1 中的储罐为两个反应器共用，是共享资源兼用的一个例子。兼用型共享资源不需设置保证单独使用的控制系统，但必须注意的是资源的容量不能小于设备的容量，否则如本例中会引起储罐内物料的溢出或用尽。

14.1.5　配方（Recipe）及其管理

① 标题：辨识生产的产品及其规格型号。

② 程序：规定生产一类产品所需的生产操作及顺序。

③ 设备要求：规定产品生产需要的设备类型、尺寸及材质等要求。

④ 计算式：与产品程序相关的一组数据，包括原料的品种规格、数量以及操作条件，例如温度、压力、时间等工艺参数，确保生产的产品为所需的合格产品。

配方即是标题、程序、设备要求和计算式的组合。配方管理也是间歇生产过程的一个特点。配方有多种形式，常可分为通用配方、现场配方、主配方和控制配方（工作配方）。图 14-2所示为配方及其结构图。间歇生产过程每批产品的生产都是按照配方规定进行操作的，而且可以根据需要修改产品的配方。下面结合图 14-2 对配方的几种基本形式做简介。

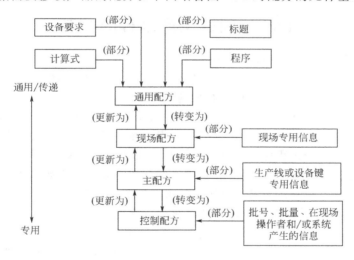

图 14-2　配方及其结构图

（1）通用配方

通用配方是基本的原始配方，包含与产品生产过程相关的全部信息。从计算式参数的数值中取标准化值，适用于不同规模的生产。通用配方向下传递变成现场配方。

（2）现场配方

现场配方作为生产调度功能的一个输入，产品的各种原料组分均采用标准的消耗量。

（3）主配方

把现场配方与现场的生产设备和控制系统相联系，就成为主配方，但这种联系往往是虚拟的。

（4）控制配方

控制配方是每批产品生产专用的，在批量生产开始时，从数据库中复制一份主配方，用设备和 I/O 的实际配置来代替主配方中的虚拟联系，并由控制系统实时执行。因此，控制配方又称为工作配方。

对于一个多产品或多用途的间歇生产过程，配方管理包括配方的建立和编辑、配方的传递和存取，以及在线修改配方等工作。

通过配方管理可以看出，间歇生产过程特别适宜于小批量、多品种产品的生产，而且能充分呈现技术的高密集性。

通过对间歇生产过程特点的分析，可以把间歇生产过程和连续生产过程做简单的比较，表 14-2 列出了间歇生产过程和连续生产过程之间的差别。

表 14-2　间歇生产过程和连续生产过程的差别

特 征	间歇生产过程	连续生产过程
生产操作	按配方规定的顺序生产	连续且同时进行
设备的设计与使用	按可生产的多种产品设计	按给定的一种产品设计
输出的产品	批量	连续
工艺条件	可变化的	通常处于稳定的状态
现场信号 DI/DO 与 AI/AO 之比	60：40	5：95
人工干预	是正常操作的组成部分	主要用于处理不正常的工况

14.2　间歇生产过程的控制

14.2.1　间歇生产过程的控制要求

间歇生产过程与连续生产过程一样，最终目标都是要以最经济的方法把原料变成产品。从这个目标出发，间歇生产过程的控制必须满足以下要求。

① 生产指标：生产过程要达到设计的生产水平，生产的产品必须符合规定的质量指标。

② 经济指标：生产过程的设计和运行应考虑市场的情况。原料、能源、劳动力等资源的消耗尽量降低，使生产过程保持最低的操作费用和最高的利润。

③ 安全：安全是生产过程最根本的要求。确保生产安全，必须将温度、压力等工艺参数控制在允许的范围，所有的设备在规定的约束条件下进行工作。

④ 环境保护：生产过程必须考虑对环境污染的影响，控制工业废料的处理和排放，保护生态环境。

考虑到间歇生产过程的特点，在控制上尚可归纳以下几个方面的要求。

① 控制策略上大量的是顺序操作，步与步之间的切换有的是时间触发，有的是状态或事件触发。

② 被控对象由于操作的顺序性，其特性是变化的，同时频繁改变产品品种和规格。这种间歇生产的柔性操作，要求控制系统也必须具有柔性，易于系统的重组和重新整定参数。

③ 间歇生产过程操作优化的优化值通常不是一种恒定的稳态值，而是随时间变化的

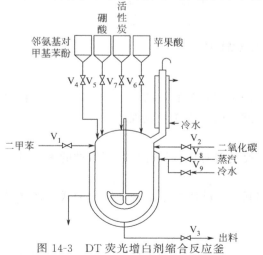
图 14-3　DT 荧光增白剂缩合反应釜

优化轨线。

④ 间歇生产过程的配方管理和生产调度的任务是繁重而复杂的。

14.2.2　间歇过程的控制功能

【例 14-1】　图 14-3 是 DT 荧光增白剂生产过程中的关键环节缩合反应釜。DT 荧光增白剂是一种主要用于涤纶、涤棉混纺增白，以及锦纶、醋纤或合成纤维与棉毛混纺的增白的染整助剂。该产品是由苹果酸（羧基丁二酸）与邻氨基对甲基苯酚缩合而得。其生产过程是：

① 往装有分水装置的反应锅中加入 165L 二甲苯；

② 加入 10kg 苹果酸和 0.5kg 硼酸，同时通入二氧化碳；

③ 加入 17.5kg 邻氨基对甲基苯酚，搅拌加热至沸腾，回流 12h，加热回流期间，要保持适度的沸腾状态，加热不足会使反应过程变缓，影响收率，加热过大会使沸腾剧烈，可能会造成回流器喷液；

④ 冷至 135℃ 以下，加入 4kg 活性炭，再加热回流半小时，趁热出液过滤。

滤液进入下一个操作，将滤液冷至 20℃ 以下，抽滤，滤饼烘干后用二甲基甲酰胺重结晶，得荧光增白剂 DT。

【例 14-2】　图 14-4 所示为单产品间歇生产过程。通过这些例子的分析，能清楚地说明间歇过程的控制功能。

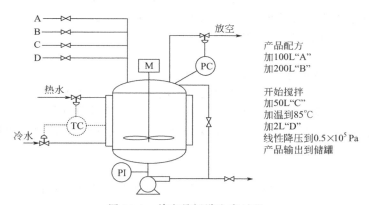

图 14-4　单产品间歇生产过程

反应器开始生产时，首先按产品配方的规定，加入 100L 原料 A 和 200L 原料 B，搅拌开始。然后加入 50L 原料 C，并向反应器夹套通热水加热。等温度升到 85℃ 时，向反应器内加入 2L 原料 D，开启循环泵，诱发反应进行。当反应开始时，反应器夹套内由热水改为通入冷却水，除去反应释放的热量。此间，按配方的要求，保持反应器内恒温 2h，直至反应达到终点。于是反应器进行线性降压，当压力降到 0.5×10^5 Pa 时，把产品排入储罐，反应器放空、冷却，根据需要进行清洗。通过上述单产品间歇生产过程，可以看出需具有以下控制功能，才能完成整个生产过程。

（1）顺序控制功能

间歇生产过程由产品的配方规定了一个操作顺序，如上例中的加料、加热升温、反应和产品排出等，而且随产品不同而变化。为此间歇控制系统应具有驱动生产过程按顺序一步一步地执行不同的生产操作的功能。操作的进展由转移条件来决定。这种控制模式称为顺序控制。如果步转移条件仅取决于时间，则称为时间驱动顺序控制；若步转移条件由被控过程的状态或发生的事件所决定，则称为事件驱动顺序控制。顺序控制的实际应用中经常是这两种形式的组合。图 14-3 所示的 DT 荧光增白剂缩合反应釜，其操作时序如图 14-5 所示。

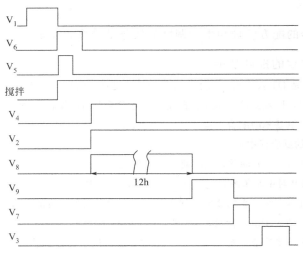

图 14-5　DT 荧光增白剂缩合反应釜操作时序图

（2）离散控制功能

间歇生产过程大量使用二位式控制方式，如上例中的控制物料传输的通/断型二位阀（如电磁阀），所以间歇生产过程的现场输入/输出信号以开关量或数字量为多。这种以位式控制为主的离散控制功能在间歇生产过程中得到了广泛应用。

（3）常规控制功能

间歇生产也使用常规的连续控制系统来调节温度、压力等工艺参数，但它与控制连续生产过程时工作方式有所不同。间歇生产的连续控制系统在整个生产过程的运行中，常常需要具有系统重组和参数重新整定的功能。上例中的反应器温度控制即是一个连续控制系统，在升温时控制反应器夹套的热水流量，而在恒温阶段改为控制冷却水流量。由加热向冷却转移时，控制系统的参数有可能需重新整定。

（4）人工参与

操作人员的人工干预对于间歇生产过程而言，是正常操作顺序中的一部分，而且还起到十分重要的作用。在生产过程中，往往由操作人员操纵控制系统，启动一些关键性的操作，而不是由控制系统自动触发的。如上例反应器内反应终结时，通过操作人员对产品的采样分析，决定是继续反应还是进行排放成品。所以，间歇控制系统必须有一个与用户友好的人-机接口，为操作人员提供间歇生产过程真实的动态信息，以利于操作人员及时、准确地人工参与。

在实际工业生产中，间歇生产过程要比图 14-3 所示的反应器例子复杂得多，其复杂性表现为：

① 间歇生产过程中具有多条生产流程线；
② 每条生产流程线可以作为多用途的生产设备；
③ 间歇生产过程具有重组生产流程线的能力，称之为"柔性连接"的工厂。

鉴于间歇生产过程的这种复杂性，设置的控制系统除了上述四个功能外，还需具备下述功能。

（5）配方处理功能

产品的配方包含了在同一设备中生产不同产品所需的全部信息。间歇生产流程线中，当同一设备用于生产不同的产品或不同规格的产品时，就需要改变产品的配方，例如改变加入反应器的原料组分及数量，改变温度、压力、反应时间等工艺参数。所以，间歇控制应具有建立和管理配方的功能。强有力的配方功能，决定了间歇生产过程的柔性。

（6）共用设备的管理

如图 14-1 中两个反应器共用一个计量罐。在两个反应器并行操作时，控制系统必须协调好它们的操作，确保它们在共用设备及资源需求上不发生矛盾和冲突，并避免出现超过共用资源最大容量等情况。

（7）生产的调度和跟踪

间歇生产过程在进行不同批号、不同产品生产时，各批产品处于不同的操作阶段。此时，为保证各批产品正常生产，必须要求控制系统具有生产调度的功能，能准确跟踪各批产品生产，保证产品的配方、工艺路线及记录的数据与各批产品一一对应。

14.2.3 间歇过程的控制模型

由图 14-6、图 14-7 表示的间歇生产模型和间歇控制模型，能更形象地表述间歇生产过程的控制。

图 14-6 所示为 8 层结构的间歇生产模型，其中由元件、控制回路/控制器、设备模块、设备单元四层组成过程控制层，它完成实时数据的测量、控制和安全联锁等功能，控制任务包括离散控制和常规控制。链/线层是间歇生产过程中的生产流程线或设备链，用于过程的监控。区域层是同一地区生产相关产品或资源共享的生产线，用于协调各生产线，实现过程管理功能。工厂层用于同一现场的多个区域管理。公司层是间歇生产模型的最高层，用于协调各分厂生产，完成生产决策等工作。

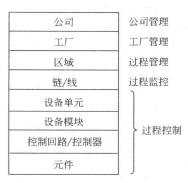

图 14-6　间歇生产模型

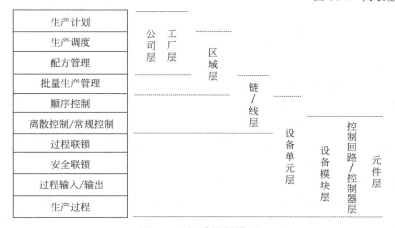

图 14-7　间歇控制模型

图 14-7 所示的是与间歇生产模型映射的间歇控制模型，在这个间歇控制模型中每层执行其各自的功能，模型中最低两层不具有控制功能。安全联锁是保护设备、操作人员和环境的安全而设置的联锁。如反应器超温时，中断反应进行的控制系统是安全联锁系统。过程联锁是为保证产品质量或保证次要设备正常运行设置的联锁。例如反应器出料阀设置错误，使产品排放到不正确的储罐时，停止排料。如果进行错误的排料，只会造成产品的损失，不会发生安全事故。离散和常规控制层实现设备的自动控制，包括最低的手动控制、单回路控制，直到各种复杂控制，如串级控制、前馈控制、选择性控制等。顺序控制层实现操作过程

的顺序控制，它是强制驱动过程顺序地经历一系列不同的状态或工序的一种控制功能。顺序控制分为手动顺序控制和自动地按时间、事件或状态等进行顺序操作的控制。批量生产管理层用于选择主配方，转换成实际的控制配方，并管理批量生产所需的各种资源，监视批量生产的过程，采集和管理批量生产的数据。配方管理层用于多产品、多生产流程线的间歇生产过程控制，包含建立、存储各种配方，修改配方和提供配方的安全管理等功能。生产调度层根据生产计划，按优化算法制订生产调度表。生产计划层对间歇生产过程做出决策，包括何时、何地生产何种产品、产量及完成时间等。

14.2.4　间歇过程的控制表述方式

间歇控制采用的是与间歇生产过程相类似的模块化控制方式，因此要描述间歇过程生产的进展和相关的控制过程，一般采用顺序图表示。用于描述和定义顺序的图示方法也有很多种，在间歇控制中经常采用的有下列几种：流程图、状态图、状态转移图、时间顺序图、丕托网(Petrinet)和顺序功能图(SFC)等。对于间歇生产批量控制的分析，通常采用图示编程语言和文本编程语言编程。常用的图示编程语言有梯形图(LD)、功能块(FB)和顺序功能图(SFC)。文本编程语言有语句表(IL)、结构语言(ST)、通用编程语言(如 BASIC、C++等)和面向间歇过程的专用编程语言(如 SEBOL、SOPL 等)。

14.2.5　间歇过程的安全联锁系统

由于间歇过程的不连续和不稳定性，因此与连续生产过程相比，它更需要安全、完善的联锁保护控制系统。对于多品种的间歇过程，安全联锁控制系统的结构更加复杂。

要设计间歇生产过程的安全联锁控制系统，没有现成的方法，一般使用经验法、系统法及穷举法等。经验法是设计人员根据自己的经验，或参照已有的同类过程的设计经验来进行系统的设计。系统法是先识别和分析间歇过程的危险状况，估计需要的安全等级，然后进行设计安全分析，若系统符合安全要求，设计完成，反之需重新设计，直至符合要求。穷举法是先根据间歇生产过程中的各个输出设计相应的安全联锁系统，然后从整体出发，删除重复和冗余的联锁，增加因多个输出相互影响所需的安全联锁系统。

和连续过程一样，为了提高安全联锁控制系统的可靠性，采用 ESD 的冗余和容错技术也是十分必要的。

14.2.6　间歇过程控制系统的选型

间歇控制系统结构的选择原则是各设备单元和设备模块之间的通信量应尽量少，尽量与生产过程保持一致，考虑合理的集中分散原则。如为了保证安全联锁功能的及时执行，应把安全联锁功能分散，使危险分散；对过程数据和并行的操作则应尽量集中。一般来说，低层的控制要分散，高层的管理应集中。

间歇控制系统的选型还需考虑性能价格比最优。具体的原则如下。

① 实用简单：尽量采用简单的控制系统结构，不盲目追求复杂的控制系统结构。

② 安全性：选择确保生产安全和高可靠性运行的控制系统，选择已有应用并被实践证明是有效的控制系统结构。

③ 经济性：在满足间歇生产控制要求的前提下，控制系统的投入应尽量低，并要处理好安全可靠性与经济性之间的矛盾。

④ 先进性：选择的控制系统在一定时间内具有一定的先进性，并能有一定的可扩展性。

对于一个间歇过程的控制系统，评估和选择是一项重要而复杂的工作，在考虑上述原则下，根据制造厂商的相关资料，由各方面的专家进行评估。可采用"基于加权因素评估矩阵"法，进行货比三家，选出性能价格比最优的产品。有关"基于加权因素评估矩阵"法可参阅有关资料，本书不再展开介绍。

14.3　间歇生产过程的操作和调度优化

14.3.1　间歇生产过程的优化操作

间歇过程的优化操作是在过程监控层完成的，使得与过程变量和产品经济指标相关的目标函数达到最优的操作。它通过建模、求优化解等获得，实现各设备单元的优化操作。

（1）间歇反应器的优化操作

间歇反应器的反应温度对反应转化率有重要影响，因此以反应温度为间接质量操标，它的优化操作是把温度控制在最优温度轨线上。在不同的动力学条件下，间歇反应器的优化操作取得的结果及其实际意义是不同的，而且优化结果的效益很大程度上取决于测量性能的准则或目标函数。由此可得到以下几条有益的启示：

① 维持在最高温度下的操作，能使化学反应具有最高的活化能；

② 若希望化学反应具有最低活化能，且反应时间不受限制，则应在最低温度下操作，如果反应时间是一个重要的条件，最优温度轨线可以是上升或下降的斜坡函数或两者兼有；

③ 如期望化学反应具有中等活化能，温度变化轨线可以是上升或下降的斜坡函数或恒定值；

④ 当不同级数反应同时进行时，在批量产品生产过程中逐渐加入反应剂（流加）是有益的；

⑤ 反应器的模型可根据统计规律建模，优化轨线可采用多段折线或斜坡函数近似；

⑥ 优化控制算法可采用混合型，包括反馈、前馈、智能控制及其他控制算法。

（2）间歇蒸馏塔的优化操作

间歇蒸馏塔通常采用恒定回流比和保持馏出液成分恒定的操作。恒回流比操作对控制的要求少，然而回流比过高将增加批量生产的时间和能耗，过低回流比将造成分离度和回收率的下降。

蒸馏塔的优化操作通常采用变回流比操作。在设计最优回流轨线时，考虑的目标函数有两种情况：一是回收一定量给定成分的馏出液所需时间最短；另一个为在一定时间内一定成分馏出液量最大，即最高回收率问题。事实证明，在恒定馏出液成分下，随着间歇蒸馏过程的进行，逐渐增大回流比，能保证最大回收率或最短时间。

对于恒定回流比或恒定成分的操作，最优回流比轨线由下列几个因素决定：塔板滞留量与进料之比、分离难度、产品和进料价格及启动时间等。

上述调整一个反应器或一个蒸馏塔的过程变量，能明显地增加产量，提高回收率及缩短产品的生产周期，这种优化操作为间歇生产过程的局部优化。间歇生产过程的总体优化问题是在满足用户订单所确定的生产指标条件下，求解全厂 M 个设备单元中生产 N 种产品的最优设备配置和最优产品生产顺序排列，获得最大的经济效益。

14.3.2　间歇生产过程的调度优化

（1）生产计划和调度的命题

间歇生产过程的全部生产活动和成本、效益在很大程度上依赖于生产计划和调度。生产计划的基本任务是合理安排企业生产的产品品种、数量和完成的期限，充分利用企业的资源，即时间、设备、劳动力、原材料和能源等，保证完成生产任务，提高企业的效益。生产调度是生产计划的一个子问题，是确定计划的具体实施方案并执行。它根据生产计划的要求，应用调度算法画出一张生产调度时刻表。

生产调度的具体内容为：产品的生产批数和批量、使用的设备链/线、产品的生产顺序和时间安排、资源的限制等。

间歇生产过程大多是离散过程，过程具有柔性，分为多产品、多用途等过程。多产品过程也称为 Flowshop 过程，其生产的各种产品都是按相同的操作顺序生产的，仅操作条件发生变化。多用途过程亦称 Jobshop 过程，每个产品可在一条或多条生产流程线上生产，不同产品其生产流程线是不同的。这些间歇生产过程的共同特点是多种产品分享时间和资源。对于间歇过程来说，计划和调度是一项重要而复杂的任务。调度失当，会使产品的成本大幅度波动，甚至不能按期完成生产任务。

生产调度可分为按预定情况的正常、稳态调度，以及按实际变动情况的适应(应急性)调度。打乱正常调度的原因有产品订单的临时插入或取消，资源供应的突然变化，某些作业不能及时完成，设备的临时故障等。因此，应急性调度已引起人们的注重。

计划和调度以往都是由专业人员根据自己的知识和经验来确定的。然而，随着间歇生产过程的复杂和市场的多变，要确定各种可行的方案变得相当困难，而找到最优方案将更难以完成，因此，借助于计算机来完成计划和调度的任务受到人们的重视。近年来开发了多种计划/调度软件包，在计算机集成生产的框架下，把工厂的管理决策层和过程控制层连接起来，大大提高了间歇生产过程的生产率和效益。

（2）间歇生产过程调度优化的实施

间歇生产调度优化是一个复杂的问题，其主要原因如下：

① 需迅速响应市场的需求，要统筹兼顾安排所具有的资源、物力和人力，开发满足市场需求的产品，要保持一定量的存储水平与存储成本之间的平衡；

② 生产产品变换时，要考虑到对设备和管线的清洗；

③ 受设备的容量和材质等条件的限制，要充分发挥设备潜能，分散瓶颈；

④ 受原材料、水、电、气等公用工程可用性的约束，物流管理已成为一个重要的控制问题；

⑤ 安排某个设备单元优先生产某种产品的优先权要求；

⑥ 需充分发挥决策者的经验和知识，选择合适的优化求解算法。

具体实施方法如下。

① 目标函数　间歇生产过程调度一般采用下列目标函数最小作为优化的性能指标：

a. 全部产品生产所需总时间和生产周期(Make Span)；

b. 平均的产品流经时间[产品流经时间(Flow Time)是指一个产品从原料投入到成品输出的整个生产过程的时间]；

c. 最大的产品流经时间；

d. 平均进度延迟时间[进度延迟时间(Tardiness)是指一个产品实际发运时间和产品交货期限之间的正偏差]；

e. 最大进度延迟时间；

f. 一种产品转为另一种产品生产所需的转换或准备费用(Changeover or Setup Cost)；

g. 产品成本。

在研究文献中目标函数常采用生产周期、平均流经时间和最大延迟时间。而在工业应用中，转换费用和生产周期也是常用的两个性能指标。

② 生产顺序调度时刻表　间歇生产过程产品的物料流在生产流程中存在级间差别，根据连续的两个设备单元之间中间产品的性质不同，可以采用四种存储操作：

a. 无限(无限数量的)中间储罐(UIS)；

b. 有限(一定数量的)中间储罐(FIS)；

c. 无中间储罐(NIS)；

d. 零等待或无等待(ZW 或 NW)。

实际的间歇生产过程中有些设备单元之间有储罐，有些则没有储罐，因为在产品生产过程中，有的中间体是不稳定的，必须立即送到下一工序，应该采用 ZW 操作。所以，多数间歇生产过程采用 FIS、NIS、ZW 和 NW 的组合，称为混合中间存储(MIS)。

间歇过程中各间歇级所占时间的情况，也就是产品的生产顺序，通常用调度时刻表——Gantt 图来表明。Gantt 图是一种常用的调度工具，它的纵坐标表示间歇级的操作，横坐标表示时间。图 14-8 所示是三个间歇级非覆盖操作的 Gantt 图。图中有三个间歇级：混合、反应和结晶，物料停留的时间分别为 2h、6h 和 4h。这样，采用非覆盖的操作，即在上一批物料未出料时不能进行第二批的进料，第一批产品在 12h 出料，第二批产品在 24h 出料，以此类推。采用非覆盖操作，设备利用率低，费时长。为此，可采用覆盖操作，在上一批物料加工结束，即可进入下一批物料的加工，从而缩短批间隔时间。例如，图 14-8 的例子在非覆盖操作时的批间隔时间为 12h，而覆盖操作后的批间隔时间可缩短为 6h。

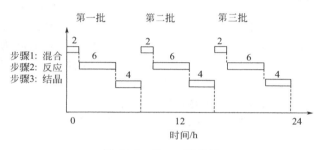

图 14-8　Gantt 图示例

③ 优化算法　多产品工厂优化调度问题，在性能指标、中间存储策略和设备结构确定后，可分解为两个子问题：排序子问题和调度子问题。排序子问题是决定在 M 个间隔设备上生产 N 种产品的顺序；调度子问题是在已知产品顺序下，具体地计算各种产品在各个设备单元上开始操作和结束操作的时间。对于一个多产品工厂，即使是一个简单的流水作业车间，调度子问题也是一项繁琐的计算工作，如果是一个复杂的流水作业车间，计算将更复杂、更耗时。

排序子问题是确定一个使性能指标最优的产品生产顺序，除了两个间歇设备单元的 UIS 和 NIS 流水作业车间问题已有有效的精确算法，一般的排序问题是一个 NP 完备问题，可行解的数目还将随着问题规模增大成指数规律增加。所以求解较大规模的调度问题，唯一途径是开发启发式试探算法。下面介绍一个经典的两单元 UIS 系统精确算法——约翰逊(Johnson)算法。

约翰逊算法又称约翰逊法则，是调度文献中仅有的几种精确算法之一，几乎所有的启发式试探算法都要用到它。约翰逊算法由下列简单的规则，给出了两设备单元简化 UIS 流水作业车间的最短生产周期的产品序列。

a. 把 N 种产品分成 P 和 Q 两组。分组的原则是：在第二设备单元中操作时间比在第一设备单元中操作时间长的产品分在 P 组，其余的产品分在 Q 组。

b. 把 P 组产品按它们在第一设备单元中操作时间递增顺序排列，而 Q 组产品按它们在第二设备单元中操作时间递减的顺序排列。

c. 把 P 组产品顺序和 Q 组产品顺序连在一起，构成生产周期最短的最优产品顺序。

下面举一个例子说明约翰逊算法的应用。

已知一个两设备单元 UIS 流水作业车间，生产 6 种产品，产品的操作时间列于表 14-3，试求最优产品顺序。

表 14-3 产品操作时间 h

设备单元	产品1	产品2	产品3	产品4	产品5	产品6
第一设备单元	6	2	4	1	7	4
第二设备单元	3	9	3	8	1	5

在6种产品中,产品2、4、6在第二设备单元的操作时间比在第一设备单元的操作时间长,按约翰逊算法的准则,把它们分在P组,其余的1、3、5产品分在Q组。在P组产品中,按它们在第一设备单元操作时间的递增顺序排列为:4、2、6。在Q组产品中,按它们在第二设备单元操作时间的递减顺序排列为:1、3、5。最终,把P组产品顺序和Q组产品顺序连在一起,产品生产顺序为:4、2、6、1、3、5。图14-9(a)所示为这种生产顺序的Gantt排序图,采用了覆盖操作。由于在Q组产品中,产品1和产品3在第二设备单元的生产时间均为3,因此生产顺序也可为:4、2、6、3、1、5,同样采用覆盖操作,Gantt图如图14-9(b)所示。由图14-9可以看出,按约翰逊法则,可以得到两种产品顺序。最终采用哪种排序,以批间隔时间少为佳。就本例而言,图14-9(a)中批间隔时间为36h,图14-9(b)中为37h,则采用图14-9(a)的排序,即4、2、6、1、3、5为佳。约翰逊算法仅适用于两个设备单元的多产品排序问题,对其他情况是不适用的。

排序问题还有多种优化算法,例如混合整数线性规划(MILP)算法、分支和定界(BAB)算法、快速逼近和广义搜索(RAES)算法、模拟退火(SA)算法等。

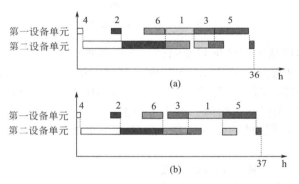

图 14-9 6种产品的 Gantt 排序图

本章思考题及习题

14-1 与连续过程相比,间歇生产过程有哪些特点?

14-2 间歇生产过程的控制具有哪些功能?

14-3 作为典型间歇过程的间歇反应器和间歇蒸馏塔的最优操作是如何考虑的?

14-4 间歇生产过程调度优化的目标函数有哪些?

14-5 什么是间歇过程的 Gantt 图?它有什么用途?

14-6 Johnson 算法的规则是什么?它能解决间歇过程的什么问题?

第 15 章　工程图例符号与 P&ID 图

关于控制系统描述有两个体系，即学术研究表达和工程表达，本书前面各个章节关于控制系统描述所采用的符号是学术研究表达。工程领域当中所采用的工程表达，与学术研究表达有很大区别。作为自动化专业毕业的工科学生，掌握基本的工程表达是十分必要的。

15.1　自动化工程中若干基本概念

15.1.1　关于"控制系统"的概念

本书前面各个章节所讲系统，是有若干环节，按一定结构所构成的控制系统，例如单回路反馈控制系统、串级控制系统、选择性控制系统等。在自动化工程中将这些控制系统称为"回路"，单回路反馈控制系统、串级控制系统、选择性控制系统分别叫做单回路、串级回路、选择性回路，并且将回路概念加以扩展，将显示、报警、联锁等也叫做回路。自动化工程中的"控制系统"是指由若干控制站、工程师站、操作员站等组成，完成生产过程操作与控制的硬件与软件所集成的系统，例如集中分散型系统（DCS：Distributed Control System）、一体化透平压缩机控制系统（ITCC：Integrated Turbine Compressor Control System）等。学习本章节中要注意区分这个两个概念。

15.1.2　自动化工程的概念

首先，控制系统只是自动化工程中的一部分，除此之外，生产过程中还需要自动监测指示、记录、报警等信息。此外，除了自动控制还有远程手动遥控等操作；除了连续控制，可能还需要顺序控制、批次（批量）控制、逻辑联锁控制等。过程工业中常用的自动化装置，大部分采用的是 DCS 系统。小规模工程项目中，连续控制、报警与联锁都在 DCS 中实现，大型项目中连续控制采用 DCS 系统，联锁系统则采用独立的安全仪表系统（SIS：Safety Instrumented System）系统。某些要求较高的场合，还会有可燃气体和有毒气体检测报警系统、火灾自动报警系统等。自动化工程中将正常生产过程进行自动调节的系统，称之为首选或基本过程控制系统（Primary Choice or Basic Process Control System），生产过程出现紧急情况进行控制的系统称之为备选或安全仪表系统（Alternate Choice or Safety Instrumented System）。对于自动化工程，不可把自动化工程仅仅理解为自动控制工程，本章节只介绍过程工业中关于连续控制中的基础工程图例符号（包括自动控制、自动监测指示、记录、报警）表达。

15.1.3　过程自动化工程中的控制方式

首先，这里的"控制"是个广义概念，既包括自动控制，也包括远程遥控，还包括自动监测指示、记录、报警等内容。

关于控制有两种方式，即就地方式和集中方式。就地方式即在现场实现控制、监测指示，可能在生产设备旁边的盘、柜、台上实现这些功能，甚至在机台上实现这些功能（通常叫做橇装，即机器设备与检测、控制、指示等单元集成一体）。例如某些大型机器设备，其旁边设置控制盘；某些数控机器直接在机器上设置控制箱。就地控制方式不适合石油化工生产，首先因为石油化工生产现场往往是易燃易爆场合，就地方式会有很大的安全隐患；其次石油化工生产过程参数很多，生产过程复杂，关联严重，控制难度很高，所以石油化工生产

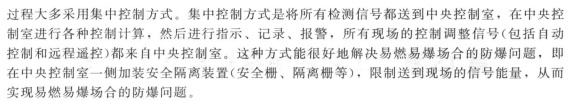

过程大多采用集中控制方式。集中控制方式是将所有检测信号都送到中央控制室，在中央控制室进行各种控制计算，然后进行指示、记录、报警，所有现场的控制调整信号（包括自动控制和远程遥控）都来自中央控制室。这种方式能很好地解决易燃易爆场合的防爆问题，即在中央控制室一侧加装安全隔离装置（安全栅、隔离栅等），限制送到现场的信号能量，从而实现易燃易爆场合的防爆问题。

15.1.4　自控方案与 P&ID 图

在自动化工程中，自控方案是以工艺专业为主导、多个专业共同协商制定的方案。这就意味着自控方案是以工艺专业提出的要求为主，围绕工艺要求协商制定，切不可以自控来要求工艺。

工艺专业首先会根据工艺包来设计工艺流程图（PFD：Process Flow Diagram），然后在考虑控制问题的条件下形成工艺控制流程图（PCD：Process Flow Drawing），同时提供给自控专业各种要求，这些要求主要有：

① 工艺流程图和工艺说明书；

② 物料平衡表；

③ 主要控制说明；

④ 工艺数据表；

⑤ 安全备忘录；

⑥ 温度、压力分析监控条件表；

⑦ 液位监控条件表；

⑧ 流量监控条件表；

⑨ 控制阀条件表。

根据各种条件形成自控工程的方案表达，即管道仪表流程图（P&ID：Piping and Instrumentation Drawing）。P&ID 图即生产过程的整体方案，就自控部分来说，P&ID 图中给出了关于自控的所有详细内容。这里要强调的是，该表达不同于本书前面章节关于控制系统的描述，这里包括自动调整部分，也包括报警联锁部分，同时包括各种功能实现方式以及各种仪表的安装位置。

15.2　自动化专业的工程图例符号

自动化专业的工程图例符号主要依据是 HG/T 20505—2014《过程测量与控制仪表的功能标志及图形符号》、HG/T 20637.2—1998《自控专业工程设计用图形符号和文字代号》两个标准。关于这两个标准，HG 表示是化工标准，/T 表示是推荐标准，20505、20637.2 是标准号，2014、1998 是颁布年。标准分类有强制标准、推荐标准、指导标准。例如国家标准当中，GB 为强制标准，GB/T 为推荐标准，GB/Z 为指导标准。目前在石油化工领域大多采用 2014 年颁布的 HG/T 20505 推荐标准。

15.2.1　图形符号

采用不同的图形符号，可表示首选或基本过程控制系统、备选或安全仪表系统、计算机系统及软件、单台仪表设备或功能，具体见表 15-1 基本图形符号。

表 15-1 中图注说明如下。

① 共享显示（Shared Dispay）、共享控制（Shared Control）。共享显示，通常是指操作员接口装置，通过液晶屏等显示单元，根据操作员指令显示来自若干信息源的过程控制信息。经常被用来描述 DCS、PLC 或基于其他微处理器的系统的显示特征。

表 15-1　基本图形符号

序号	共享显示、共享控制[①]		C	D	安装位置与可接近性[②]
	A	B			
	首选或基本过程控制系统	备选或安全仪表系统	计算机系统及软件	单台(单台仪表设备或功能)	
1					·位于现场 ·非仪表盘、柜、控制台安装 ·现场可视 ·可接近性—通常允许
2					·位于控制室 ·控制盘/台正面 ·在盘的正面或视频显示器上可视 ·可接近性—通常允许
3					·位于控制室 ·控制盘背面 ·位于盘后[3]的机柜内 ·在盘的正面或视频显示器上不可视 ·可接近性—通常不允许
4					·位于现场控制盘/台正面 ·在盘的正面或视频显示器上可视 ·可接近性—通常允许
5					·位于现场控制盘背面 ·位于现场机柜内 ·在盘的正面或视频显示器上不可视 ·可接近性—通常不允许

共享控制，是指系统预先内置的算法程序，这些算法可检索、可配置、可连接，允许用户自定义控制策略和功能。经常被用来描述 DCS、PLC 或基于其他微处理器的系统的控制特征。

② 安装位置与可接近性（Accessibility）。安装位置分为现场与控制室，其中控制室中包括盘面或视频显示器、盘后两种。所谓盘面是指常规显示、记录仪表安装在仪表盘正面，或在视频显示器上显示。盘后是指常规仪表安装在仪表盘后，或者在系统内部实现的功能。

关于可接近性，是指观察、设定值调整、操作模式更改和其他任何需要对仪表进行操作的操作员行为。

表 15-1 基本图形符号中可归纳为：

① 带有外方框的圆表示首选或基本过程控制系统；

② 带有外方框的菱形表示备选或安全仪表系统；

③ 六边形表示计算机系统及软件；

④ 圆表示单台仪表设备。

每种图形符号中间可有：

① 没有线条，表示现场实现功能或现场安装，现场可视，通常可接近；

② 中间一条细实线，表示控制室实现功能或控制室安装，控制室可见，通常可接近；

③ 中间一条虚线，表示控制室实现功能或控制室安装，控制室不可见，通常不可接近；

④ 中间两条细实线，表示现场控制室实现功能或现场控制室安装，现场控制室可见，通常可接近，例如现场分析器小室内的视频显示器，现场控制柜盘面；

⑤ 中间两条虚线，表示现场控制室实现功能或现场控制室安装，现场控制室可见，通常不可接近，例如现场分析器小室控制柜内部。

15.2.2　位号

HG/T 20505—2014 《过程测量与控制仪表的功能标志及图形符号》中规定，位号有两类，即回路位号与仪表位号。所有位号都由功能标志与编号组成，功能字母代号位于图形符号的上部，数字编号位于图形符号下部。一个工程项目中位号是唯一的，即一个回路只有一个唯一的位号，一台仪表只有一个唯一位号。位号可以与图形符号组合使用（P&ID图中），也可以单独使用（仪表数据表等各种表格中）。图15-1是回路位号的格式。

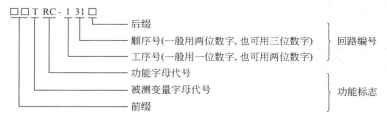

图 15-1　回路位号的格式

其中编号可采用并列方式或连续方式编制方式。并列方式是针对某种变量采用顺序编号，例如温度变量采用01、02…编号，压力采用01、02…编号。顺序编号方式是不考虑变量中了，采用同一顺序号编制。图15-1中的工序号，既可以是工序号，也可以是生产单元号、设备号、生产线号。

表15-2是功能标志字母规定表。

表 15-2　功能标志字母表

首位字母		后继字母		
第 1 列	第 2 列	第 3 列	第 4 列	第 5 列
被测变量/引发变量[①]	修饰词	读出功能	输出功能	修饰词
分析		报警		
烧嘴、火焰		供选用[②]	供选用[②]	供选用[②]
电导率			控制	关位
密度	差			偏差
电压(电动势)		检测元件、一次元件		
流量	比率			
可燃气体和有毒气体		视镜、观察		
手动				高
电流		指示		
功率		扫描		
时间、时间程序	变化速率		操作器	
物位		灯		低
水分或湿度				中、中间
供选用[②]		供选用[②]	供选用[②]	供选用[②]
供选用		孔板、限制	开位	
压力		连接或测试点		
数量	积算、累计	积算、累计		

续表

首位字母		后继字母		
第 1 列	第 2 列	第 3 列	第 4 列	第 5 列
被测变量/引发变量①	修饰词	读出功能	输出功能	修饰词
核辐射		记录		运行
速度、频率	安全		开关	停止
温度			传送(变送)	
多变量②		多功能	多功能	
振动、机械监视			阀/风门/百叶窗	
重量、力		套管、取样器		
未分类④	X 轴	附属设备、未分类	未分类④	未分类④
事件、状态	Y 轴		辅助设备	
位置、尺寸	Z 轴　SIS⑤		驱动器、执行元件、未分类的最终控制元件	

①"首位字母"可以仅为一个被测变量/引发变量字母,也可以是一个被测变量/引发变量字母附带修饰字母。带有修饰字母时,主字母与修饰字母共同构成被测变量/引发变量。例如,T 表示温度,TD 表示温度差;F 表示流量,FF 表示流量比,FQ 表示流量累积量;V 表示振动,VX 表示 X 轴振动。

②"供选用"指此字母在本表的相应栏目中未规定其含义,使用者可根据需要确定其含义。

③ 被测变量/引发变量中"多变量"定义了需要多点输入来产生一点或多点输出的仪表或回路。例如一台 PLC,接收多个压力和温度信号后,去控制多个切断阀的开关。

④"未分类"表示作为首位字母或后继字母均未规定其含义,它在不同的地点作为首位字母或后继字母均可有任何含义,适用于一个设计中仅一次或有限次数使用。在使用"X"时,应在表示仪表位号的图形符号外注明"X"的含义,或在文件中备注"X"的含义。

⑤ 字母"Z"作为修饰词时还可用于安全仪表系统,此时不表示直接测量变量,只用于标识安全仪表系统的组成部分。例如,TIC-＊＊＊表示首选或基本过程控制系统温度指示控制,TZIAS-＊＊＊表示备选或 SIS 系统温度指示报警联锁。

根据表 15-2 中的规定,可以判读图 15-1 中的回路位号含义为:1 工序 31 号温度记录控制。从字母数字串中并不能判断 131 号温度的记录控制是在哪里实现的。

仪表位号是构成回路中的各个仪表或功能块的编号,如传感器与变送器、控制阀等,这些是安装于现场的仪表;安全栅、电源、配电器等安装于控制室的附属设备;控制器、指示器、记录仪、报警器等,都是控制装置中的功能块。

以 TRC-131 回路为例,构成该回路的各个仪表和功能块如下:

① TE-131 (131 号温度传感器,现场安装);

② TT-131 (131 号温度变送器,控制室安装);

③ TN-131A (131 号温度输入安全栅,控制室安装);

④ TR-131 (131 号温度记录仪,DCS 中);

⑤ TIC-131 (131 号温度指示控制器,DCS 中);

⑥ TN-131B (131 号温度输出安全栅,控制室安装);

⑦ TV-131 (131 号温度控制阀,现场安装)。

其中温度测量部分,温度变送器可选现场安装型,也可选用控制室安装型,控制室安装型安装在控制室的仪表柜内,还可采用一体化温度变送器,即传感与变送是一体集成的,安装于现场。输入/输出安全栅安装在控制室的安全栅柜或端子柜内。因为控制器都带有趋势记录功能,所以温度记录可采用控制器的趋势记录,这样也可采用 TIC-131 表示。

15.2.3　信号线

检测、控制回路中会有各种不同的信号连接,关于信号线类型规定如表 15-3 所列。

表 15-3　信号线类型的规定

序号	符号	应用
1	IA————	· IA 也可换成 PA(装置空气)、NS(氮气)、GS(任何气体) · 根据要求注明供气压力,如 PA-70kPa(G)、NS-300kPa(G)
2	ES————	· I 仪表电源 · 根据要求注明电压等级和类型,如 ES-220V AC · ES 也可直接用 24V DC,120V AC 等代替
3	------------	· 电子或电气连续变量或二进制信号
4	—//—//—//—	· 气动信号
5	—○—○—○—	· 共享显示、共享控制系统的设备和功能之间的通信链接和系统总线 · DCS、PLC 或 PC 的通信链接和系统总线(系统内部)
6	—●—●—●—	· 连接两个及以上以独立的微处理器或以计算机为基础的系统的通信链接或总线 · DCS-DCS、DCS-PLC、PLC-PC、DCS-现场总线等的连接(系统之间)
7	—◇—◇—◇—	· 现场总线系统设备和功能之间的通信链接和系统总线 · 与高智能设备的链接(来自或去)
8	----○------○------○----	· 一个设备与一个远程调校设备或系统之间的通信链接 · 与智能设备的连接(来自或去)

关于检测装置和执行机构的图形符号规定,请查阅 HG/T 20505—2014 《过程测量与控制仪表的功能标志及图形符号》。

15.3　图形符号应用与 P&ID 图

15.3.1　图形符号应用

(1) 单回路控制系统

图 15-2 是一个物料出口温度单回路控制系统。图中被控对象是单程列管式逆流换热器,通过蒸汽给物料加热到规定温度,为此检测物料出口温度送给温度控制器,温度控制器输出送蒸汽控制阀,通过改变蒸汽流量实现物料出口温度控制。

图 15-2 是单回路控制系统的结构原理图。从工程角度来说,无法知道如何控制,在哪里控制,有没有指示、记录要求,是否有温度超标报警与联锁,该温度编号是多少。

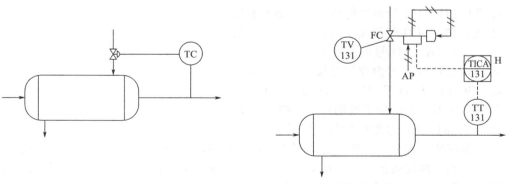

图 15-2　物料出口温度单回路控制系统　　　　图 15-3　蒸汽加热器 P&ID 图

图 15-3 是图 15-2 物料出口温度单回路控制系统的工程表达,该图叫做蒸汽加热器 P&ID 图。图 15-3 表明用安装于现场的温度变送器 TT-131 检测温度,温度变送器送出的电

信号（虚线，4～20mA）送到控制室基本过程控制系统（BPCS：Basic Process Control System，通常是 DCS 系统）中进行温度指示（I）、控制（C）、高限报警（A），温度指示（I）、控制（C）、高限报警（A）功能在控制室视频显示器上可见，温度控制器 TICA-131 送出电信号（虚线，4～20mA）到安装于现场的温度控制阀 TV-131（FC，故障关）上的电气阀门定位器，电气阀门定位器输出气信号（带短斜线，20～100kPa）送到气动控制阀膜头上，电气阀门定位器上接入仪表气源。图 15-3 与图 15-2 相比，提供了更多的工程信息。

图 15-4 是带报警联锁的蒸汽加热器 P&ID 图。图中表明温度达到高限则报警，达到高高限则联锁动作切断蒸汽阀。图中的联锁执行机构为三通电磁阀，电磁阀失电时仪表气信号送到气动控制阀膜头上，电磁阀带电时将气动控制阀膜头仪表气排大气，气动控制阀关断。图 15-4 中控制阀与电气阀门定位器采用了另外一种表达，TY-131 表示电气阀门定位器。其中的字母 Y 表示转换，右上侧的 I/P 表示电气转换。TIAC-131 与 TIC-131 相切，当有多个功能要求时，一个图形符号中难以排列，可采用相切方式。TIAC-131 右侧的 H 表示报警高限，HH 表示联锁高高限。

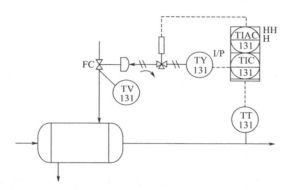

图 15-4　带报警联锁的蒸汽加热器 P&ID 图

（2）串级控制系统

仍然以蒸汽加热器为例，因为蒸汽压力不稳定，为了提高控制质量，设计如图 15-5 所示的物料出口温度与蒸汽流量串级控制系统。图 15-6 是蒸汽加热器串级控制的 P&ID 图。

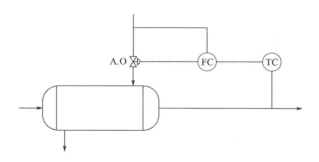

图 15-5　物料出口温度与蒸汽流量串级控制系统

图 15-7 中采用温度传感器 TE-201 测量温度。该控制系统中没有报警、联锁功能要求。图中出现了新的线型——○—○—，表明 TIC-201 与 FIC-202 之间是通过数据链路传递信息的，是基本过程控制系统（DCS）内部数据传递。

根据控制需要，某些串级控制系统会带有主控-串级切换，此时可在基本过程控制系统（DCS）内部设置切换开关。

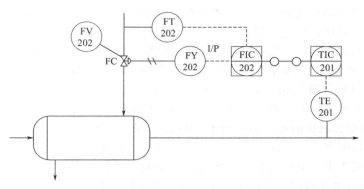

图 15-6　物料出口温度与蒸汽流量串级控制系统 P&ID 图（一）

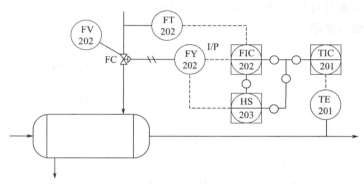

图 15-7　物料出口温度与蒸汽流量串级控制系统 P&ID 图（二）

图 15-7 中增加了一个切换开关，切换在串级位置，TIC-201 输出送给 FIC-202 作为给定，FIC-202 的输出通过切换开关 HS-203 送到控制阀 FV-202 上，切换在主控位置，TIC-201 输出通过切换开关 HS-203 送到控制阀 FV-202 上，同时切断 FIC-202 的输出。

（3）比值控制系统

图 15-8 是某溶剂厂生产中采用的二氧化碳与氧气流量的双闭环比值控制系统，采用相乘运算方式。

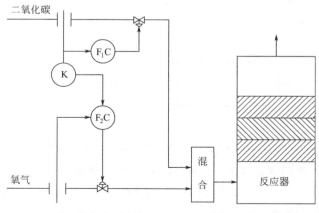

图 15-8　二氧化碳与氧气流量双闭环比值控制系统

图 15-9 是二氧化碳与氧气流量双闭环比值控制系统的 P&ID 图。其中 FY-213 有 3 个，

FV-213 上面的 FY-213A 其右上角标注 I/P，表明是电气阀门定位器（是电气转换单元），FV-214 上面的 FY-214 也是电气阀门定位器（是电气转换单元）；左上角标注有×符号的 FY-213B 是个乘法器，该符号带有外方框，表示在基本过程控制系统（DCS）中实现乘法计算，其中的 Y 表示计算，由于是对二氧化碳流量信号（变送器 FT-213 信号）进行乘法计算，所以编号为 213，进行乘法计算时不需要在视频显示器上可见，所以其中间的线为虚线。

图 15-10 是煤化工企业中煤气化炉上带有负荷升降逻辑关系的氧煤比控制系统，该系统是在双闭环比值控制基础上增加选择器构成的，下面对该系统进行必要的说明。

这是一个定比值的氧煤比双闭环比值控制控制系统。其中氧气流量是带有温度压力补偿的流量，为此需要检测氧气管道的温度与压力，与流量信号进行计算，以获得标准状态下的氧气流量。水煤浆流量是悬浮液体，不需要补偿。温度压力补偿后的氧气流量信号除以氧煤比，所得出的氧气流量信号送给 FIC-213 作为测量信号，水煤浆流量信号送给 FIC-214 作为测量信号。

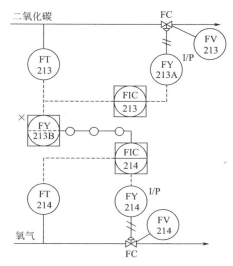

图 15-9　二氧化碳与氧气流量双闭环比值控制系统 P&ID 图

图 15-10 中有若干 FY，角标为 COMP 的 FY-213A 完成氧气流量的温度压力补偿；角标为÷的 FY-213C 进行除法计算；角标为×的 FY-213D 进行乘法计算；角标为＞的 FY-214C 是高值选择器，对其两个输入进行比较，选择数值高的信号通过，同时阻断数值低的信号；角标为＜的 FY-214D 是低值选择器，对其两个输入进行比较，选择数值低的信号通过，同时阻断数值高的信号，高值选择器或低值选择器，当其两个输入信号相等时，保持上次选择；角标为 I 的 FY-214A 是函数发生器，当其输入为阶跃时，其输出为斜坡函数，主要是升降负荷时间不要太剧烈。

假定该系统初始状态是稳定的，氧煤比恒定，负荷不变。FIC-213 和 FIC-214 有其各自的给定值，当氧气流量或水煤浆流量发生波动时，通过各自的控制器进行调整。

当需要升负荷时，函数发生器输入一个正向阶跃信号，其输出为一斜坡上升函数，该输出信号送到高值选择器 FY-214C，与另外一个信号相比该信号是高信号，所以斜坡信号通过高值选择器 FY-214C 送给水煤浆控制器 FIC-214 给定，提升水煤浆流量，函数发生器输出信号同时送给低值选择器 FY-214D，由于该信号是高信号，所以低值选择器 FY-214D 阻断该信号而选通另外一个信号。随着水煤浆流量的提升，水煤浆流量变送器 FT-214 输出信号也增加，该信号与乘法器 FY-213D 的另一个输入（氧煤比）相乘后，送给低值选择器 FY-214D，由于低值选择器 FY-214D 选通的是该信号，所以通过低值选择器 FY-214D 后送给氧气流量控制器 FIC-213 作为给定，以提升氧气流量，至此完成先升水煤浆流量，再升氧气流量。同理，降负荷的过程与此过程相似，先降氧气流量，再降水煤浆流量。

由图 15-10 中可知，工程图例符号中功能字母 Y 的使用是多样的，为了便于读图所以要加角标。

图 15-10 中用到了两个选择器（高选和低选），包含了选择功能，其他选择性控制系统可参照本例，恰当使用高值选择器和低值选择器即可。

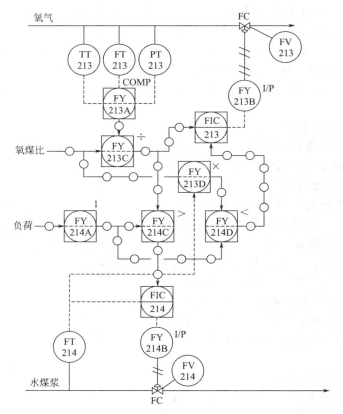

图 15-10　带有负荷升降逻辑关系的氧煤比控制系统 P&ID 图

（4）分程控制系统

以第 7 章中的图 7-5 中的蒸汽压力减压系统为例，看一看如何用工程图例符号来表达蒸汽减压分程控制。图 15-11 是蒸汽减压分程控制系统原理图。

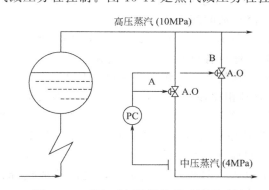

图 15-11　蒸气减压分程控制系统原理图

蒸汽减压分程控制，工程上有两种实现方法：第一种是压力控制器输出的 4～20mA 信号，直接送到两个控制阀的电气阀门定位器上，调整 A 阀上电气阀门定位器的量程，调整 B 阀上电气阀门定位器的零点和量程；第二种是压力控制器输出，经过计算后通过两个模拟量输出（AO）通道，送到两个控制阀的电气阀门定位器上。

① 调整电气阀门定位器零点与量程方法的工程表达　图 15-12 是该方案的 P&ID 图之一。该方案只使用一个模拟量输出（AO）通道，输出的 4～20mA 送到两个控制阀 A 和 B。其中将 A 阀上的电气阀门定位器调整为 4～12mA 时阀开度从 0～100%，B 阀上的电气阀门定位器调整为 12～20mA 时阀门开度从 0～100%。

② 使用两个模拟量输出（AO）通道方法的工程表达　图 15-13 是该方案的另外 P&ID 图。该方案需要使用两个模拟量输出（AO）通道，每个模拟量输出（AO）通道都输出 4～20mA，分别送到两个控制阀 A 和 B。

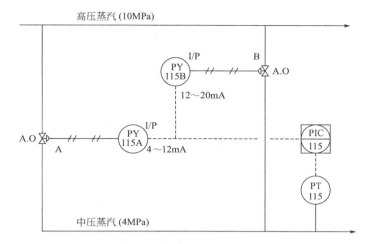

图 15-12　蒸汽减压系统分程控制 P&ID 图（一）

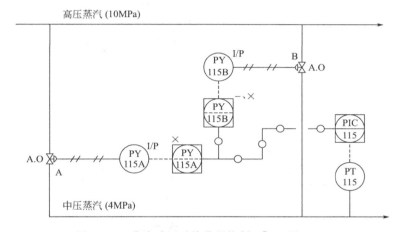

图 15-13　蒸汽减压系统分程控制 P&ID 图（二）

（5）阀位控制系统

图 15-14 是某炼油厂管式炉上的阀位控制系统原理图。管式炉原油入口与出口有一条旁路管线，检测原油出口温度作为被控变量，在燃料管道和旁路管道上各安装一个控制阀。

当系统受到外界干扰使原油出口温度上升时，温度控制器（正作用）输出增大，输出信号同时送到 V_B 和 VPC。送往 V_B 的信号将使 V_B 开度增大，增大旁路原油流量，使原油出口温度降下来，送往 VPC 的信号是作为阀位控制器的测量值，测量值增大，VPC（反作用）的输出减小，其输出信号送到 V_A，使其开度减小，燃料量减少，出口温度也将因此而下降。这样 V_A、V_B 两个控制阀动作，使得原油出口温度上升的趋势减低。随着出口温度上升趋势的下降，TC 输出逐渐减小，于是阀 V_B 的开度逐渐减小，阀 V_A 的开度逐渐加大，一直到温度控制器 TC 及阀位控制器 VPC 的偏差等于零时为止。温度控制器偏差等于零，意味着出口温度等于给定值，阀位控制器偏差等于零，意味着控制阀 V_B 的阀压与阀位控制器 VPC 的设定值 r 相等，而 V_B 的开度与阀压是有着一一对应的关系的，也就是说阀 V_B 最终会回到设定值 r 所对应的开度。

图 15-15 是管式炉阀位控制 P&ID 图。

根据表 15-2，图 15-15 中字母 Z 表示位置。其中 ZT-222 表示阀位变送器，现在某些控

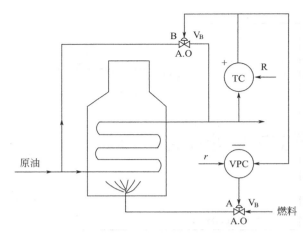

图 15-14 管式炉阀位控制系统原理图

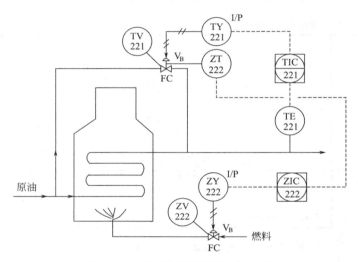

图 15-15 管式炉阀位控制 P&ID 图

制阀自带阀位发讯装置，取该信号送给阀位控制器 ZIC-222，这与图 15-14 中有所不同。图 15-14 中用温度控制器的输出作为阀位信号送给阀位控制器 VPC，正常情况下温度控制器的输出 4～20mA，代表控制阀 V_B 的 0～100％开度，若控制阀 V_B 发生卡顿而温度控制器输出正常，则阀位控制系统就不能正常工作了。为此取自阀位发讯装置信号能获得阀位的真实信号，可避免控制阀阀杆卡顿问题，但需要多敷设一根从现场到控制室的电缆，工程成本会稍有增加。

（6）精馏塔解耦控制

图 15-16 是精馏塔双端质量解耦控制原理图，假定该方案是静态解耦，则其对应的 P&ID 图如图 15-17 所示。

图 15-17 中，TV-151、TV-152 各自有其电气阀门定位器，其余各个 TY 是计算单元，分别完成乘法与加法计算。由于计算过程不需要操作人员观察，所以在首选或基本控制系统（DCS）中实现，不需要视频显示器上显示。

若采用动态解耦控制，TY-151 乘法器、TY-152 乘法器换成动态补偿环节，即函数发生器即可。

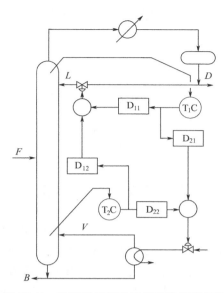

图 15-16　精馏塔双端质量解耦控制原理图

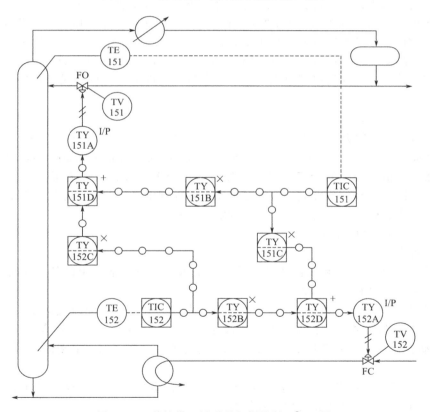

图 15-17　精馏塔双端质量解耦控制 P&ID 图

（7）监测、遥控与报警

某些不便实现自动控制的场合，或一些不太重要的设备单元，可考虑采用控制室遥控，配合必要的监测、遥控，以实现对生产过程的操控。例如图 15-18 中的蒸汽加热器，其作用只是给物料预加热以便于后续处理，物料出口温度在一定范围内大致稳定即可，没有必要设置控制系统，但是生产过程中仍需要掌握该加热器的各种信息以掌握生产过程，为此可做如图 15-18 中的设计。

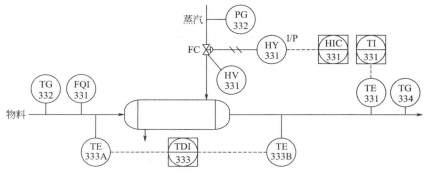

图 15-18　蒸汽加热器监测、遥控 P&ID 图

　　图 15-18 中，通过手控 HIC-331，遥控蒸汽阀 HV-331 来调整物料进口温度，在基本过程控制系统（DCS）上显示手控量。通过 TI-331 在基本过程控制系统（DCS）上显示物料出口温度。为了掌握蒸汽加热器的换热状况，通过 TDI-333 在基本过程控制系统（DCS）上显示其物料入口与出口的温度差（TD 表示被测变量或引发变量是温差）。PG-332（现场压力表）是在现场指示蒸汽压力，TG-332、TG-334 是现场温度计，用于现场指示物料入口、出口温度，FQI-331 用来现场指示流量累积量指示（FQ 表示被测变量或引发变量是流量累积量），用以显示所处理的物料总量。FQI-331、PG-332、TG-332、TG-334 不是需要经常关注的生产参数，只是现场巡视时观察一下的参数，所以提供现场巡视时观察一下蒸汽加热器参数。

15.3.2　P&ID 图

　　P&ID 图中文名称为管道仪表流程图（其英文为 Piping and Instrumentation Drawing）。P&ID 图是根据工艺专业提出的工艺流程图（PFD：Process Flow Diagram），以及有关的工艺参数、条件等情况确定的全工艺过程自控方案。全工艺过程自控方案是以工艺专业为主导，多专业协同合作确定的方案。根据相关国家标准规定，P&ID 共需要推出 7 版，是一个逐渐深化、修改、确定，再讨论、修改、确定的过程。

　　P&ID 图中主要包含的内容如下。

　　（1）设备类

　　① 设备的名称、位号和设备规格　需要标出每台设备包括备用设备。同时注明设备位号和设备的主要规格和设计参数。

　　② 成套设备　如快装锅炉、冷冻机组、压缩机组等，需要用点画线画出成套供应范围。

　　③ 接管与连接方式　应详细注明管口尺寸、法兰面形式和法兰压力等级等。

　　④ 驱动装置　泵、风机和压缩机的驱动装置注明驱动机类型，必要时标出驱动机功率。

　　（2）配管类

　　① 管道规格　表示出在正常生产、开车、停车、事故维修、取样、备用、再生各种工况下所需要的工艺物料管线和公用工程管线。

　　② 阀件　表示出所有的阀门（仪表阀门除外）。阀门的压力等级与管道的压力等级不一致时，要标注清楚。

　　③ 管道的衔接　管道进出 P&ID 中，图面的箭头接到哪一张图及相接设备的名称和位号要交代清楚，以便查找相接的图纸和设备。

　　④ 伴热管　蒸汽伴热管、电伴热管、夹套管及保温管等。

⑤ 埋地管道　所有埋地管道应用虚线标示，并标出始末点的位置。

⑥ 管件　各种管路附件，如补偿器、软管、永久过滤器、临时过滤器、异径管、盲板、疏水器、可拆卸短管、非标准的管件等，都要在图上标示出来。

⑦ 取样点　取样点的位置和是否有取样冷却器等都要标出，并注明接管尺寸、编号。

（3）仪表自控类

① 根据工艺专业提供工艺流程图、工艺说明书、主要控制说明、工艺数据表、安全备忘录等设计资料，形成 PCD 图（PCD：Process Control Diagram）。在此基础上形成各版 P&ID 图。P&ID 图中包括所有基本过程控制系统（BPCS：Basic Process Control System）和安全仪表系统（SIS：Safety Instrument System）。进行基本过程控制、系统安全仪表系统设计时，应当依据工艺专业提供的温度、压力，分析监控条件表、液位监控条件表、流量监控条件表、控制阀条件表和联锁条件表进行。所有基本过程控制系统和安全联锁系统，应当表达出所有的计算模块，采用不同的线型表明各自之间的连接关系。此外，还应当包括各种指示、记录、报警等内容，也应当包括控制室遥控内容。

② 应当包括所有检测点（包括所有控制和非控制点），标注出各个参数的检测位置，采用不同的符号标注出相应的检测元件。对于物性参数、成分参数，应当标注出物性参数、成分参数缩写。

③ 应当包括所有执行机构，各种控制阀、风门、拉杆、闸门、电磁阀、变频器等。各个检测仪表处、某些执行机构处都会有相应的工艺切断阀，P&ID 图也应当包括这些阀。

④ 应当包括各种现场指示仪表，例如玻璃板液位计、压力表、温度计等，还应当包括各种取样点，以便取样分析。

图 15-19 是一个化学反应器的 P&ID 图。

图 15-19 中 FT-101 和 FT-102 采用的是质量流量变送器，管道上检测元件 MASS 表示

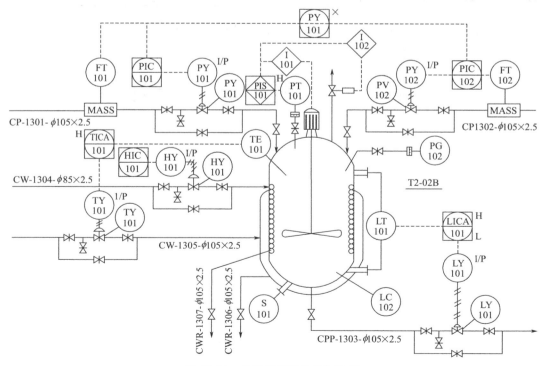

图 15-19　化学反应器的 P&ID 图

是质量流量检测元件。PT-101、PG-102 测压导管中的 ⌒⌒ 表示采用膜片式隔离。图中 ⋈ 表示闸板式切断阀。控制阀组中向下的闸板式切断阀是泄压阀，当需要拆卸下控制阀时，打开旁路闸板阀并关闭控制阀两端的闸板阀时，若没有泄压阀，管道当中仍然保持工艺压力（正压或负压），容易发生危险，或者难以拆下控制阀。化学反应器上设计了一个压力联锁系统 PIS-101，当压力达到上限压力时，停止搅拌，同时打开泄压阀，也可首先停止搅拌，然后打开泄压阀，根据工艺要求设置不同的压力联锁逻辑。反应器上设置一个控制阀 HV-101₁ 以控制通入盘管内的冷却水，该控制阀通过控制室内遥控 HIC-101 加以调整开度，根据生产情况调整盘管冷却水流量。为了便于现场观察反应器工况，设置了现场压力表 PG-102 以观察压力，设置现场液位计 LG-102 以观察反应器内液位。现场设置一个采样口 S-101，以便于需要时采样进行分析。其他控制系统可根据前面各个章节进行分析。

本章思考题及习题

15-1　什么是就地控制方式？什么是集中控制方式？

15-2　什么是基本过程控制系统？

15-3　正常平稳生产时，受扰调整的是 BPCS？还是 SIS？

15-4　安全仪表系统的主要作用是什么？

15-5　下面是某 P&ID 图中的图形符号，它们的各自的准确含义是什么？

15-6　下面各种线型表示什么含义？

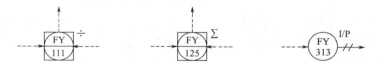

15-7　下面是某 P&ID 图中的图形符号，它们的各自的准确含义是什么？

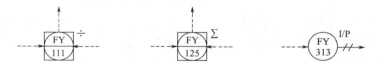

参 考 文 献

[1] 孙优贤，等．控制工程手册上，下．北京：化学工业出版社，2016.

[2] 潘立登．过程控制．北京：机械工业出版社，2008.

[3] 孙优贤，褚健．工业过程控制技术方法篇．北京：化学工业出版社，2006.

[4] 孙优贤，邵惠鹤．工业过程控制工程应用篇．北京：化学工业出版社，2006.

[5] 马凤．往复式压缩机 ESD 紧急停车系统的设计．长炼科技．（2）2005.

[6] 何衍庆，俞金寿，蒋慰孙．工业生产过程控制．北京：化学工业出版社，2004.

[7] 白亮．乙烯裂解炉复杂控制系统的实现．世界仪表与自动化．（3）2004.

[8] 王树青，等．工业过程控制工程．北京：化学工业出版社，2003.

[9] 秦仲雄．石油化工装置应用 ESD 系统的浅见上．世界仪表与自动化，（1）2003.

[10] 秦仲雄．石油化工装置应用 ESD 系统的浅见上．世界仪表与自动化，（6）2002.

[11] HG/T 20505—2014 过程测量与控制仪表的功能标志及图形符号．